新世纪全国中医药高职高专规划教材

针灸推拿美容学

（供医疗美容技术专业用）

主　编　李红阳（广西中医学院）
副主编　景　宽（长春中医药大学）
　　　　艾　群（大连医科大学第二临床学院）
　　　　陈　劼（广州中医药大学）

中国中医药出版社
·北　京·

图书在版编目（CIP）数据

针灸推拿美容学/李红阳主编．—2版．—北京：中国中医药出版社，2017.7（2024.8 重印）

新世纪全国中医药高职高专规划教材

ISBN 978－7－5132－4334－6

Ⅰ．针…　Ⅱ．李…　Ⅲ．①美容－针灸疗法－高等职业教育－教材　②美容－按摩疗法（中医）－高等职业教育－教材　Ⅳ．①R246.7②TS974.1

中国版本图书馆 CIP 数据核字（2017）第 147133 号

中国中医药出版社出版

北京经济技术开发区科创十三街 31 号院二区 8 号楼

邮政编码　100176

传真　010-64405721

东港股份有限公司印刷

各地新华书店经销

开本 787×1092　1/16　印张 14.25　字数 267 千字

2017 年 7 月第 2 版　2024 年 8 月第 6 次印刷

书号　ISBN 978－7－5132－4334－6

定价　48.00 元

网址　www.cptcm.com

服务热线　010－64405510

购书热线　010－89535836

侵权打假　010－64405753

微信服务号　zgzyycbs

微商城网址　https://kdt.im/LIdUGr

官方微博　http://e.weibo.com/cptcm

天猫旗舰店网址　https://zgzyycbs.tmall.com

如有印装质量问题请与本社出版部联系（010-64405510）

全国高等中医药教材建设
专家指导委员会

前言

随着我国经济和社会的迅速发展，人民生活水平的普遍提高，对中医药的需求也不断增长，社会需要更多的实用技术型中医药人才。因此，适应社会需求的中医药高职高专教育在全国蓬勃开展，并呈不断扩大之势，专业的划分也越来越细。但到目前为止，还没有一套真正适应中医药高职高专教育的系列教材。因此，全国各开展中医药高职高专教育的院校对组织编写中医药高职高专规划教材的呼声愈来愈强烈。规划教材是推动中医药高职高专教育发展的重要因素和保证教学质量的基础已成为大家的共识。

"新世纪全国中医药高职高专规划教材"正是在上述背景下，依据国务院《关于大力推进职业教育改革与发展的决定》要求："积极推进课程和教材改革，开发和编写反映新知识、新技术、新工艺和新方法，具有职业教育特色的课程和教材"，在国家中医药管理局的规划指导下，采用了"政府指导、学会主办、院校联办、出版社协办"的运作机制，由全国中医药高等教育学会组织、全国开展中医药高职高专教育的院校联合编写、中国中医药出版社出版的中医药高职高专系列第一套国家级规划教材。

本系列教材立足改革，更新观念，以教育部《全国高职高专指导性专业目录》以及目前全国中医药高职高专教育的实际情况为依据，注重体现中医药高职高专教育的特色。

在对全国开展中医药高职高专教育的院校进行大量细致的调研工作的基础上，国家中医药管理局科教司委托全国高等中医药教材建设研究会于2004年6月在北京召开了"全国中医药高职高专教育与教材建设研讨会"，该会议确定了"新世纪全国中医药高职高专规划教材"所涉及的中医、西医两个基础以及10个专业共计100门课程的教材目录。会后全国各有关院校积极踊跃地参与了主编、副主编、编委申报、推荐工作。最后由国家中医药管理局组织全国高等中医药教材建设专家指导委员会确定了10个专业共90门课程教材的主编。并在教材的组织编写过程中引入了竞争机制，实行主编负责制，以保证教材的质量。

本系列教材编写实施“精品战略”，从教材规划到教材编写、专家审稿、编辑加工、出版，都有计划、有步骤地实施，层层把关，步步强化，使“精品意识”、“质量意识”始终贯穿全过程。每种教材的教学大纲、编写大纲、样稿、全稿都经专家指导委员会审定，都经历了编写启动会、审稿会、定稿会的反复论证，不断完善，重点提高内在质量。并根据中医药高职高专教育的特点，在理论与实践、继承与创新等方面进行了重点论证；在写作方法上，大胆创新，使教材内容更为科学化、合理化，更便于实际教学，注重学生实际工作能力的培养，充分体现职业教育的特色，为学生知识、能力、素质协调发展创造条件。

在出版方面，出版社严格树立“精品意识”、“质量意识”，从编辑加工、版面设计、装帧等各个环节都精心组织、严格把关，力争出版高水平的精品教材，使中医药高职高专教材的出版质量上一个新台阶。

在“新世纪全国中医药高职高专规划教材”的组织编写工作中，始终得到了国家中医药管理局的具体精心指导，并得到全国各开展中医药高职高专教育院校的大力支持，各门教材主编、副主编以及所有参编人员均为保证教材的质量付出了辛勤的努力，在此一并表示诚挚的谢意！同时，我们要对全国高等中医药教材建设专家指导委员会的所有专家对本套教材的关心和指导表示衷心的感谢！

由于“新世纪全国中医药高职高专规划教材”是我国第一套针对中医药高职高专教育的系统全面的规划教材，涉及面较广，是一项全新的、复杂的系统工程，有相当一部分课程是创新和探索，因此难免有不足甚至错漏之处，敬请各教学单位、各位教学人员在使用中发现问题，及时提出宝贵意见，以便重印或再版时予以修改，使教材质量不断提高，并真正地促进我国中医药高职高专教育的持续发展。

全国中医药高等教育学会

全国高等中医药教材建设研究会

2006 年 4 月

新世纪全国中医药高职高专规划教材

《针灸推拿美容学》编委会

主　编　李红阳（广西中医学院）

副主编　景　宽（长春中医药大学）

　　　　　艾　群（大连医科大学第二临床学院）

　　　　　陈　劼（广州中医药大学）

编　委（以姓氏笔画为序）

　　　　　许明辉（广西中医学院）

　　　　　芦　源（辽宁中医药大学附属医院）

　　　　　宋晓平（新疆医科大学中医学院）

　　　　　张理梅（浙江中医药大学附属针灸推拿医院）

　　　　　熊芳丽（贵阳中医学院第一附属医院）

绘　图　苏曲之（广西中医学院）

编写说明

本教材为“新世纪全国中医药高职高专规划教材”之一，是根据教育部《关于“十五”期间普通高等教育教材建设与改革的意见》的精神，由国家中医药管理局统一规划、指导，全国高等中医药教材建设研究会具体负责，广西中医学院等八所长年开设《针灸推拿美容学》课程的高等中医药院校教师联合编写而成。

本教材是根据国家颁布的有关标准化方案，吸取有关院校《针灸推拿美容学》教学临床经验和研究成果，并按照中医药高职高专教学内容和课程体系的改革方向而集体编撰的，主要供全国中医药高职高专美容专业使用，也适合各层次中医药美容专业学生、其他医学专业学生选修本课程以及美容爱好者参考使用。

全书分为总论和各论两部分，总论为“基础知识”，概述针灸推拿美容的含义、特点及其发展，论述中医经络系统的组成、基本规律、腧穴定位主治及其与针灸推拿美容的关系，同时介绍针灸推拿美容的原则、基本知识和操作技能；各论为“诊治与保健美容”，主要阐述颜面部、毛发部与四肢形体等常见损美性疾病的针推辨证治疗原则和治法，以及养颜祛皱、丰胸美发等常用的针推保健美容方法。

本教材具体编写分工如下：第一章由李红阳编写，第二、三章由艾群编写，第四章由陈劼、宋晓平、许明辉共同编写，第五章由景宽编写，第六章由张理梅、芦源、宋晓平、景宽和熊芳丽共同编写，第七章由熊芳丽、李红阳和芦源共同编写。

在编写过程中，我们力求贯彻全国第三次教育工作会议精神，使教材保持中医针灸推拿美容特点，从教材内容结构、知识点等方面体现针灸推拿美容学的继承性、科学性和实用性，同时注重素质教育和实践能力的培养，为学生知识、能力、素质协调发展创造条件，以适应21世纪应用型人才培养的需要。然而《针灸推拿美容学》毕竟是一门新兴学科，加之我们水平有限，错漏在所难免，恳请读者提出宝贵意见，以便修订提高。

《针灸推拿美容学》编委会

2006年4月

目 录

总论 基础知识

各论 诊治与保健美容

总　论

基础知识

第一章　针灸推拿美容概述

针灸学与推拿学都是中医学的重要组成部分，同属中医外治范畴。中医美容是中医学的重要分支。针灸推拿美容是中医美容的一部分，在美化容貌形体时，同样强调身心健康，注重生命活力的健康美、自然美和协调美。

第一节　针灸推拿美容的含义及其发展

针灸推拿美容（简称针推美容）均通过刺激特定经络穴位，以疏通调节脏腑经络气血，而达到防治损美性疾病和保健美容的目的，是中医美容的主要手段之一。

一、针灸推拿美容的含义

针灸美容是以中医经络学说为理论基础，从中医学的整体观念出发，通过运用针刺和艾灸等各种方法，对穴位或体表某些局部进行刺激，以疏经活络、补益脏腑、消肿散结、调理气血，从而达到强身健体、延缓衰老、养护皮肤、驻颜美体，并治疗各种损美性疾病的目的。目前在治疗黄褐斑、痤疮、斑秃、酒齄鼻、面部皱纹、急性面瘫和脱敏、美白等方面均有较理想的效果。

推拿美容亦是以中医经络学说为理论依据，从中医学的整体观念出发，采用各种推拿按摩手法，作用于头面部及全身，以疏通经脉、调整阴阳、扶正祛邪，达到美颜润肤、美化形体、悦泽皮肤、减少面部皱纹、促进头发再生等美容抗衰老和治疗损美性疾病的目的。

针灸推拿美容实际上就是针灸美容与推拿美容的合称。针灸推拿美容学，是以中医经络学说和美学理论为指导，在继承发扬古代针灸推拿学术思想和宝贵经验的基础上，运用传统与现代科学技术来研究经络腧穴、脏腑气血在中医美容方面的应用，并通过针灸推拿方法，疏通经络气血、调节脏腑阴阳、促进新陈代谢，标本兼治，从根本上祛除损美性疾病或缺陷的原因，以强身健体、美化容颜形体、延衰驻颜防皱为目的的古老而新兴的学科。简称针推美容学。

针推美容已经成为中医美容的一大特色，因其外能美化容颜形体——治标，内可调节脏腑功能——治本，而且具有疗效确实、简便易行、经济安全、无毒无害、适应证广等特点，得到社会各界的认可和欢迎。越来越多的针灸推拿美容方法、手段正在被不断挖掘和广泛运用。

二、针灸推拿美容的发展概况

针推美容是祖国传统医药学中的一颗明珠。运用针灸推拿进行美容驻颜，健身益寿，在我国已有悠久的历史，源远流长。历代文献中有关针灸推拿美容的论述很多。

早在2000多年前的春秋战国时期，《黄帝内经》已提出经络与面容、须发及形体美有密切关系："十二经脉，三百六十五络，其血气皆上于面而走空窍，其气之津液，皆上熏于面"等，奠定了针灸推拿美容的理论基础。

在针灸美容方面，历代医家有许多详细论述。晋·皇甫谧的《针灸甲乙经》记载有针刺治疗颜面不华、颜面干燥等；唐·孙思邈的《千金方》、王焘的《外台秘要》等书均专篇收载了面部苍黑、尘黑、赤热、赤肿等的针刺美容方法；宋代后，注重保健美容灸法，强调益气血为驻颜美容、荣润肌肤和美化面部的根本，反对只注重涂脂抹粉；明清时期，针灸驻颜美容技术甚为发达盛行，各种针灸美容方面的论述颇多，如足底穴位养生保健美容及穴位贴药治疗各种损美性疾病等。

在推拿美容方面，《外台秘要》《摄生要义·按摩篇》《古今医统大全》《东医宝鉴·面部按摩法》等医籍均有类似"面上常欲得两手摩拭之，使热则气常流行……令人面有光泽，皱斑不生……久行五年不辍，色如少女"等记载，真是不胜枚举。

新中国成立以后，特别是近20年来随着社会的发展，人们的生活水平不断提高，对美的追求已从本能逐渐上升为社会礼仪上的需求，从单纯追求外表美，发展到追求"由内而外"的健康美、科学美和自然美，美容美形的手段也随之日趋丰富与发展。针推美容强调整体观念，重在调理内因、平衡阴阳、标本兼治、内外兼备，从根本上进行美形美容，达到整体的、健康的美容效果，这与当今人们追求自然健康美的审美取向正好不谋而合，因而备受青睐，日益受到国内外医学美容界的重视与关注，已成为安全有效的重要美容方法之一。

第二节　针灸推拿美容的特点

美容，狭义上是指美化颜面五官容貌，广义上是指身心健康、形体优美、精力充沛、朝气蓬勃的健康美、自然美和协调美。针灸推拿美容主要是通过刺激相应的经络腧穴，激发经络对人体的良性调节作用，使其既能调整人体内在的机能状态，同时又能改善局部血液循环，驱邪固本，从而达到形神俱美、既健又美的目的。

一、标本兼治，健与美并重

针灸推拿美容具有标本兼治的作用，可针对每个求美者寒热虚实的体质情况，从整体观念出发，以针灸推拿的方法为手段，疏通经络，调节脏腑气血以补虚泻实、祛除损美性疾病或缺陷的内在原因。如唐·孙思邈在《千金方》中记载有针灸行间、太冲调理肝经气血来祛除面部黑斑的美容法，就充分体现了传统针推美容的整体思想。

针灸推拿美容美形在内调经络气血的同时，还注重选择适当方法祛除局部损美性病灶，因而可取得明显的美容美形效果。如目前美容临床常用火针治疗扁平疣、化脓性粉刺等局部损美性病变。

整体观是中医学的精髓之一，也是针灸推拿美容的指导思想，整体美容是针灸推拿美容的一大特色。针推美容以中医基础理论为指导，强调整体观念，认为人体是一个有机的整体，颜面五官、皮肤须发和爪甲是整体中的一部分，其荣枯是脏腑经络、气血盛衰的外在表现，因此形体容貌的美与人体五脏六腑、气血经络密切相关，只有脏腑功能正常、经络通畅、气血旺盛、身体健康，才能永葆青春美丽，达到人体健与美的和谐统一。不少损美性改变如面容憔悴、皮肤暗淡无光泽、皱纹深陷、瘦削等，是由于脏腑气血虚损，体弱多病造成的，同时大多数损美性疾病如痤疮、黄褐斑、脱发等，也是由于脏腑功能失常，经络阴阳气血失和造成的，所以针推美容着眼于调节整体的经络脏腑气血，可使脏腑气血功能恢复正常，则身强体健，驻颜延年，青春常驻。正由于针推美容强调健与美并重，既注重局部容貌形体的美化，更注重整体健康与美容的协调统一，而从根本上调理了内部脏腑经络气血，达到强身健体美容的目的，保证了针推美容效果的持久稳定性。这是仅注重局部美化的其他美容方法所不能做到的。针灸推拿美容较之仅注重局部皮肤营养的现代美容方法，效果更为稳定持久，这也是针灸美容具有强大生命力的一个重要原因。

二、简易安全，副作用极小

针灸推拿美容所需设施及用具不多，使用的工具简单，成本低廉，操作方便，只需不同规格的针具、火罐和艾条等，经严格消毒后，既可在医院美容诊室又可在专业正规美容院等场所中随时进行操作，甚至可在家中自我应用。只要掌握要领，其方法并不难。当然，较复杂的技术要在专业人员指导下进行。

针灸推拿美容历史悠久，其安全可靠性已经过2000多年实践的考验。针灸推拿美容属于非破坏性保健和治疗方法，目的都在于刺激、加强经络的调整作用。现代研究表明：针灸推拿对人体经络的调整既有序又有度，能根据人体的机能状况向良性方面调整，不会破坏人体功能。

就针灸推拿具体操作方法而言，大部分针推方法不破坏人体正常的组织结构，少部分针灸方法破坏的只是局部病灶，副作用少且不遗留创痛等后遗症，较之复杂的外科手术在安全性、可靠性方面具有明显的优势。而美容针具纤细，只要术者手法娴熟，不会产生痛苦，一些患者针后反而有舒适感。即使在面部针刺，因其对皮肤刺激性和创伤极微，也不会影响美容的效果。另外，针灸推拿美容不易产生皮肤过敏及接触性皮炎等副反应，是任何化学合成的美容化妆品、护肤品都不可比拟的。

当然，在针灸美容过程中，由于术者操作的失误，可能会出现诸如施灸时的烫伤，针刺时的晕针、出血、瘀血等意外，但一般也不会影响健康，而且会在短时间内消失；若由训练有素的医师谨慎操作，则完全可以避免。近年来，随着科学技术的发展，美容针灸器具不断改进，治疗手段趋于多样化，如激光针、穴位磁疗、耳穴贴压等，这些无痛无创的美容针灸仪器及治法，更显示出针灸美容的优越性。

三、功能多样，适应现代需求

随着时代的发展，美容的范围和对象不断增多，人们对美容的要求也越来越高。人们需要的是既能美容、美形、美体，又安全有效且能强身健体的具有多种作用、多种用途的综合美容方法，而针灸推拿美容正具备了这个特点。如针法、灸法、推拿法既可使面部皮肤红润白嫩，又能减少、消除皱纹，还可增强人体的免疫功能，防病治病，强身健体，驻颜延年；穴位磁疗既可润肤减皱，又对面部损美性疾病有一定治疗作用，是一种以预防保健为主，治疗面部损美性疾病的美容方法；又如刺血法、火针法、穴位敷贴、拔罐法等可祛风散寒、清热解毒、活血化瘀、消肿散结等，不仅有保健美容的作用，而且还能治疗和预防损美性疾病。

第三节　针灸推拿美容的理论基础

针推美容是在中医基础理论的指导下，以调整脏腑经络的生理功能和改善病理变化，来达到强身健体、美化容貌形体之目的，集健康与美容于一体，使健康与美容相辅相成。

一、整体观念

中医学理论十分重视人体本身的统一性、完整性及其与自然界的相互关系，认为人体以五脏为中心，通过经络系统，把脏腑五体、五官九窍、四肢百骸等全身组织器官联成有机的整体，并通过精、气、血、津液的作用，来完成机体统一的机能活动。因此人体外在的容貌形体美有赖于气、血、津液的输布、温煦和濡养滋润，而气、血、津液的正常生理作用又依赖于经络脏腑组织器官的统一协调平衡；当脏腑功能失调，经脉不通，气血津液失常时，难免容颜憔悴，皮肤弹性减弱，面色萎黄或苍白或晦暗，皱纹满布，毛发干枯早白、稀疏脱落，形体枯槁，或导致黄褐斑、雀斑、痤疮、酒齄鼻、扁平疣、老年斑、脱发、肥胖等损美性疾病，甚则百病丛生，危及生命，更谈不上美容了。因而要美化容颜形体，使青春常驻，必先强身健体以固本，打好美容的基础，应从整体上疏通经络、调理补益脏腑气血，以调节各脏腑经络生理功能；只有脏腑气血充盛，功能正常，经络调和通畅，才能保持心理和身体的健康，只有身心健康才能赋予健美的容颜形体，人体才能表现为健康的美。

针灸推拿美容就是从这种整体观念出发，强调健康与美容相辅相成，通过针灸及推拿等手段，刺激经穴或一定的部位，激发经络之气，以平衡阴阳、疏通经络、调节补养脏腑气血，令气血津液通达四肢百骸、五官九窍，改善和提高脏腑生理功能，加速机体的新陈代谢，从而强身健体，达到延衰驻颜、保健美容和防治损美性疾病的目的。这种真正从根本上美容的方法，效果更加稳定持久。

二、经络学说

针灸推拿美容离不开经络理论的指导。

经络联系全身脏腑器官，沟通表里内外上下，具有运行全身气血，濡养脏腑躯体、四肢百骸和皮毛爪甲的作用。经络之间相互关联，并与脏腑相互络属，关系密切；气血借助经气推动运行全身，源源不断地输送和敷布阳气、阴血、津液到外表，以滋润皮肤，营养毛发。正常情况下，气血充足，面部得以濡养，则红润光泽、细腻滑润、富有弹性；气血通达周身，充养形体皮肤则形体健美、皮肤光滑润泽有弹性，毛发得滋养则健康茂盛、浓密光亮、乌黑柔顺。经络还能抵御外邪的侵袭，将有害机体的邪气拒之于体外，也可以将不利于机体的代谢产物及时排出。而当人体发生损美性疾病时，经络又可反映其病理变化，经络既是外邪由表入里或疾病在脏腑之间传播的途径，又是体内脏腑气血等病变反映于体表的路径；如某一脏腑发生病变或某一经络功能障碍，导致气血不足或失调，则必然会通过经络反映到体表，即所谓“有诸内必形诸外”。在外感六淫、内伤七情、饮食劳逸所伤等致病因素作用下，影响到机体的阴阳相对平衡，会导致脏腑经络气血功能失调、经气运行不畅而表现为体表损美性疾病或缺陷。如肺胃热甚，可通过经络上行影响头面而发生粉刺、酒齄鼻等；经气运行不畅，皮肤营养受阻，则表现为皮肤苍白无华，面容憔悴，肌肤松弛，皱纹满布，皮肤苍老晦暗、弹性减弱，早衰等。

经络系统以气血为载体，构成人体巨大的信息传导网络，可以感受来自机体内外环境中的各种信息，并按其性质、特点和量度等传递至相应的脏腑组织、五官九窍、四肢百骸，进而反映或调节其功能状态。由于经络系统具有感应传导信息、调节机能平衡的功能，一方面为损美性疾病的诊断提供了重要的依据，另一方面也为机体能够接受、感觉和传递针刺或其他方式的刺激而防治损美性疾病提供了可能。当人体患损美性疾病时，可运用针灸推拿等手段，对适当的腧穴或其他特定部位给予适量的刺激，以激发经络的调节作用，调动机体的抗病能力，促使机体恢复到正常的健美状态，从而达到治疗损美性疾病的目的。

可见，当人的容貌形体出现损美性疾病或缺陷时，往往说明某些相应的经络所络属的脏腑发生内在疾病。同时据此选择相应的经络循行路线上的腧穴进行针推美容治疗，往往会收到较好的效果。因此，在针推美容临床上，非常注重经络与脏腑的联系、经络在体表的循行路线以及各经的病候，经常应用经络理论指导损美性疾病的辨证归经和治疗。

大部分损美性疾病有明确的病位，熟知经络循行及其与脏腑、器官之间的联系，对于准确审证求因、辨证取穴及选择正确的针灸推拿美容治疗方法有非常重要的意义。如胃经病变之脾虚胃弱，可致面色萎黄、消瘦矮小、乳房扁平或下垂、早衰脱发等，胃火炽盛可见痤疮、酒齄鼻、面部皮肤粗糙、毛孔粗大、毛细血管扩张、口臭等，脾胃湿热又可见头面皮肤油腻、脱发、躯干大腿脂肪堆积；

与胃经循行有关的损美性疾病还有口眼㖞斜、眼袋、面部色素斑等等。根据发病部位判断本病所涉及的经络，进而运用循经取穴、表里经取穴、远端取穴、前后配穴、上下左右配穴等方法，则更加体现标本同治的原则。

三、腧穴局部作用

腧穴是体表与经络脏腑相连和气血输注的部位。腧穴通过经络这个特殊传导系统，对人体整体机能的相对平衡状态起着重要的调节作用。分布在十二经脉及奇经八脉上的穴位有360多个，其中100多个具有保健美容、减轻或消除损美性疾病的作用。因此，针推美容还注重局部取穴、对症取穴。如颜面部保健美容或祛斑除痘多用面部腧穴，减肥增重美体常用能调整脏腑经络的躯干四肢腧穴。

面部是美容的核心与重点。大多数经脉及奇经八脉均起或止于头部，并相互交会联络，与全身各经络相通，五脏与面部五官各有特定的外应联系，五脏六腑之精、气、血、津液皆通过经脉而上荣面部五官，“十二经脉，三百六十五络，其血气皆上注于面而走空窍”（《灵枢》）。因此，头面部与脏腑经络的关系非常密切，运用头面部各种针推美容方法，可刺激头面部局部穴位，直接调整全身各经络脏腑功能，以调和阴阳平衡，疏通经络气血，补益脏气，使面部皮肤得到濡养滋润，减轻或消除眼袋及细小皱纹，令口唇红润、牙坚齿固，从根本上达到润肤消斑除皱、防衰驻颜的美容目的。

此外，局部腧穴采用不同的针灸方法还可产生不同的美容效应。如临床常用的面部腧穴挂针美容疗法，能更好地激发淋巴系统免疫吞噬功能，起到活血化瘀、抗炎消肿作用，加速痤疮的痊愈和面部色素斑的消退，达到美容悦颜效果；利用超细磁针多次针刺刺激局部“阿是穴”皮下组织，使之充血水肿，激活增生肉芽，再以针代刀分离表皮与表情肌，使因肌肉收紧而凹陷的细小皱纹松解舒展，可达到针灸祛皱的目的。

四、双向的良性调节

针灸推拿的最大特点是补虚泻实。现代研究认为：在针灸推拿过程中应用补法，能抑制中枢神经系统的兴奋性，增强副交感神经的活动，加速机体内脏器官的新陈代谢，提高组织对营养物质的吸收、利用和排除代谢产物，促进机体的合成代谢及组织修复；而应用泻法，能提高中枢神经系统的兴奋性，增加骨骼肌等器官的血液量，促进运动系统内部物质的分解代谢。在中医美容临床中，如能有机地配合运用针推补泻方法，可使中枢神经系统的兴奋与抑制处于良性的双向调节状态，交感神经和副交感神经的活动优势交替出现，更有利于促进机体机能的提高，获保健延衰、驻颜美容之实效。

针灸推拿对机体的补虚泻实，其实质是都具有良性的双向调节作用，可以使病态亢进的脏腑机能降低，也可以使病态抑制之脏腑机能增强，总之，能适时地兴奋或抑制机体，促使过分抑制或亢进的机体状态趋向平衡，使机体机能由紊乱状态恢复到平衡和稳定。针推美容的良性双向调节作用更明显，如对神经系统、内分泌系统功能的双向良性调节，既能抑制皮脂溢出和痤疮患者的皮脂分泌，减少皮肤油腻，又能促进早衰皱纹患者的皮脂分泌，防治皮肤干燥，增加皮肤的弹性及光泽，从根本上改善皮肤存在的很多问题，对预防早衰，治疗痤疮、黄褐斑、皱纹等确有良效。又如针推双向良性调整消化系统的消化液分泌、胃肠蠕动功能以及食欲与饮食中枢，既可改善易胖体质，减肥消肿，又能改善瘦形体质，增加体重，从而达到减肥或增重等效果。针推的双向良性调节性腺与生殖系统功能、免疫系统功能，可影响机体防御反应，进而消除损美性疾病的病因，从根本上祛病保健、养颜美容。针推还可调整因情绪不舒而降低的机能活动，消除疲劳，治疗皮肤粗糙、皮肤过敏症、痤疮及皮疹等，有益身心的健与美。

全身经络推拿按摩，还可加强血液循环、刺激脑下垂体、改善大脑和内脏生理功能、清除表皮衰老的角化细胞、排除机体代谢废物、增加组织耗氧量，从而消除疲劳，减少油脂堆积达到减肥目的。如经常推拿按摩头面部经络腧穴，可舒缓局部皮肤肌肉、神经血管紧张度，促进血液与淋巴循环，改善皮肤的营养供给状态，增加肌肤组织营养，促进皮肤的新陈代谢，以去除衰老萎缩的上皮细胞，同时还可增强面部皮下骨胶原蛋白活力，促进细胞再生能力和皮脂腺、汗腺的分泌功能，刺激表皮末梢神经，提高人体电位能（人体衰老是电位能相应减低），从而改善面部肤色晦暗或色素沉着、皮肤松弛、皱纹、眼袋下垂、黑眼圈、毛孔粗大、皮肤粗糙等，使面部皮肤红润光泽、弹性增强，延缓皮肤的衰老，起到养颜美容的作用。

第二章 经络系统

经络学说，是研究人体经络生理功能、病理变化及其与脏腑、气血津液相互关系的学说，是中医理论体系的重要组成部分。经络学说不仅是针灸推拿美容的理论核心与基础，同时对指导中医美容临床的诊断与治疗亦有重要意义。正如《灵枢·经脉》所说："经脉者，所以决死生，处百病，调虚实，不可不通。"

经络系统由经脉和络脉组成。经络是人体运行全身气血、联络脏腑肢节、沟通表里内外的通路。"经"有路径的意思，是经络系统中的主干；"络"有网络的意思，是经脉的分支，纵横交错，网络全身，无处不至。经脉大多循行于深部，有一定的循行路径；络脉循行于浅部，有的络脉还显现于体表。故《灵枢·脉度》说："经脉为里，支而横者为络，络之别者为孙。"

经络内属脏腑，外络筋肉、肢节和皮肤，沟通脏腑与体表之间，将人体分散的脏腑组织器官联系成为一个有机的整体，并借以行气血、营阴阳，使人体各部的功能活动得以保持协调和相对平衡；同时，也以气血为载体，构成人体巨大的信息传导网络，可以感受来自人体内外环境中的各种信息，并按其性质、特点和量度等传递至相应的脏腑组织、五官九窍、四肢百骸，反映或调节其功能状态。由于经络系统具有感应传导信息的功能，一方面为损美性疾病的诊断提供了重要的依据，另一方面也为机体能够接受、感觉和传递针刺或其他方式的刺激，即通常所说的"行针"和"得气"现象提供了可能。

因此，经络不仅具有联络脏腑器官、沟通表里上下、运行全身气血、营养脏腑组织、感应传导信息、调节机能平衡的生理功能，在临床上经络还能反映损美性疾病的病理变化、指导损美性疾病的辨证归经以及指导针灸推拿选经配穴治疗损美性疾病。针灸推拿治疗损美性疾病时的辨证施治、辨证归经、循经取穴、针刺或推拿手法的补泻，无不以经络理论为依据。所以《灵枢·经别》说："夫十二经脉者，人之所以生，病之所以成，人之所以治，病之所以起，学之所始，工之所止也。"此外，临床上还可以用调理经络的方法预防损美性疾病，进行美容保健。如常灸足三里、关元穴可强身健体预防疾病；常点按养老、光明穴可美容明目；生活中的八段锦、易筋经等都是通过调畅经络以达到延年益寿、驻颜美体的目的。可见经络在针推美容生理、病理、诊断及治疗等方面具有十分重要的意义。

经络系统由经脉和络脉组成。

经脉分为正经和奇经两类。正经有 12 条，即手足三阴经和手足三阳经，合称“十二经脉”，是气血运行的主要通道；十二经脉有一定的起止、循行部位和交接顺序，在肢体的分布和走向有一定的规律，同脏腑有直接的络属关系。奇经有 8 条，即督脉、任脉、冲脉、带脉、阴维脉、阳维脉、阴跷脉、阳跷脉，合称“奇经八脉”；它们既不直属脏腑，又无表里配合关系，别道奇行故称“奇经”，有统率、联络和调节十二正经的作用。

十二经脉别出的经脉称十二经别，具有加强十二经脉中互为表里的两条经脉之间在体内联系的作用，并通达某些正经未循行到的器官和部位，以补充正经的不足。

十二经脉之气结、聚、散、络于筋肉、关节的体系称十二经筋，有约束骨骼、管理关节屈伸运动的作用。

十二皮部是十二经脉的功能活动反映于体表的部位。

络脉有别络、浮络和孙络之分。别络是从经脉分出的较大的和主要的络脉，共 15 条，其中十二经脉与任脉、督脉各有一条别络，再加上脾之大络，合称“十五别络”。别络加强了互为表里的两条经脉之间在体表的联系，并补充了经脉循行的不足。

浮络是浮现于体表的络脉，孙络是络脉的细小分支，两者不计其数，遍布全身。

经络系统组成见表 2－1。

表 2-1　经络系统组成简表

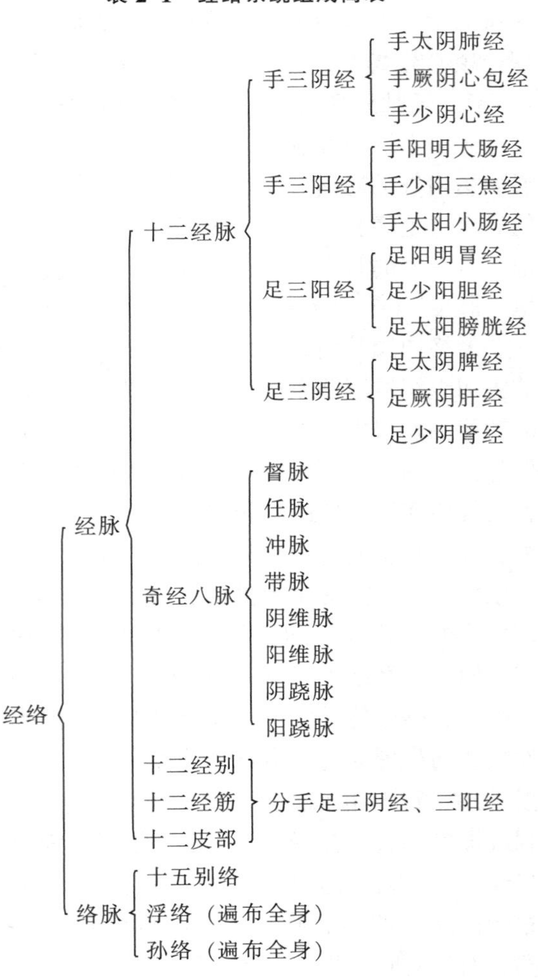

第一节　十二经脉

一、十二经脉的命名

十二经脉左右对称地分布于人体的两侧，分别循行于上肢或下肢的内侧或外侧，每一经脉分属于一个脏或一个腑，因此，十二经脉中每一条经脉的名称，均包含阴阳、手足（循行部位）、脏腑三个部分。循行于上肢的称手经，循行于下肢的称足经；阴经行于四肢的内侧，属脏，阳经行于四肢的外侧，属腑。

二、十二经脉分布规律

十二经脉在全身的分布，可分为体内循行路线和体外循行路线两个方面。

十二经脉在体内的分布，总的来讲是纵向的。但是，十二经脉在体内循行的过程中，大都伴随着彼此之间或与经别、奇经、络脉之间的迂回曲折、交叉会合，更有利于机体各部分多种复杂的联系，构成了全身的统一性和整体性。

十二经脉在体表的分布，也有一定的规律。其中“有穴通路”是经脉的主要循行路线，一般经穴图和经穴模型所表示的即为这些内容。

1. 四肢部

阴经分布于四肢内侧，上肢内侧是手三阴经，下肢内侧是足三阴经；阳经分布于四肢外侧，上肢外侧是手三阳经，下肢外侧是足三阳经。手足三阳经在四肢的排列是阳明在前，少阳在中，太阳在后。手三阴经在上肢的排列是太阴在前，厥阴在中，少阴在后；足三阴经在内踝上 8 寸以下的排列是厥阴在前，太阴在中，少阴在后，内踝上 8 寸以上为太阴在前，厥阴在中，少阴在后。

2. 头面部

阳明经行于面部、额部；太阳经行于面颊及后头部；少阳经行于头侧部。

3. 躯干部

手三阳经行于肩胛部；手三阴经均出于腋下；足三阳经为阳明经行于前（胸、腹面），太阳经行于后（背面），少阳经行于侧面；足三阴经均行于腹部。

循行于腹面的经脉，自内向外的顺序为足少阴、足阳明、足太阴、足厥阴。

十二经脉左右对称地循行分布于头面、躯干和四肢，纵贯全身，共计 24 条。其中，每一条阴经都同另一条相为表里的阳经在体内与脏腑相互属络，在四肢则行于内侧和外侧相对应的部位（图 2－1）。

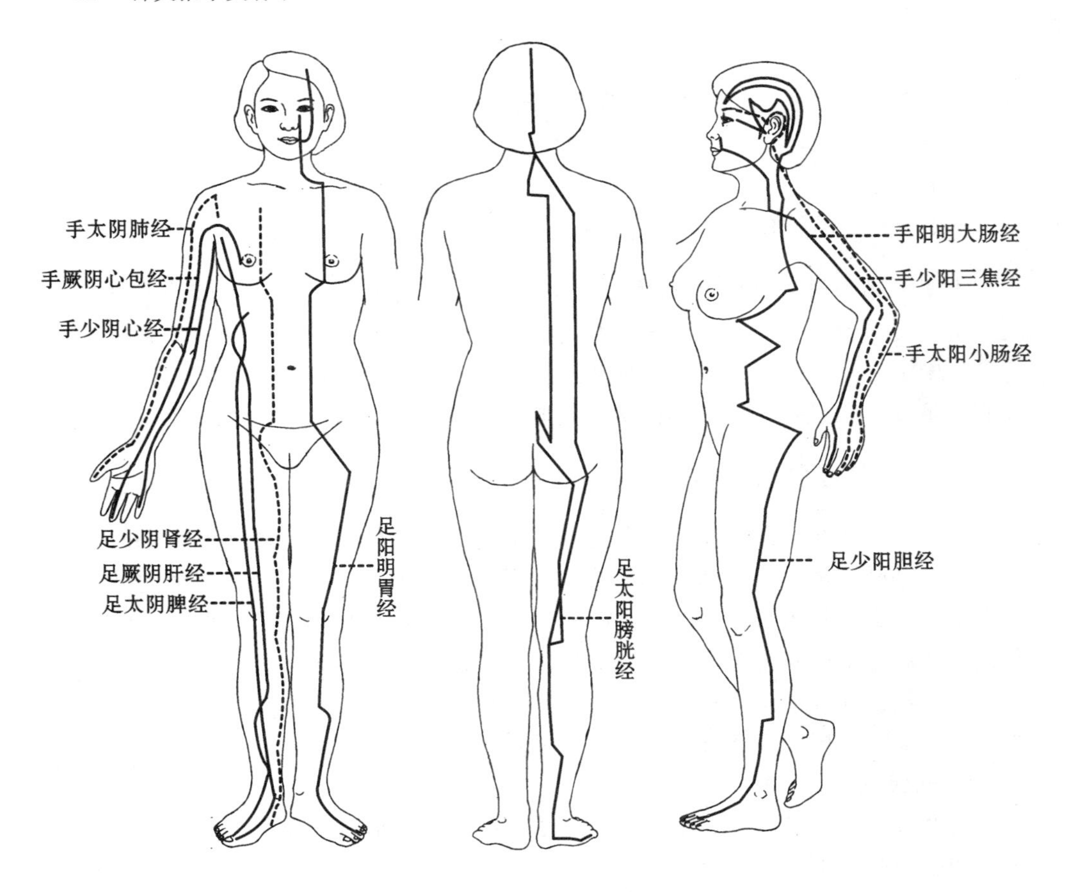

图2－1　十二经脉体表分布示意图

三、十二经脉的循行走向与交接规律

《灵枢·逆顺肥瘦》说："手之三阴，从脏走手；手之三阳，从手走头；足之三阳，从头走足；足之三阴，从足走腹。"即手三阴经均起于胸中，从胸走向手，在手指与其相为表里的手三阳经交会；手三阳经均起于手指，从手走向头，在头面与其同名的足三阳经交会；足三阳经均起于头面部，从头走向足，在足趾与其相为表里的足三阴经交会；足三阴经均起于足趾，从足走向胸腹（并继续延伸至头部），在胸部各与手三阴经交会。这样十二经脉就构成"阴阳相贯，如环无端"（《灵枢·营卫生会》）的循环路径。

十二经脉按着一定的循行走向，两经之间直接或通过分支相互连接。其交接规律大致为（表2－2）：

表 2－2　　十二经脉流注次序与交接规律

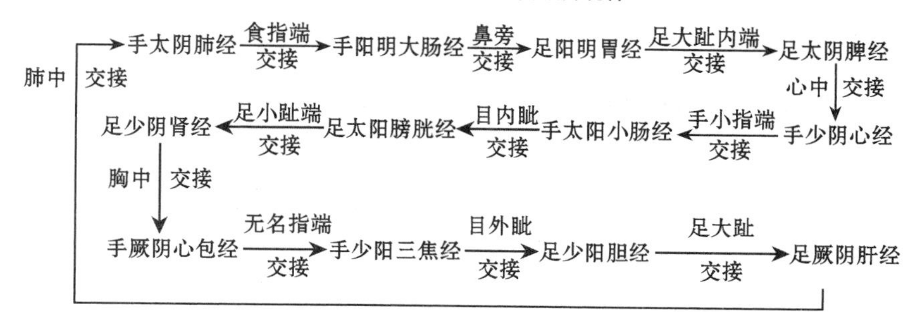

1. 相为表里的阴经与阳经在四肢部交接

如手太阴肺经在食指端与手阳明大肠经交接，手少阴心经在小指端与手太阳小肠经交接，手厥阴心包经在无名指端与手少阳三焦经交接，足阳明胃经在足大趾与足太阴脾经交接，足太阳膀胱经从小趾斜走足心与足少阴肾经交接，足少阳胆经在足大趾爪甲丛毛处与足厥阴肝经交接。

2. 同名的手、足阳经在头面部交接

如手阳明大肠经和足阳明胃经交接于鼻旁，手太阳小肠经与足太阳膀胱经交接于目内眦，手少阳三焦经和足少阳胆经交接于目外眦。由于手、足三阳经均交会于头面，所以称头为“诸阳之会”。

3. 手、足阴经在胸部交接

如足太阴脾经与手少阴心经交接于心中，足少阴肾经与手厥阴心包经交接于胸中，足厥阴肝经与手太阴肺经交接于肺中。

四、十二经脉的表里属络关系

手足三阴经、三阳经，通过经别和别络互相沟通，组成六对“表里相合”关系。即手太阴肺经与手阳明大肠经相表里；足阳明胃经与足太阴脾经相表里；手少阴心经与手太阳小肠经相表里；足太阳膀胱经与足少阴肾经相表里；手厥阴心包经与手少阳三焦经相表里；足少阳胆经与足厥阴肝经相表里。

互为表里的阴经与阳经在体内有属络关系，即阴经属脏络腑，阳经属腑络脏。如手太阴肺经属肺络大肠，手阳明大肠经属大肠络肺；足阳明胃经属胃络脾，足太阴脾经属脾络胃；手少阴心经属心络小肠，手太阳小肠经属小肠络心；足太阳膀胱经属膀胱络肾，足少阴肾经属肾络膀胱；手厥阴心包经属心包络三焦，手少阳三焦经属三焦络心包；足少阳胆经属胆络肝，足厥阴肝经属肝络胆。十二经脉的表里络属关系，不仅由于相为表里的两经在四肢的衔接而加强了联系，而且由于相互络属于同一个脏腑，而使相为表里的脏腑在生理功能上相互配合，在病理上相互影响，在治疗上相互为用。如心火可移热于小肠，治疗取穴时，相为表里的两条经脉的腧穴可交叉使用；又如大肠经的穴位可用以治疗肺经风热之痤疮等疾患。

五、十二经脉的流注次序

十二经脉分布在人体内外，经脉中的气血运行循环贯注，始于手太阴肺经，依次相传至足厥阴肝经，再传至手太阴肺经，首尾相贯，如环无端。其流注次序如表2－2。

第二节 奇经八脉

奇经八脉是督脉、任脉、冲脉、带脉、阴维脉、阳维脉、阴跷脉、阳跷脉的总称，是经络系统的重要组成部分。奇经八脉的分布和作用与十二正经不同，既不直属脏腑，又无表里配合，其分布“别道奇行”，不像十二经脉规则，故称“奇经”。奇经八脉纵横交叉于十二经脉之间，具有加强十二经脉之间的联系、调节十二经脉气血的作用。当十二经脉气血旺盛有余时，则流注于奇经八脉，涵蓄备用；当人体活动需要或十二经脉气血不足时，则可由奇经给予补充。

奇经八脉之中，督、任、冲三脉均起于胞中，同出会阴，称为“一源三歧”。其中任脉行于胸、腹、颈、面部正中线，在生理上总任一身之阴经，称为“阴经之海”，具有调节全身诸阴经经气的作用，并与妊娠有关，故又有“任主胞胎”的说法。督脉行于腰、背、颈、头后部的正中线，上至头面，入脑，贯心、络肾，在生理上总督一身之阳经，故称为“阳脉之海”，具有调节全身阳经经气的作用，并与脑、髓、肾的功能密切相关。冲脉并足少阴肾经挟脐而上，环绕口唇，因十二经脉均汇集于此，具有涵蓄十二经气血的作用，为气血的要冲而称为“十二经之海”，因冲脉与妇女月经有关，故又有“血海”之称。任脉、冲脉又与痤疮、黄褐斑等损美性疾病的发生及变化有关，故临床上常用调理任脉、冲脉来防治损美性疾病。

带脉起于胁下，束腰而前垂，约束纵行躯干部的诸条足经，并有固护胎儿的作用。阴维脉左右成对，起于小腿内侧足三阴经交会之处，沿下肢内侧上行，经腹、胁，与足太阴脾经、足厥阴肝经会合后，复上行挟咽与任脉相并，主一身之里；阳维脉左右成对，起于小腿外侧外踝的下方，沿下肢外侧上行，经躯干部的外侧，上腋、颈、面颊部而达额与督脉相并，主一身之表。阴阳维脉维络诸阴经与诸阳经，分别主一身之表里，保持阴经或阳经的功能协调。阴跷脉左右成对，起于足跟内侧，随足少阴等经上行，至目内眦与阳跷脉会合；阳跷脉左右成对，起于足跟外侧，伴足太阳等经上行，至目内眦与阴跷脉会合，沿足太阳经上额，于项后会合于足少阴经。阴阳跷脉分主一身左右的阴阳，共同调节下肢的运动和眼睑的开合功能。

任、督二脉均有本经所属腧穴，故与十二经脉合称为“十四经脉”。其余冲、带、阴维、阳维、阴跷、阳跷六脉的腧穴皆见于十二经脉和任、督二脉上。

第三节　经别、别络、经筋、皮部

一、经别

十二经别是从十二经脉分出，深入躯体深部，循行于胸、腹及头部的重要支脉。

其循行特点，可以用“离、入、出、合”来概括，即从十二经脉循行于四肢的部分（多为肘膝以上）别出（称为“离”），走入体腔脏腑深部（称为“入”），然后从颈项部浅出体表（称为“出”）而上头面，阴经的经别合入相为表里的阳经的经别而分别注入六阳经（称为“合”）。这样，每一对相为表里的经别组成一“合”，十二经别手足三阴三阳共组成六对，称为“六合”。

经别的主要生理作用是加强十二经脉中相为表里的两条经脉之间在体内的联系，并通达某些正经未循行到的器官和部位，以补充正经的不足；加强十二经脉在头面的联系及体表与体内、四肢与躯干的向心性联系；扩大十二经脉的主治范围。

二、别络

别络也是从经脉分出的支脉，大多分布于体表。别络共15条，即十二经脉与任脉、督脉各有一条别络，再加上脾之大络，合称“十五别络”。另外，如再加上胃之大络，也可称为“十六别络”。

别络有别走邻经之意，其主要功能是加强相为表里的两条经脉之间在体表的联系；对全身无数细小的络脉起着主导和统率作用；灌渗气血，濡养全身。

三、经筋

十二经筋是十二经脉之气结、聚、散、络于筋肉、关节的体系，有约束骨骼，管理关节屈伸运动，维持人体正常的体位姿势的作用。如《素问·痿论》所说：“宗筋主束骨而利机关也。”

四、皮部

十二皮部是十二经脉及所属络脉在体表的分区，也是十二经脉之气的散布所在，即十二皮部是十二经脉的功能活动反映于体表的部位。十二皮部居于人体最外层，与经络气血相通，其作用可以使皮肤腠理致密，以抗御外邪，保护机体，同时也是针灸推拿治疗损美性疾病和保健美容的部位所在。

第三章 针灸推拿美容常用腧穴

第一节 腧穴总论

一、腧穴的定义

腧穴是人体脏腑经络之气输注于体表的部位。“腧”通“输”，有转输、输注的含义；“穴”是空隙的意思。

腧穴是位于体表的，且与深部组织有着密切联系，互相输通的特殊部位，既是疾病的反应点，又是针灸推拿治疗损美性疾病和保健美容的施术之所。

二、腧穴的分类

腧穴是针灸推拿美容的重要组成部分，它包括经穴、经外穴、阿是穴三类。

凡归属于十二经脉、任脉和督脉的腧穴，称为“十四经穴”，简称“经穴”。这部分腧穴名共计361个，其中分布在任、督二脉的穴为单穴52个，分布在十二经脉上的穴为双穴309个。

凡经穴以外，具有固定名称、位置和主治等内容的腧穴称为经外穴，因有些穴对某些疾病有奇效，故又称为“奇穴”或“经外奇穴”。例如：太阳穴主治头痛、目疾，除鱼尾纹；鱼腰治上睑下垂。

凡以病痛局部或与疾病有关的压痛（敏感）点作为腧穴，称为“阿是穴”，又叫“天应穴”、“不定穴”。在针灸推拿美容中，皱纹或皮损局部也称“阿是穴”。

三、腧穴的主治规律

1. 近治作用

腧穴的近治作用是腧穴主治作用的共同特征，即任何腧穴均可治疗该穴所在部位及邻近组织器官的病症。如眼区的睛明、攒竹、承泣、四白各穴，均能治疗眼部皱纹及各种损美性疾病；巅顶部的百会、四神聪穴，可治斑秃、脱发、失眠、昏迷；脐周的天枢、水分、关元各穴，可治疗肥胖症之局部脂肪堆积、月经不调及早衰等。

2. 远治作用

“经脉所过，主治所及”。腧穴的远治作用是十四经腧穴主治作用的基本规律。尤其是十二经脉肘膝关节以下的腧穴，不仅能治疗局部病症，还可以治疗该穴所在经脉循行所涉及的远隔的脏腑、器官疾病及其体表的损美性病症，有的还具有全身性调治的作用。如合谷穴不仅能治上肢病症，而且能治大肠经所过部位的疼痛、麻木及头面五官的损美性疾病；足三里穴不仅能治下肢病症，还可治脾胃运化失常引起的肥胖症等。

3. 特殊作用

针刺推拿某些腧穴，对机体的不同状态可以起到双向良性调整作用。如针刺天枢穴，泄泻时可以止泻，便秘时可以通便；足三里穴既可减肥治疗肥胖症，也能健体增重治疗消瘦。另外，某些腧穴对某些病症具有特殊的治疗作用，称为腧穴的相对特异性。如大椎穴清热治疗痤疮，带脉、天枢穴治疗肥胖症，印堂穴治前头痛等。

针灸推拿美容的最大特点在于全身调整，因此，临床上利用腧穴的主治规律，将局部与全身取穴结合起来才能取得较好的疗效。局部取穴可以疏经通络，改善循环，促进表皮细胞新陈代谢以美化皮肤毛发，并能增加肌肉弹性；而全身取穴则重在平衡脏腑，调节各系统的功能以达到美容的目的。

四、腧穴的定位法

腧穴定位法，又称取穴法，是指确定腧穴位置的基本方法。针灸推拿美容，尤其在针灸美容中，治疗效果的好坏与取穴位置是否准确有着密切的关系。为了准确定位腧穴，必须掌握以下四种取穴方法：

（一）体表标志法

根据人体体表各种解剖标志而定取穴位的方法，称为体表标志法。人体的体表标志有两种：一种是固定标志，指人体骨节和肌肉所形成的突起或凹陷、五官轮廓、发际、指（趾）甲、乳头、脐窝等，不受活动影响而固定不移的标志。如于腓骨头前下方定阳陵泉，眉头定攒竹，两眉之间定印堂等。另一种是活动标志，需要采取相应的动作姿势才会出现的标志，包括关节、肌肉、肌腱、皮肤随着活动而出现的空隙、凹陷、皱纹、尖端等。如耳门、听宫、听会等应微张口取；下关应闭口取；取肩髃穴时宜外展上臂平肩，或向前平伸时当肩峰前下方凹陷中取。

（二）骨度分寸法

指以体表骨节为主要标志折量全身各部的长度和宽度，定出分寸，用于腧穴定位的方法。即以《灵枢·骨度》规定的人体各部的分寸为基础，并结合历代学者创用的折量分寸（将设定的两骨节点之间的长度折量为一定的等分，每一等分为一寸，十等分为一尺），作为定穴的依据（表3－1，图3－1）。

表3－1　常用骨度表

	部位起止点	常用骨度	说　明
头颈部	前发际正中至后发际正中	12寸	确定头部经穴的纵向距离
	眉心至前发际正中	3寸	确定前发际及头部经穴的纵向距离
	后发际正中至大椎穴	3寸	确定后发际及颈部经穴的纵向距离
	前额两发角之间	9寸	确定头前部经穴的横向距离
	耳后两乳突之间	9寸	确定头后部经穴的横向距离
胸胁、腹部	胸骨上窝至胸剑联合中点	9寸	确定胸部任脉的纵向距离
	胸剑联合中点至脐中	8寸	确定上腹部经穴的纵向距离
	脐中至耻骨联合上缘	5寸	确定下腹部经穴的纵向距离
	两乳头之间	8寸	确定胸腹部经穴的横向距离
	腋窝顶点至第11肋游离端	12寸	确定胁肋部经穴的纵向距离
背腰部	肩胛骨内缘至后正中线	3寸	确定背腰部经穴的横向距离
	肩峰缘至后正中线	8寸	确定肩背经穴的横向距离
上肢部	腋前、后纹头至肘横纹	9寸	确定上臂部经穴的纵向距离
	肘横纹至腕横纹	12寸	确定前臂部经穴的纵向距离
下肢部	耻骨联合上缘至股骨内上髁上缘	18寸	确定下肢内侧足三阴经穴的纵向距离
	胫骨内髁下缘至内踝尖	13寸	确定下肢内侧足三阴经穴的纵向距离
	股骨大转子至腘横纹	19寸	确定下肢外后侧足三阳经穴的纵向距离
	髌骨下缘至外踝尖	16寸	确定下肢外后侧足三阳经穴的纵向距离

（三）指寸定位法

又称“手指同身寸取穴法”，是根据受术者本人手指的长宽度所规定的分寸，以量取腧穴的方法。

1. 中指定位法

受术者的拇中指屈曲成环，以中指中节桡侧两端纹头之间的距离作为1寸（图3－2a）。

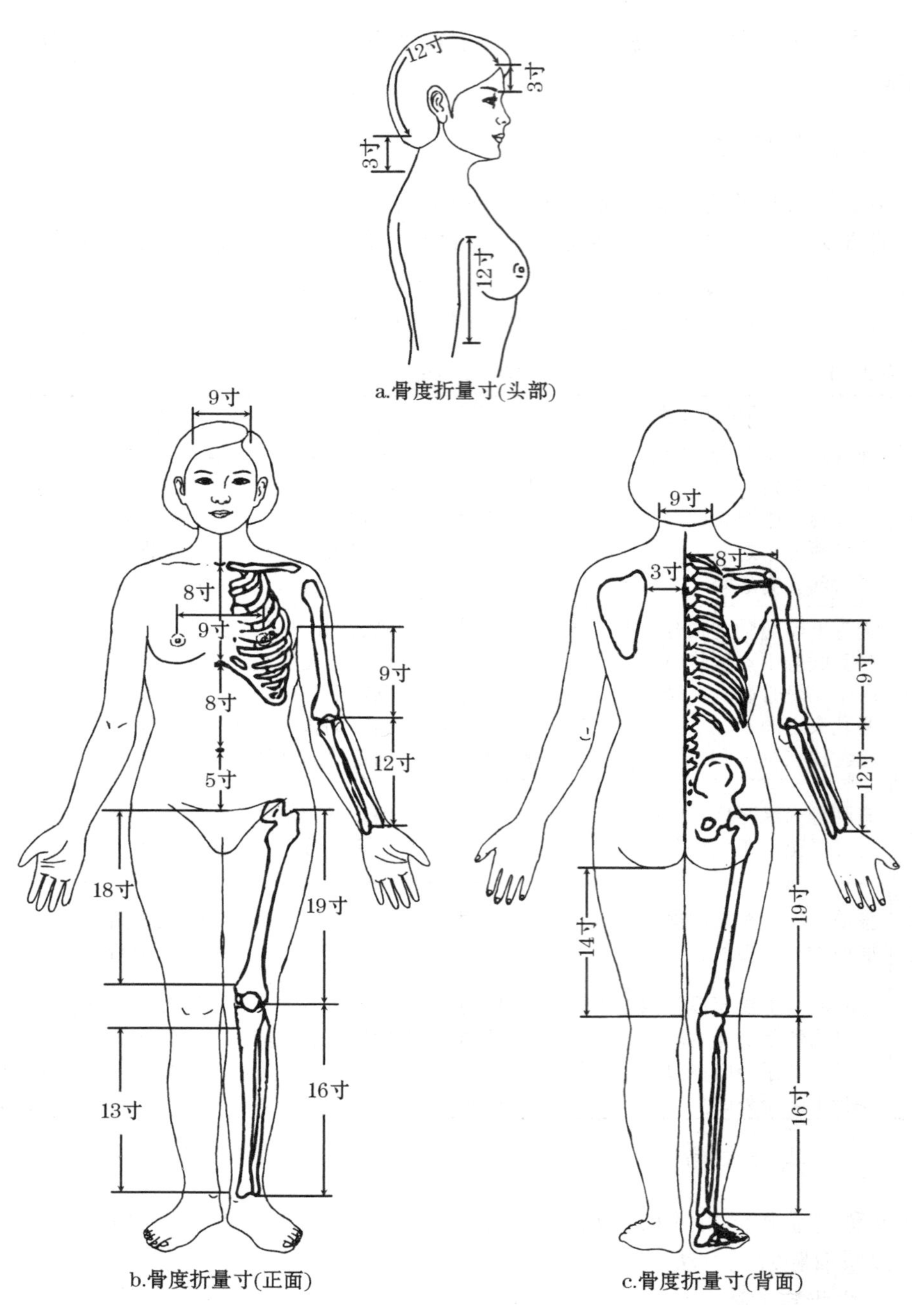
12寸
3寸
3寸
12寸
a.骨度折量寸(头部)
9寸
8寸
9寸
9寸
8寸
12寸
5寸
18寸
19寸
16寸
13寸
b.骨度折量寸(正面)
9寸
3寸
8寸
9寸
12寸
19寸
14寸
16寸
c.骨度折量寸(背面)

图 3－1　骨度分寸法

2. 拇指定位法

以受术者拇指指间关节的宽度作为1寸（图3－2b）。

3. 横指同身寸法（一夫法）

受术者尺侧四指并拢，以其中指中节横纹为准，其四指的宽度作为3寸（图3－2c）。

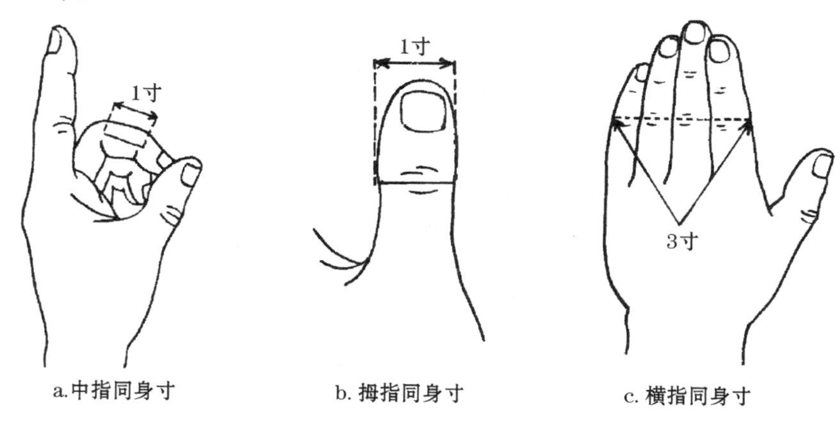

图3－2　指寸定位法

在具体取穴时，应当在骨度分寸法的基础上，参照被取穴对象自身的手指进行比量，并结合一些简便的活动标志取穴方法，以确定腧穴的标准部位。

（四）简便取穴法

是指临床上一种简便易行的取穴方法。如立正垂手中指端取风市穴；两手虎口自然交叉，在食指端到达处取列缺穴等。

第二节　十四经脉循行与常用美容腧穴

腧穴是针灸推拿美容的重要组成部分，它包括经穴、经外穴和阿是穴三个部分。其中很多腧穴具有美容作用，现介绍如下：

一、手太阴肺经（**Lung Meridian of Hand－Taiyin，LU.**）

（一）经脉循行

起于中焦，下络大肠，返回沿胃上口，过横膈，属肺，从“肺系”（肺与喉咙相联系的部位）横行至胸部外上方（中府），出腋下，向下沿上臂内侧，行于手少阴心经和手厥阴心包经的前面，下行到肘窝中，沿前臂内侧前缘，进入寸口，经过鱼际，沿鱼际边缘，出拇指桡侧端（少商）。其支脉从手腕后桡骨茎突上方的列缺穴处分出，走向食指桡侧端，与手阳明大肠经相接。（图 3－3）

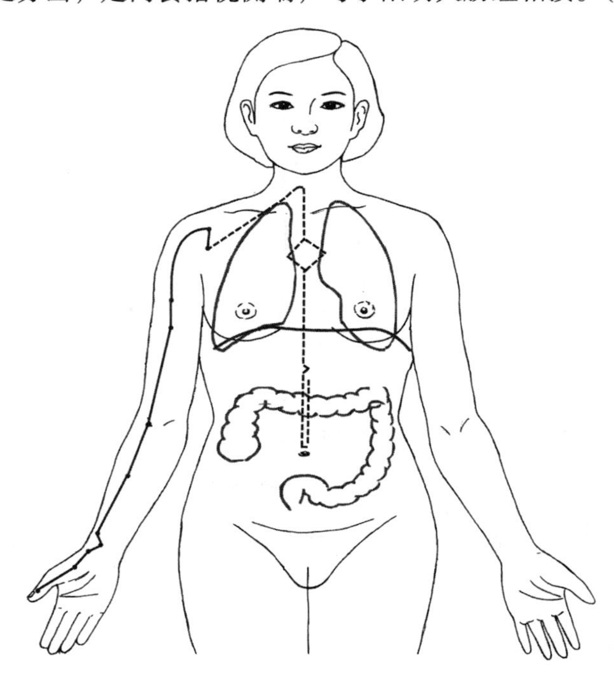

图 3－3　手太阴肺经经脉循行示意图

（二）常用美容腧穴

1. 尺泽 Chǐzé（LU 5）

【定位】肘横纹中，肱二头肌腱桡侧凹陷处（图 3－4）。

【功用】清泄肺热，和胃理气，舒筋止痛。

【主治】皮肤色素沉着、痤疮、酒皶鼻、丹毒、湿疹、荨麻疹、老年斑、肘关节痛。

【操作】直刺 0.8～1.2 寸，或点刺出血；可灸。

2. 列缺 Lièquē（LU 7）

【定位】前臂桡侧缘，桡骨茎突上方，腕横纹上 1.5 寸，当肱桡肌与拇长展肌之间（图 3－4）。

【功用】宣肺理气，通经活络，利水通淋。

【主治】荨麻疹、皮肤瘙痒症、痤疮、酒齄鼻、喘咳、口眼㖞斜、偏头痛、颈痛、水肿。本穴为四总穴之一，“头项寻列缺”。

【操作】向上斜刺 0.3 ~0.5 寸；可灸。

3. 鱼际 Yújì（LU 10）

【定位】拇指末节（第 1 掌指关节）后凹陷处，约第 1 掌骨中点桡侧赤白肉际处（图 3 –4）。

【功用】清肺热。

【主治】酒齄鼻、痤疮、哮喘、咽干、扁桃体炎。

【操作】直刺 0.5 ~0.8 寸；可灸。

4. 少商 Shàoshāng（LU 11）

【定位】拇指末节桡侧，距指甲角 0.1 寸（图 3 –4）。

【功用】清泄肺热。

【主治】酒齄鼻、皮肤瘙痒症、荨麻疹、咽喉肿痛。

【操作】浅刺 0.1 寸，或点刺出血；可灸。

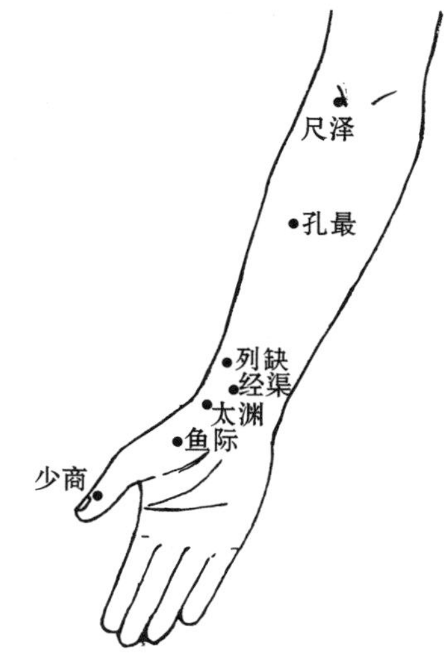

图 3 –4　手太阴肺经经穴

二、手阳明大肠经（Large Intestine Meridian of Hand – Yangming，LI.）

（一）经脉循行

起于食指桡侧端（商阳），向上通过第 1、2 掌骨之间（合谷），进入两筋之间（拇短伸肌腱与拇长伸肌腱）的凹陷处，沿前臂背面桡侧，至肘外侧，再沿上臂外侧前缘，上走肩端（肩髃），沿肩峰前缘，向上合于第 7 颈椎棘突下（大椎），再向下进入缺盆（锁骨上窝）部，络肺，过横膈，入属大肠。其支脉从锁骨上窝上走颈部，经过面颊，进入下齿龈，回绕至上唇，交叉于人中，左脉向右，右脉向左，分布在鼻孔两侧（迎香），与足阳明胃经相接。（图 3 –5）

（二）常用美容腧穴

1. 合谷 Hégǔ（LI4）

【定位】手背第 1、2 掌骨间，当第 2 掌骨桡侧的中点处（图 3 –6）。

【功用】通经活络，清热解表，镇静止痛。

【主治】面部皱纹、酒齄鼻、痤疮、眼睑下垂、目赤肿痛、近视、斜视、面神经麻痹、面肌痉挛、颞下颌关节功能紊乱综合征、面部色素沉着、手癣、口臭。为四总穴之一，“面口合谷收”。

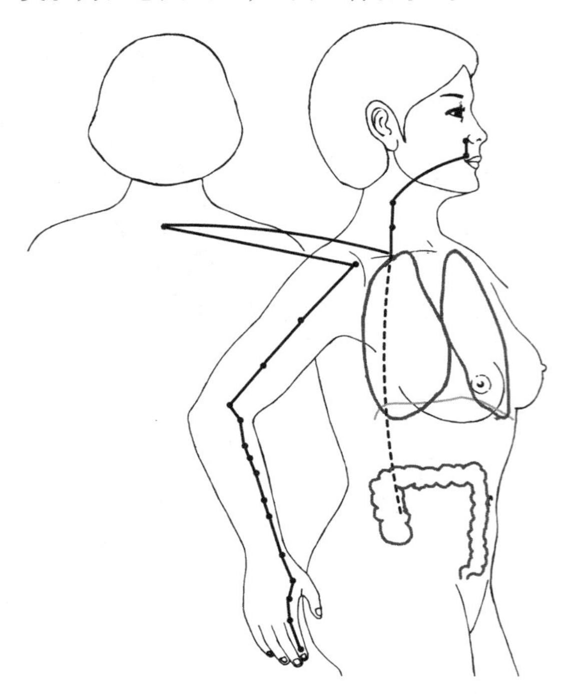
图3-5 手阳明大肠经经脉循行示意图

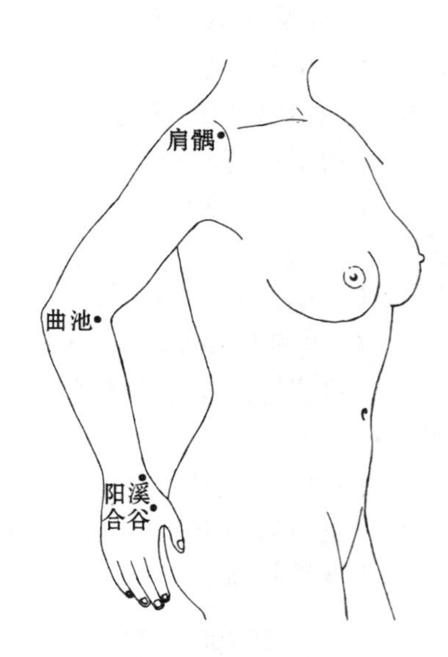

图3-6 手阳明大肠经经穴（一）

【操作】直刺0.5~0.8寸，孕妇禁针；可灸。

2. 阳溪 Yánɡxī（LI5）

【定位】腕背横纹桡侧，拇指上翘时，当拇短伸肌腱与拇长伸肌腱之间的凹陷中（图3-6）。

【功用】清热散风。

【主治】痤疮、手癣、冻疮、目赤肿痛、迎风流泪。

【操作】直刺0.3~0.5寸；可灸。

3. 曲池 Qūchí（LI11）

【定位】在肘横纹外侧端，屈肘90°角，当肘横纹外侧端与肱骨外上髁连线中点（图3-6）。

【功用】调和气血，祛风解表，清热利湿。

【主治】面部色素沉着、面部黑变病、面神经麻痹、痤疮、酒齄鼻、口眼㖞斜、目赤肿痛、头癣、手足癣、神经性皮炎、脱发、高血压、高热。

【操作】直刺0.8~1.2寸；可灸。

4. 肩髃 Jiānyú（LI15）

【定位】在肩部三角肌上，上臂外展平肩，或向前平伸时，当肩峰前下方凹陷处（图3－6）。

【功用】祛风除湿，泄热悦颜。

【主治】荨麻疹、甲状腺肿大、颈淋巴结结核、腋臭、肩周炎、局部脂肪堆积。

【操作】直刺0.5～0.8；可灸。

5. 迎香 Yíngxiāng（LI20）

【定位】在鼻翼外缘中点旁，当鼻唇沟中（图3－7）。

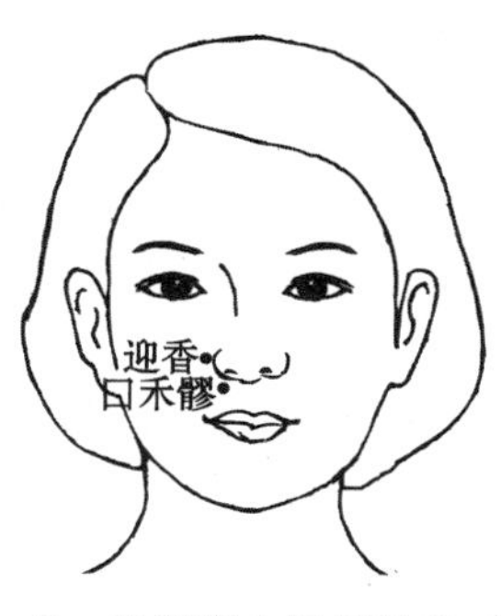

图3－7　手阳明大肠经经穴（二）

【功用】祛风通络，宣通鼻窍。

【主治】黄褐斑、早衰、面瘫、酒齄鼻、痤疮、面肌痉挛、面痒浮肿。为鼻疾要穴。

【操作】直刺0.2～0.3寸，也可透向四白穴；不宜灸。

三、足阳明胃经（Stomach Meridian of Foot－Yangming，ST.）

（一）经脉循行

起于鼻翼旁（迎香），夹鼻上行到鼻根部，入目内眦，与足太阳膀胱经交会于睛明穴；向下沿着鼻的外侧，进入上齿龈内，回出环绕口唇，向下交会于颏唇沟的承浆穴处，再向后沿着下颌角（颊车）上行，经耳前及发际抵达前额。其下行支脉：从下颌部下行，沿喉咙进入锁骨上窝，向下过横膈，属于胃，络脾脏。直行的经脉：由锁骨上窝分出，经乳头，向下挟脐旁，到达腹股沟部（气冲）。从胃下口分出另一条支脉：沿腹壁里面下行到腹股沟部，与循行于体表的经脉相会合，再由此沿大腿前面及胫骨外侧到足背部，进入第2足趾外侧端（厉兑）。胫部支脉：从膝下3寸处分出，进入足中趾外侧端。足跗部支脉：从足背部（冲阳）分出，进入足大趾内侧端（隐白），与足太阴脾经相接。（图3－8）

（二）常用美容腧穴

1. 承泣 Chéngqì（ST1）

【定位】面部，目正视时，瞳孔直下，眼球与眶下缘之间（图3－9）。

【功用】疏经活络，美目养颜。

【主治】眼睑浮肿、眼袋、目赤肿痛、近视、斜视、迎风流泪、面瘫、面肌痉挛。

【操作】嘱患者闭眼，用左手拇指轻轻向上推眼球，沿眼眶下缘缓慢直刺 0.3 ~1 寸，不宜提插，出针后按压针孔片刻，以防止出现血肿，或沿皮横刺透向内眦角处；不宜灸。

2. 四白 Sìbái（ST2）

【定位】面部，目正视时，瞳孔直下，在眶下孔凹陷处（图 3 –9）。

【功用】疏经活络，养颜明目。

【主治】面部色素沉着、皱纹、面瘫、眼睑浮肿、面肌痉挛、目疾、三叉神经痛。

【操作】直刺 0.2 ~0.3 寸；禁灸。

3. 地仓 Dìcāng（ST4）

【定位】面部，目正视时，瞳孔直下口角外侧处（图 3 –9）。

【功用】消皱美颜，通经活络。

【主治】口周皱纹、口唇皲裂、口部疔疮、面瘫、面肌痉挛、口角流涎、单纯疱疹、扁平疣、痤疮。

【操作】斜刺或平刺 0.5 ~0.8 寸；可灸。

4. 颊车 Jiáchē（ST6）

【定位】面颊部，下颌角前上方约一横指（中指），咀嚼时咬肌隆起最高点处（图 3 –10）。

【功用】消皱，活络，止痛。

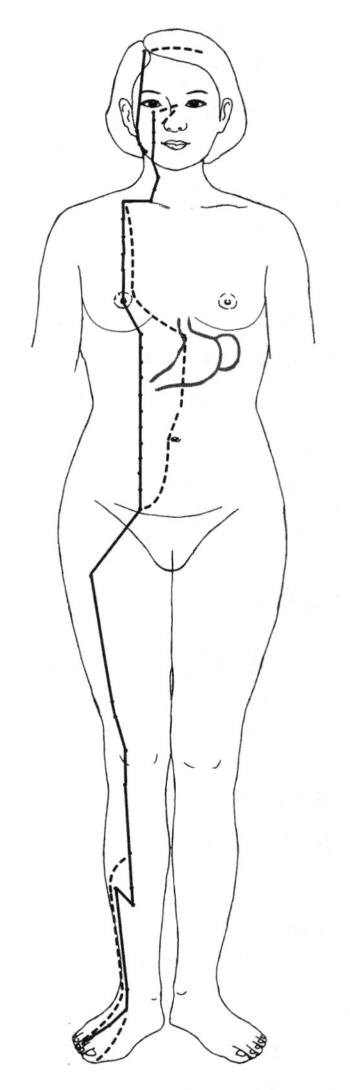

图 3 –8　足阳明胃经经脉循行示意图

【主治】面颊部皱纹、黄褐斑、痤疮、面瘫、面肌痉挛、颞下颌关节功能紊乱综合征、瘦脸。

【操作】直刺或平刺 0.5 ~1.2 寸；可灸。

5. 下关 Xiàguān（ST7）

【定位】耳前方，当颧弓与下颌切迹所形成的凹陷中（图 3 –10）。合口有孔，张口即闭。

【功用】消皱，活络，止痛。

【主治】黄褐斑、痤疮、面瘫、面肌痉挛、颞下颌关节功能紊乱综合征、牙痛、三叉神经痛。

【操作】直刺、斜刺、平刺 0.5 ~1.2 寸；可灸。

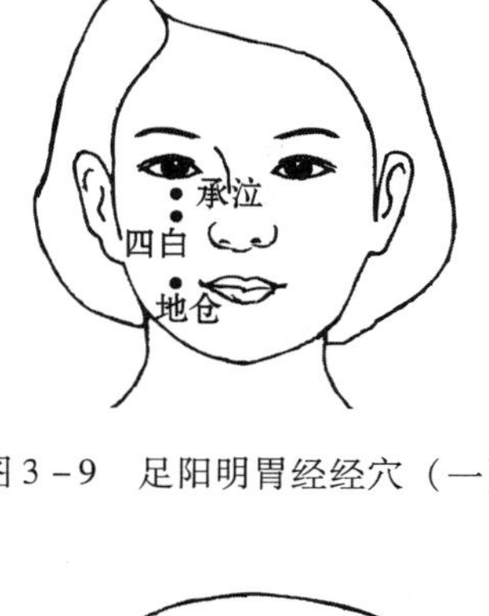

图 3 – 9　足阳明胃经经穴（一）

6. 头维 Tóuwéi（ST8）

【定位】头侧部，当额角发际上 0.5 寸，头正中线旁 4.5 寸（图 3 – 10）。

【功用】疏经活络，养发驻颜，明目。

【主治】脱发、颞部皱纹、面瘫、面肌痉挛、头痛。

【操作】平刺 0.5 ~1 寸；可灸。

7. 气舍 Qìshè（ST11）

【定位】颈部，锁骨内侧端的上缘，胸锁乳突肌的胸骨头与锁骨头之间（图 3 – 10）。

【功用】消瘿美颈，降逆平喘。

【主治】梅核气、咽喉肿痛、呃逆、哮喘。还可用于颈部除皱。

【操作】直刺 0.3 ~0.5 寸；可灸。

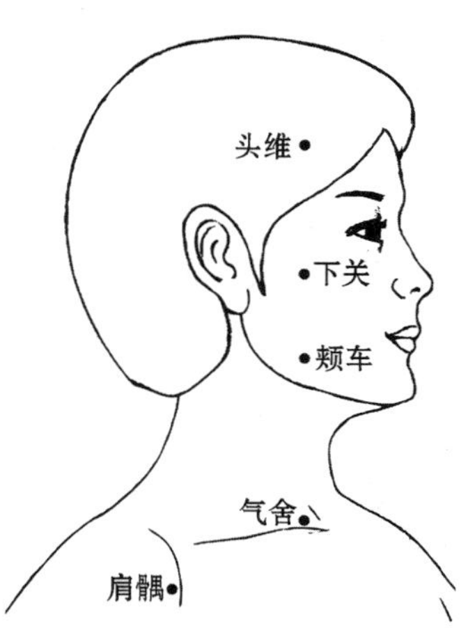

图 3 – 10　足阳明胃经经穴（二）

8. 膺窗 Yīngchuāng（ST16）

【定位】胸部，当第 3 肋间隙，前正中线旁开 4 寸（图 3 – 11）。

【功用】理气丰胸。

【主治】女性乳房发育不良、乳痈、咳喘。

【操作】斜刺或平刺 0.5 ~0.8 寸；可灸。

9. 乳根 Rǔgēn（ST18）

【定位】胸部，当乳头直下，乳房根部，第 5 肋间隙，前正中线旁开 4 寸（图 3 – 11）。

【功用】健胸丰乳，理气止痛。

【主治】女性乳房发育不良、乳腺增生症、产后乳汁少、乳痈、咳喘、胸痛。

【操作】斜刺或平刺 0.5 ~0.8 寸；可灸。

10. 梁门 Liángmén（ST21）

【定位】上腹部，脐上 4 寸，前正中线旁开 2 寸（图 3 – 11）。

【功用】健脾和胃，瘦身美颜。

【主治】肥胖症、消瘦、面色无华、食欲不振、腹胀、腹泻。

【操作】直刺 0.8 ~1.2 寸；可灸。

11. 天枢 Tiānshū（ST25）

【定位】腹中部，脐中旁开 2 寸（图 3 –11）。

【功用】理肠瘦身。

【主治】腹部脂肪沉积、消瘦、便秘、泄泻、腹痛、荨麻疹、湿疹。

【操作】直刺 1 ~1.5 寸；可灸。

12. 水道 Shuǐdào（ST28）

【定位】下腹部，脐下 3 寸，前正中线旁开 2 寸（图 3 –11）。

【功用】清热利湿，通调水道。

【主治】腹部脂肪沉积、水肿、痛经、不孕症、盆腔炎、尿道炎。

【操作】直刺或斜刺 0.8 ~1.5 寸；可灸。

13. 归来 Guīlái（ST29）

【定位】下腹部，脐下 4 寸，前正中线旁开 2 寸（图 3 –11）。

【功用】行气活血，调补肝肾。

【主治】腹部脂肪沉积、腹胀、月经不调、痛经、不孕症、盆腔炎。

【操作】直刺或斜刺 0.8 ~1.5 寸；可灸。

14. 梁丘 Liángqiū（ST34）

【定位】大腿前面，屈膝，当髂前上棘与髌底外侧端连线上，髌底上 2 寸（图 3 –12）。

【功用】理气和胃，通乳解毒。

【主治】肥胖症、乳腺炎、急性胃痛、膝肿痛。

【操作】直刺 0.5 ~1 寸；可灸。

15. 足三里 Zúsānlǐ（ST36）

【定位】小腿前外侧，外膝眼下 3 寸，距胫骨前缘一横指（中指）（图 3 –12）。

【功用】健脾和胃，瘦身美颜。

【主治】腹痛、腹泻、便秘等胃肠疾患；消瘦、肥胖症；面部色素沉着、痤疮、面肌痉挛、浮肿、早衰、皮肤过敏、脱发；高血压、神经衰弱。还可用于面部除皱。本穴为强壮保健要穴之一；又为四总穴之一，“肚腹三里留”。

【操作】直刺 1 ~2 寸；可灸。

16. 上巨虚 Shàngjùxū（ST37）

【定位】小腿前外侧，外膝眼下 6 寸，距胫骨前缘一横指（中指）（图 3 –12）。

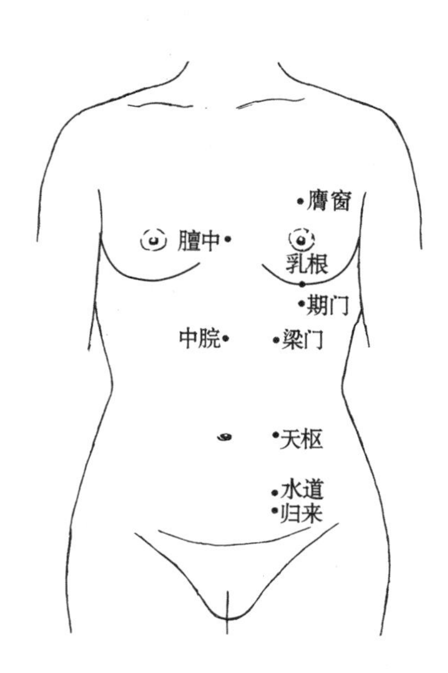

图 3－11　足阳明胃经经穴（三）

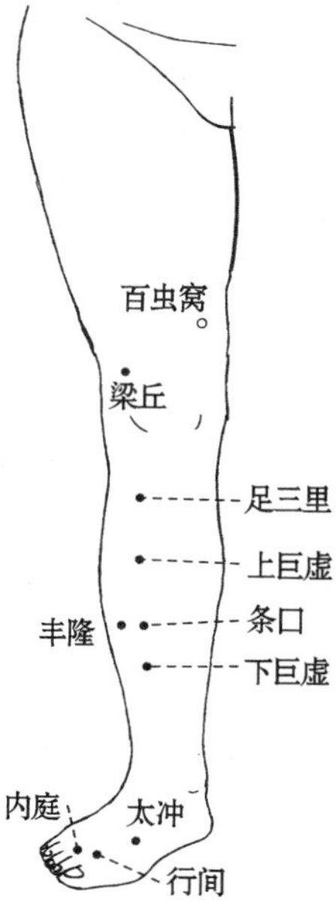

图 3－12　足阳明胃经经穴（四）

【功用】健脾和胃，疏经调气。

【主治】肥胖症、消瘦、痤疮、腹痛、腹泻、便秘、消化不良。

【操作】直刺 1～2 寸；可灸。

17. 条口 Tiáokǒu（ST38）

【定位】小腿前外侧，外膝眼下 8 寸，距胫骨前缘一横指（中指）（图 3－12）。

【功用】活血理气，通络止痛。

【主治】肩关节周围炎、下肢及腹部损美性疾病。

【操作】直刺 1～2 寸；可灸。

18. 下巨虚 Xiàjùxū（ST39）

【定位】小腿前外侧，外膝眼下 9 寸，距胫骨前缘一横指（中指）（图 3－12）。

【功用】清热利湿，宁神镇惊。

【主治】肥胖症、面部色素沉着、腹痛、腹泻、便秘、消化不良、痤疮、神经衰弱。

【操作】直刺 1～2 寸；可灸。

19. 丰隆 Fēnglóng（ST40）

【定位】小腿前外侧，外踝尖上 8 寸，条口穴外，距胫骨前缘两横指（中指）（图 3－12）。

【功用】化痰、瘦身美颜。

【主治】肥胖症、面部浮肿、便秘、高血压、眩晕、单纯性甲状腺肿。

【操作】直刺 1～1.5 寸；可灸。

20. 内庭 Nèitíng（ST44）

【定位】足背，第 2、3 趾间，趾蹼缘后方赤白肉际处（图 3－12）。

【功用】通经活络，泄热凉血。

【主治】痤疮、酒皶鼻、肥胖症、面瘫、瘾疹、口臭、急性扁桃体炎、腮腺炎。

【操作】直刺或斜刺 0.5～0.8 寸；可灸。

四、足太阴脾经（Spleen Meridian of Foot－Taiyin，SP.）

（一）经脉循行

起于大趾末端（隐白），沿大趾内侧赤白肉际，过大趾关节后的第 1 跖趾关节后面，上行至内踝前，沿小腿内侧正中线（胫骨后）上行，至内踝上 8 寸处，交叉于足厥阴肝经之前，经膝及大腿内侧前缘进入腹部，属脾脏，络胃，过横膈挟食管两旁上行，连系舌根，散布于舌下。另一条支脉：从胃部分出，上过横膈，流注于心中，与手少阴心经相接。（图 3－13）

（二）常用美容腧穴

1. 隐白 Yǐnbái（SP1）

【定位】足大趾末节内侧，距趾甲角 0.1 寸（图 3－14）。

【功用】调血止痛。

【主治】神经衰弱、月经过多、便血、尿血。

【操作】直刺 0.1 寸，或点刺出血；可灸。

2. 公孙 Gōngsūn（SP4）

【定位】足内侧缘，第 1 跖骨基底的前下方（图 3－14）。

【功用】理脾和胃。

【主治】肥胖症、胃痛、呕吐、腹泻。

【操作】直刺 0.5～0.8 寸；可灸。

3. 三阴交 Sānyīnjiāo（SP6）

【定位】小腿内侧，足内踝尖上 3 寸，胫骨内侧缘后方（图 3－14）。

【功用】活血化瘀，健脾美颜。

【主治】面部色素沉着、肥胖症、眼睑下垂、面肌痉挛、目赤肿痛、浮肿、脱发、脱眉、雀斑、荨麻疹、神经性皮炎、偏瘫、神经衰弱、失眠、痛经、月经不调、尿频。本穴可治泌尿、生殖系统疾病，故有“小腹三阴谋”之说。

【操作】直刺或斜刺 1～1.5 寸，孕妇禁针；可灸。

4. 地机 Dìjī（SP8）

【定位】小腿内侧，内踝尖与阴陵泉的连线上，阴陵泉下 3 寸（图 3－14）。

【功用】健脾胃，调经带。

【主治】腹胀、食欲不振、肥胖症、水肿、痛经、月经不调、遗精、荨麻疹、皮肤瘙痒症。

【操作】直刺 0.5～1 寸；可灸。

5. 阴陵泉 Yīnlíngquán（SP9）

【定位】小腿内侧，当胫骨内侧髁后下凹陷处（图 3－14）。

【功用】健脾渗湿，美颜瘦身。

【主治】面部色素沉着、肥胖症、浮肿、湿疹、神经衰弱、失眠、痛经、月经不调、小便不利或失禁、膝关节炎。

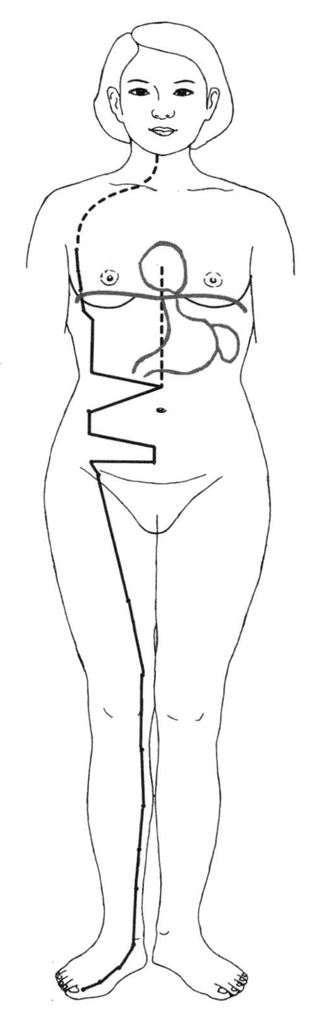

图 3－13　足太阴脾经经脉循行示意图

【操作】直刺或斜刺 1～1.5 寸，孕妇禁针；可灸。

6. 血海 Xuèhǎi（SP10）

【定位】屈膝，在大腿内侧，髌底内侧端上 2 寸，当股四头肌内侧头的隆起处（图 3－14）。

取法：屈膝，医者以左手掌心按于患者右膝上缘，二至五指向上伸直，拇指约呈 45°斜置，拇指尖下是穴。对侧取法仿此。

【功用】活血化瘀，润肤养发。

【主治】面部色素沉着、痤疮、脱发、妇女多毛症、神经性皮炎、皮肤瘙痒症、湿疹、荨麻疹、月经不调、膝关节炎。

【操作】直刺 1～1.5 寸；可灸。

7. 大横 Dàhéng（SP15）

【定位】仰卧，腹部，脐旁开 4 寸（图 3－15）。

【功用】调理肠腑，减肥瘦身。

【主治】腹部脂肪沉积、肥胖症、便秘、腹泻。

【操作】直刺 1～2 寸；可灸。

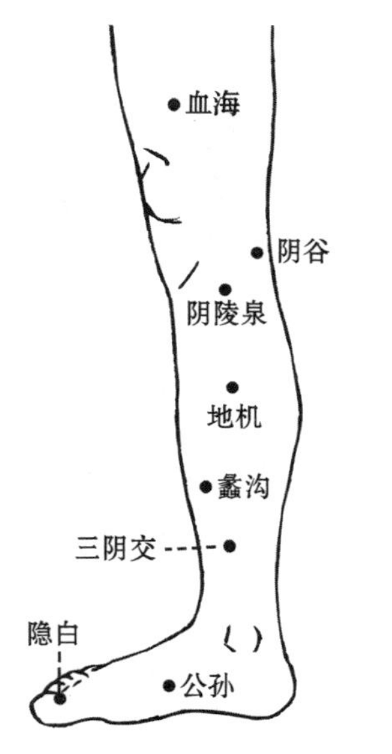

图 3－14 足太阴脾经经穴（一）

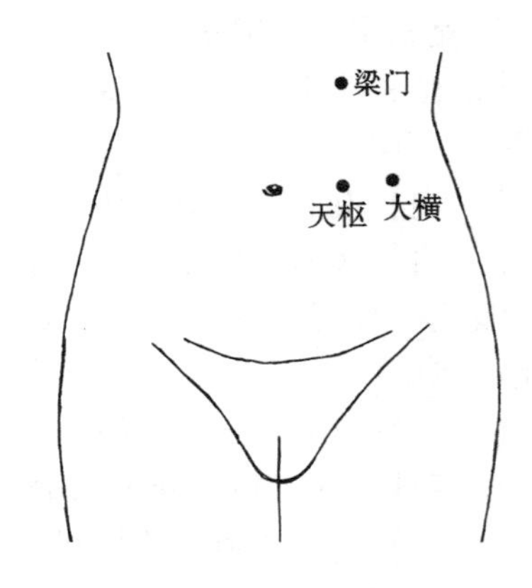

图 3－15 足太阴脾经经穴（二）

五、手少阴心经（Heart Meridian of Hand－Shaoyin，HT.）

（一）经脉循行

起于心中，出属“心系”（心与其他脏器相连系的部位），过横膈，络小肠。其支脉从心系挟咽喉上行，连于“目系”（眼球连系于脑的部位）。直行的经脉：从心系上行抵肺，再向下出腋窝，沿上臂内侧后缘，行于手太阴肺经和手厥阴心包经的后面，到达肘窝，沿前臂内侧后缘至掌后缘，经掌后豌豆骨部进入掌内，到达小指桡侧至末端（少冲），与手太阳小肠经相接。（图 3－16）

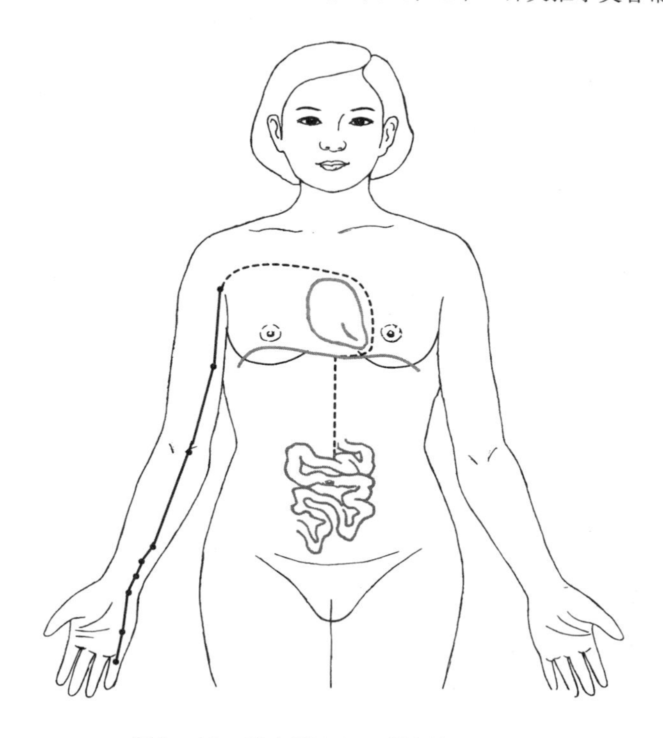

图3－16　手少阴心经经脉循行示意图

（二）常用美容腧穴

1. 极泉 Jíquán（HT1）

【定位】上臂外展，在腋窝顶点，腋动脉搏动处（图3－17）。

【功用】通经活络。

【主治】腋臭、淋巴结结核、咽干、心痛、心悸、口渴。

【操作】避开动脉，直刺或斜刺0.3～0.5寸；可灸。

2. 神门 Shénmén（HT7）

【定位】腕部，腕掌侧横纹尺侧端，尺侧腕屈肌腱的桡侧凹陷处（图3－18）。

【功用】清心、安神、助眠。

【主治】皮肤瘙痒症、口疮、疔疮疖肿、神经衰弱、健忘、失眠。

【操作】直刺0.3～0.5寸；可灸。

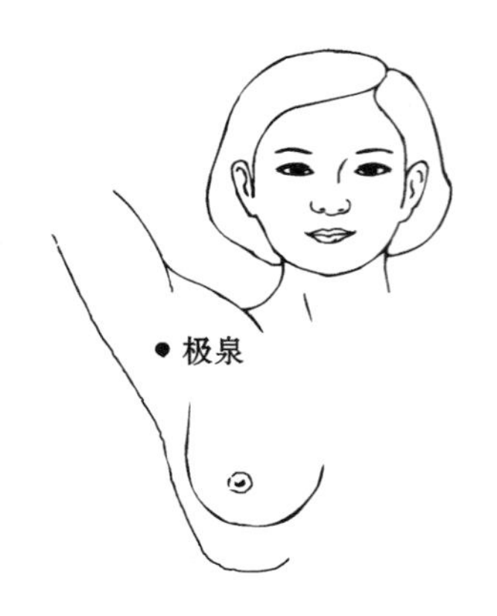

图 3-17　手少阴心经经穴（一）

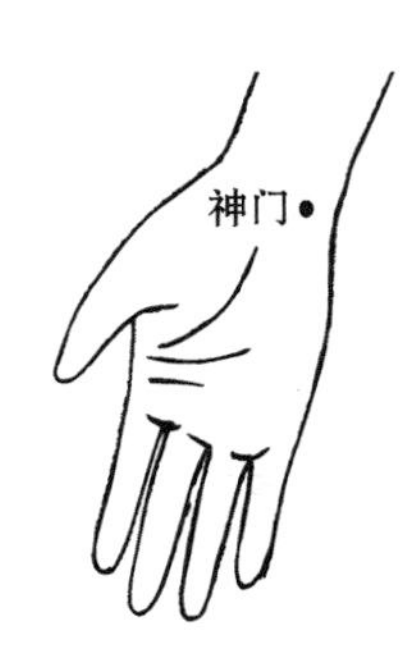

图 3-18　手少阴心经经穴（二）

六、手太阳小肠经（Small Intestine Meridian of Hand – Taiyang，SI.）

（一）经脉循行

起于小指尺侧（少泽），经手背外侧至腕部，出尺骨茎突，直上沿前臂外侧后缘，经尺骨鹰嘴与肱骨内上髁之间达肩部，绕行肩胛部，交会于大椎，向下入缺盆处，络心脏，沿食管下行过横膈达胃部，属于小肠。缺盆部支脉：从锁骨上窝上行，沿颈部，上面颊，至目外眦，转入耳中。颊部支脉：从颊部上行目眶下，抵鼻旁，至目内眦，与足太阳膀胱经相接，而又斜行络于颧骨部。（图 3-19）

（二）常用美容腧穴

1. 少泽 Shàozé（SI1）

【定位】手小指末节尺侧，距指甲角 0.1 寸（指寸）（图 3-20）。

【功用】清热解毒，通乳、丰乳。

【主治】女性乳房发育不良、乳腺炎、产后乳汁少、口疮、咽喉肿痛、瘙痒症。

【操作】浅刺 0.1 寸或点刺出血；可灸。

2. 后溪 Hòuxī（SI3）

【定位】手掌尺侧，微握拳，小指末节（第 5 掌指关节）后的远侧掌横纹头赤白肉际（图 3-20）。

【功用】镇静安神，清热解毒。

【主治】荨麻疹、瘙痒症、带状疱疹、面肌痉挛、落枕、急性腰扭伤、咽喉肿痛、癔病。

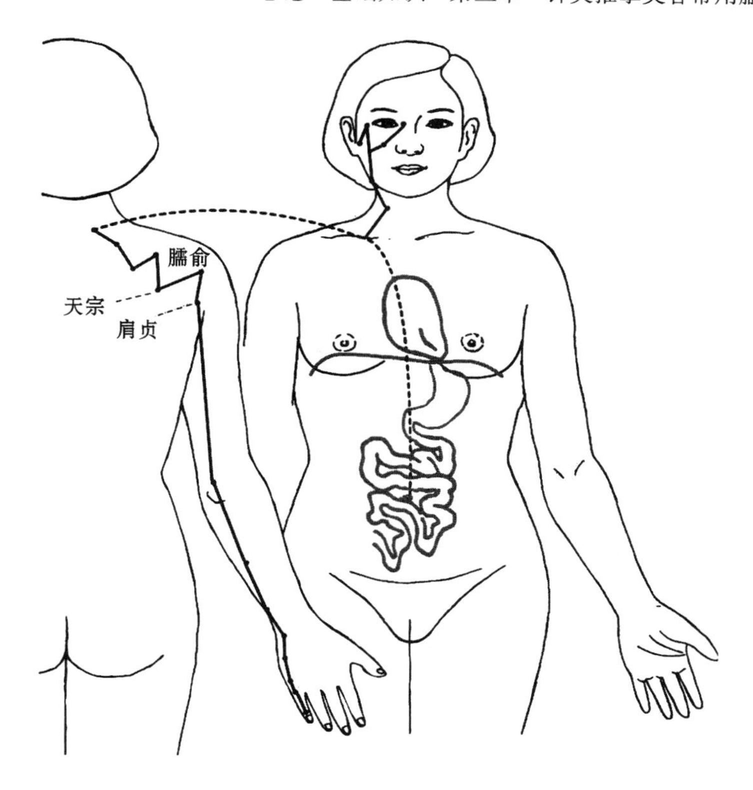

图 3－19　手太阳小肠经经脉循行示意图

【操作】直刺 0.5～1 寸，可透刺劳宫穴；可灸。

3. 养老 Yǎnglǎo（SI6）

【定位】前臂背面尺侧，当尺骨小头近端桡侧凹陷中（图 3－20）。

取法：屈肘，掌心向胸，在尺骨小头的桡侧缘，于尺骨小头最高点水平的骨缝中取穴。或掌心向下，用另一手指按在尺骨小头的最高点上，然后掌心转向胸部，当手指滑入的骨缝中取穴。

【功用】清热明目，舒筋活络。

【主治】视疲劳、视力减退、落枕、肩臂痛、腰痛、耳鸣、头痛目眩。

【操作】直刺或斜刺 0.5～0.8 寸；可灸。

4. 支正 Zhīzhèng（SI7）

【定位】前臂背面尺侧，腕背横纹上 5 寸，当尺骨茎突与肱骨内上髁之间的连线上（图 3－20）。

【功用】清热解表，祛邪除疣。

【主治】各种疣、糖尿病、头痛、感冒。

【操作】直刺 0.5 ~0.8 寸；可灸。

5. 肩贞 Jiānzhēn（SI9）

【定位】肩关节后下方，臂内收时，腋后纹头上 1 寸（指寸）（图 3 –19）。

【功用】祛风除湿，清热聪耳。

【主治】局部脂肪堆积、肩关节及上肢损美性疾病、颈淋巴结结核、耳鸣。

【操作】向外斜刺 1 ~1.5 寸，或向前腋缝方向透刺；可灸。

6. 臑俞 Nàoshū（SI10）

【定位】肩部，当腋后纹头直上，肩胛冈下缘凹陷中（图 3 –19）。

【功用】疏筋活络，消肿化痰。

【主治】局部脂肪堆积、肩关节及上肢损美性疾病、颈淋巴结结核。

【操作】向前直刺 0.8 ~1 寸；可灸。

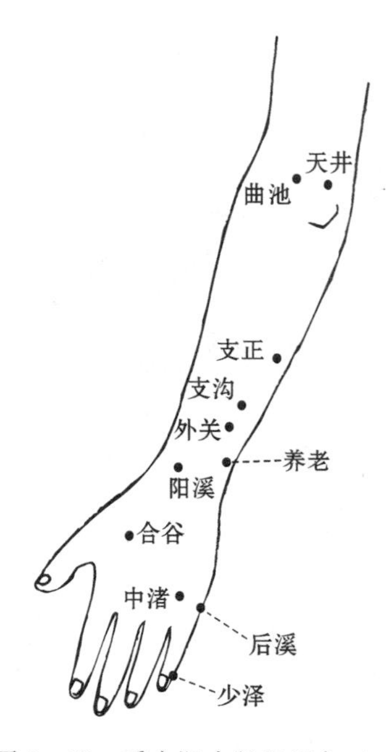

图 3 –20　手太阳小肠经经穴（一）

7. 天宗 Tiānzōng（SI11）

【定位】肩胛部，当冈下窝中央凹陷处，与第 4 胸椎相平（图 3 –19）。

【功用】疏筋活络，消肿化痰。

【主治】局部脂肪堆积、肩胛疼痛、乳腺炎、气喘。

【操作】直刺或向四周斜刺 0.5 ~0.8 寸；可灸。

8. 颧髎 Quánliáo（SI18）

【定位】面部，当目外眦直下，颧骨下缘凹陷处（图 3 –21）。

【功用】疏经活络，美颜消皱。

【主治】面部除皱、保健美容；口眼㖞斜、眼睑跳动、口疮、颊肿。

【操作】直刺 0.3 ~0.5 寸，斜刺或平刺 0.5 ~1 寸；可灸。

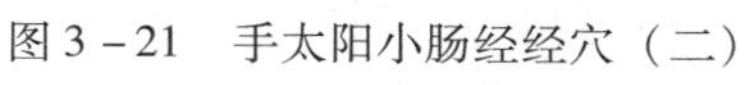

图 3 –21　手太阳小肠经经穴（二）

9. 听宫 Tīnggōng（SI19）

【定位】面部，耳屏前，下颌骨髁状突的后方，张口时呈凹陷处（图 3 –21）。

【功用】益聪消皱。

【主治】面部色素沉着、耳鸣、耳聋、耳廓湿疹、下颌关节炎。还可用于面部除皱、保健美容。

【操作】张口，直刺0.5～1寸；可灸。

七、足太阳膀胱经（Bladder Meridian of Foot－Taiyang，BL.）

（一）经脉循行

起于目内眦（睛明），上额交会于巅顶（百会）。其支脉从头顶分出到耳上角。直行的经脉从头顶进入颅内联络于脑，复出项部，分开下行，一支沿着肩胛内侧，挟脊柱，到达腰部，从脊旁肌肉进入体腔，络肾，属膀胱；另一支从腰部分出，沿脊柱两旁下行，通过臀部后侧外缘下行进入腘窝中央。另一条经脉：从肩胛骨内缘下行，经过髋关节部（环跳），沿大腿后外侧下行，与腰部下行的支脉会合于腘窝中，由此再向下，过腓肠肌，出外踝后，沿足背外侧（第5跖骨粗隆），至小趾外侧端（至阴），与足少明肾经相接。（图3－22）

（二）常用美容腧穴

1. 睛明 Jīngmíng（BL1）

【定位】面部，目内眦角稍上方凹陷处（图3－23）。

【功用】明目消皱。

【主治】各种目疾、眼角皱纹、眼睑跳动、眼睑浮肿、口眼㖞斜。

【操作】医者左手轻推眼球向外侧固定，右手缓慢进针，紧靠眶缘直刺0.5～1寸，不提插、不捻转，出针后按压针孔片刻以防出血；本穴禁灸。

2. 攒竹 Cuánzhú（BL2）

【定位】面部，当眉头陷中，眶上切迹处（图3－23）。

【功用】疏经活络，明目除皱。

【主治】眼角额部皱纹、面瘫、眼睑下垂、头痛、眉棱骨痛、眼肌痉挛、三叉神经痛、近视、斜视、呃逆。

【操作】斜刺或平刺0.5～0.8寸；禁灸。

3. 天柱 Tiānzhù（BL10）

【定位】项部，斜方肌外缘之后发际凹陷中，约当后发际正中旁开1.3寸（图3－24）。

【功用】清热散风，通经活络。

【主治】健忘、失眠、目痛、头痛、头晕、颈肩痛、感冒、鼻塞。

【操作】直刺或向乳突方向斜刺0.5～0.8寸，不可向内上方深刺；可灸。

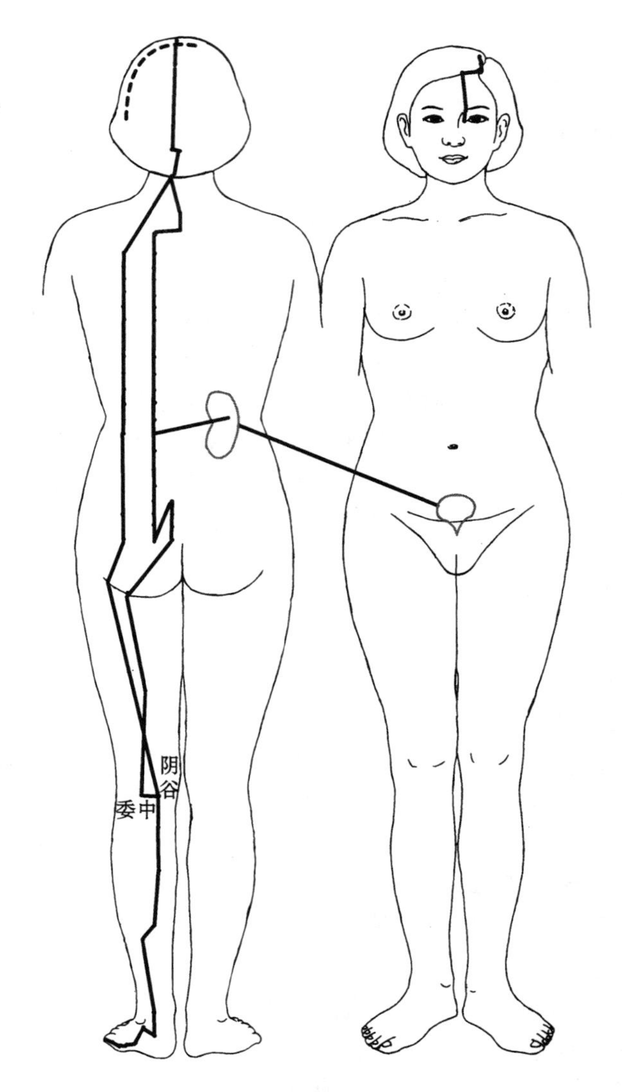

图 3－22　足太阳膀胱经经脉循行示意图

4. 风门 Fēngmén（BL12）

【定位】背部，当第 2 胸椎棘突下，旁开 1.5 寸（图 3－24）。

【功用】疏风清热，除疹润面。

【主治】荨麻疹、痤疮、斑秃、皮肤过敏、背部痈肿、哮喘、头痛、项强、背痛。

【操作】斜刺 0.5～0.8 寸（此穴及背部腧穴均不宜深刺，以免伤及内部重要脏器）；可灸。

5. 肺俞 Fèishū（BL13）

【定位】背部，当第 3 胸椎棘突下，旁开 1.5 寸（图 3－24）。

【功用】润肤美颜，止咳平喘。

【主治】皮肤过敏、干燥、皲裂、瘙痒，痤疮、酒齄鼻、荨麻疹、湿疹、面部色素沉着，背痛、咳嗽、哮喘。

【操作】斜刺 0.5～0.8 寸；可灸。

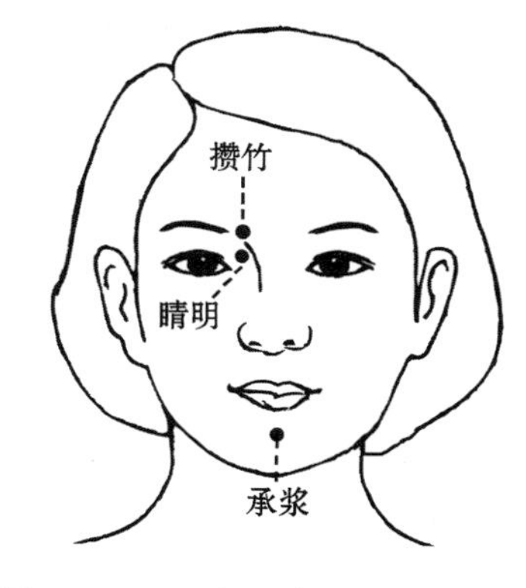

图 3－23 足太阳膀胱经经穴（一）

6. 心俞 Xīnshū（BL15）

【定位】背部，当第 5 胸椎棘突下，旁开 1.5 寸（图 3－24）。

【功用】活血润肤。

【主治】面色晦暗或苍白、面部黑变病、痤疮、疖肿、皮肤瘙痒症、荨麻疹、失眠、神经衰弱、心悸、心痛、癔病、背痛。

【操作】斜刺 0.5～0.8 寸，不宜深刺；可灸。

7. 膈俞 Géshū（BL17）

【定位】背部，当第 7 胸椎棘突下，旁开 1.5 寸（图 3－24）。

【功用】活血养血润肤。

【主治】皮肤粗糙、毛发枯黄、面色不华、黄褐斑、神经性皮炎、荨麻疹、痤疮、酒齄鼻、皮肤瘙痒症、带状疱疹、疣、贫血、呃逆、盗汗、背痛。

【操作】斜刺 0.5～0.8 寸，不宜深刺；可灸。

8. 肝俞 Gānshū（BL18）

【定位】背部，当第 9 胸椎棘突下，旁开 1.5 寸（图 3－24）。

【功用】养血荣颜，明目美甲。

【主治】面部色素沉着、面色不华、眼睑下垂、麦粒肿、近视、斜视、视物不清、爪甲软而无华、脱发及多毛症、神经衰弱、贫血、背痛。

【操作】斜刺 0.5～0.8 寸，不宜深刺；可灸。

9. 胆俞 Dǎnshū（BL19）

【定位】背部，当第 10 胸椎棘突下，旁开 1.5 寸（图 3－24）。

【功用】清热化湿，利胆止痛。

【主治】面部色素沉着、麦粒肿、黄疸、神经衰弱、背痛。

【操作】斜刺 0.5～0.8 寸，不宜深刺；可灸。

10. 脾俞 Píshū（BL20）

【定位】背部，当第11胸椎棘突下，旁开1.5寸（图3-24）。

【功用】健脾利湿，美容瘦身；增肥。

【主治】面色无华或颜面浮肿、眼睑下垂、肥胖症、肌肉瘦削松弛、易疲劳、脱发、皮肤瘙痒症、荨麻疹、消化不良、神经衰弱、斑秃、慢性出血性疾病、背痛。亦可用于面部除皱和恢复体力。为保健美容要穴之一。

【操作】斜刺0.5~0.8寸，不宜深刺；可灸。

11. 胃俞 Wèishū（BL21）

【定位】背部，当第12胸椎棘突下，旁开1.5寸（图3-24）。

【功用】健胃美形美容。

【主治】肥胖症、消瘦、消化不良、面色不华、胃脘痛、腹胀、呕吐、背痛。

【操作】斜刺0.5~0.8寸，不宜深刺；可灸。

12. 肾俞 Shènshū（BL23）

【定位】腰部，当第2腰椎棘突下，旁开1.5寸（图3-24）。

【功用】补肾助阳，驻颜美容。

【主治】脱发、须发早白、头发稀少、面部色素沉着、痤疮、雀斑、荨麻疹、湿疹、皮肤瘙痒症、神经衰弱、五更泻、腰膝酸软、耳鸣、耳聋、遗精、阳痿、月经不调、尿频。为保健美容要穴之一。

【操作】直刺0.5~1寸；可灸。

13. 大肠俞 Dàchángshū（BL25）

【定位】腰部，当第4腰椎棘突下，旁开1.5寸（图3-24）。

【功用】疏调肠胃，理气化滞。

【主治】面部色素沉着、痤疮、荨麻疹、湿疹、腹泻、便秘、痔疮、腰膝酸软、遗精、阳痿、月经不调、痛经。

【操作】直刺0.5~1寸；可灸。

14. 次髎 Cìliáo（BL32）

【定位】骶部，当髂后上棘内下方，适对第2骶后孔处（图3-24）。

【功用】补益下焦，清热利湿。

【主治】黄褐斑、月经不调、痛经、子宫脱垂、腰骶痛、带下、遗精阳痿。

【操作】直刺1~1.5寸；可灸。

15. 委中 Wěizhōng（BL40）

【定位】在腘横纹中点，当股二头肌腱与半腱肌肌腱的中间（图3-25）。

【功用】祛风湿，利腰膝。

【主治】腰膝疼痛、丹毒、痤疮、疔疮疖肿、湿疹、瘙痒症、足癣。本穴长于治疗腰背疾病，为四总穴之一，“腰背委中求”。

【操作】直刺 1~1.5 寸，或用三棱针点刺腘静脉出血；可灸。

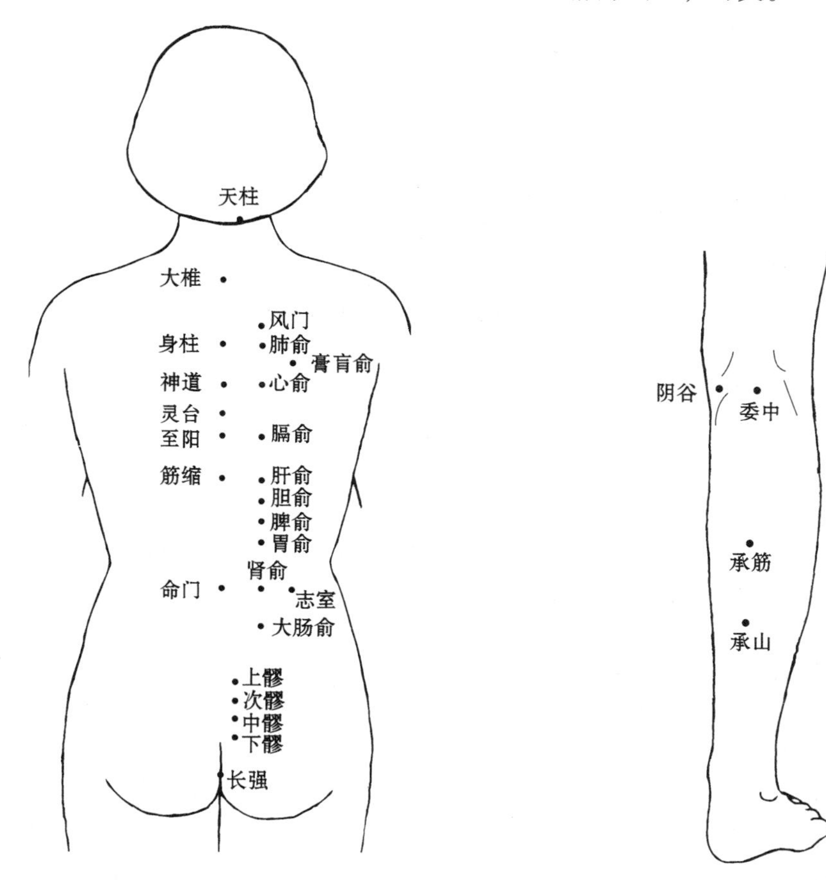

图 3-24　足太阳膀胱经经穴（二）　　图 3-25　足太阳膀胱经经穴（三）

16. 膏肓俞 Gāohuāngshū（BL43）

【定位】背部，当第 4 胸椎棘突下，旁开 3 寸（图 3-24）。

【功用】益气补虚，保健强身；美容美形。

【主治】体质虚弱、消瘦、神疲乏力、神经衰弱、盗汗、健忘、月经不调、遗精。为保健美容要穴之一，多用灸法。

【操作】斜刺 0.5~0.8 寸，不宜深刺；可灸。

17. 志室 Zhìshì（BL52）

【定位】腰部，当第 2 腰椎棘突下，旁开 3 寸（图 3-24）。

【功用】补肾健腰明目。

【主治】腰痛、近视、遗精。

【操作】直刺0.5～1寸；可灸。

18. 承筋 Chéngjīn（BL56）

【定位】小腿后面，当委中与承山的连线上，腓肠肌肌腹中央，委中下5寸出现尖角凹陷处（图3－25）。

【功用】清热散风，舒筋活络。

【主治】肥胖症、腓肠肌麻痹或痉挛、便秘、痔疮、脱肛。

【操作】直刺0.5～0.8寸；可灸。

19. 承山 Chéngshān（BL57）

【定位】小腿后面正中，委中与昆仑之间，当伸直小腿或足跟上提时，腓肠肌肌腹下出现尖角凹陷处（图3－25）。

【功用】舒筋活络，清热理肠，疗痔。

【主治】肥胖症、便秘、痔疮、腓肠肌痉挛、湿疹、口臭。

【操作】直刺1～2寸；可灸。

20. 昆仑 Kūnlún（BL60）

【定位】足外踝后方，当外踝尖与跟腱之间凹陷处（图3－26）。

【功用】通络化痰，舒筋健腰。

【主治】头痛、眩晕、颈项痛、腰背痛、坐骨神经痛、足跟痛、难产。

【操作】直刺0.5～0.8寸；可灸。

21. 申脉 Shēnmài（BL62）

【定位】足外侧部，外踝尖直下方凹陷中（图3－26）。

【功用】疏经活络。

【主治】失眠、头痛、眩晕、面瘫、面肌痉挛、眼睑下垂、踝部疼痛、足外翻。

【操作】直刺0.2～0.3寸；可灸。

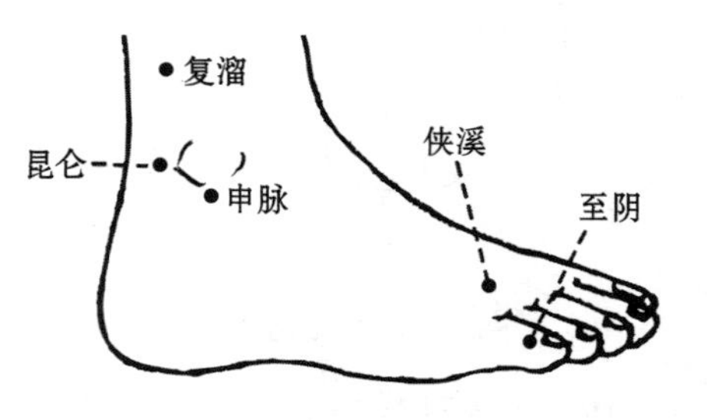

图3－26　足太阳膀胱经经穴（四）

22. 至阴 Zhìyīn（BL67）

【定位】足小趾末节外侧，距趾甲角0.1寸（图3－26）。

【功用】祛风止痒，通络明目。

【主治】目痒痛、头痛、胎位不正。

【操作】浅刺0.1～0.5寸或点刺出血，孕妇禁针；矫正胎位用灸法。

八、足少阴肾经（**Kidney Meridian of Foot－Shaoyin，KI.**）

（一）经脉循行

起于足小趾下，斜走足心（涌泉），出于舟骨粗隆下，沿内踝后入足跟，再上行于小腿内侧后缘，出腘窝内侧，经大腿内侧后缘，通向脊柱（长强），属肾脏，络膀胱。其直行经脉，从肾上行，过肝与膈入肺，沿喉咙挟于舌根。肺部支脉：从肺分出，联络心脏，注于胸中，与手厥阴心包经相接。（图 3－27）

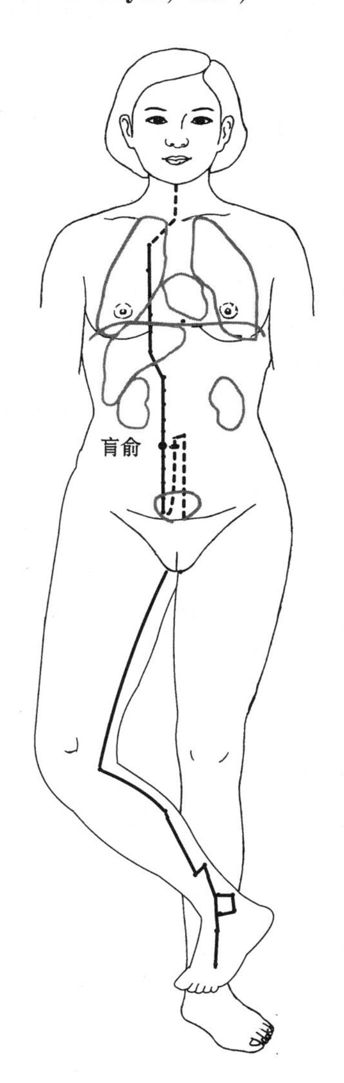

图 3－27　足少阳肾经经脉循行示意图

（二）常用美容腧穴

1. 涌泉 Yǒngquán（KI1）

【定位】足底部，卷足时足前部凹陷处，约当足底第 2、3 趾趾缝纹头端与足跟连线的前 1/3 与后 2/3 交点上（图 3－28）。

【功用】滋补肾阴，平肝熄风。

【主治】头痛、眩晕、失眠、口疮、足冻疮、神经衰弱、咽喉肿痛、舌干、失音。为保健美容要穴之一，多用灸法。

【操作】直刺 0.5～0.8 寸；可灸。

2. 太溪 Tàixī（KI3）

【定位】足内侧，内踝后方，当内踝尖与跟腱之间的凹陷处（图 3－29）。

【功用】益肾滋阴，培土生金。

【主治】面色黧黑、水肿、斑秃、老年性皮肤瘙痒症、冻疮、视物昏花、手足心热、月经不调、遗精阳痿、小便频数、头痛、眩晕、失眠、耳鸣、咽喉干痛。亦可用于抗衰老和面部除皱。

【操作】直刺 0.5～0.8 寸；可灸。

3. 照海 Zhàohǎi（KI6）

【定位】足内侧，内踝尖下方凹陷处（图3－29）。

【功用】滋阴宁神，通调二便。

【主治】肥胖症、失眠、月经不调、痛经、带下、小便频数、便秘、咽喉干痛、喑哑。

【操作】直刺0.5～0.8寸；可灸。

4. 复溜 Fùliū（KI7）

【定位】小腿内侧，太溪穴直上2寸，跟腱前（图3－29）。

【功用】补肾养阴，利水敛汗。

【主治】盗汗、手足无汗或多汗、下肢浮肿、腰脊强痛。

【操作】直刺0.5～1寸；可灸。

5. 阴谷 Yīngǔ（KI10）

【定位】腘窝内侧，屈膝时，当半腱肌肌腱与半膜肌肌腱之间（图3－29）。

【功用】益肾强筋。

【主治】月经不调、腰膝酸软、阳痿、疝痛、小便困难。

【操作】直刺0.8～1.5寸；可灸。

6. 肓俞 Huāngshū（KI16）

【定位】腹中部，当脐旁0.5寸（图3－30）。

【功用】益肾健脾，利尿通淋。

【主治】腹痛、腹胀、浮肿、便秘、月经不调、腰脊痛。

【操作】直刺0.8～1寸；可灸。

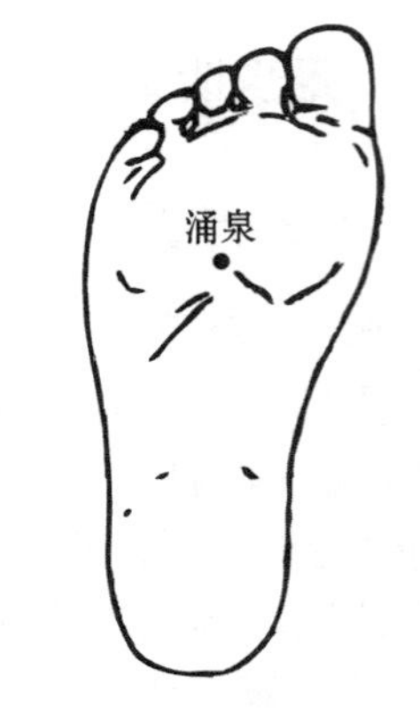

图3－28　足少阳肾经经穴（一）

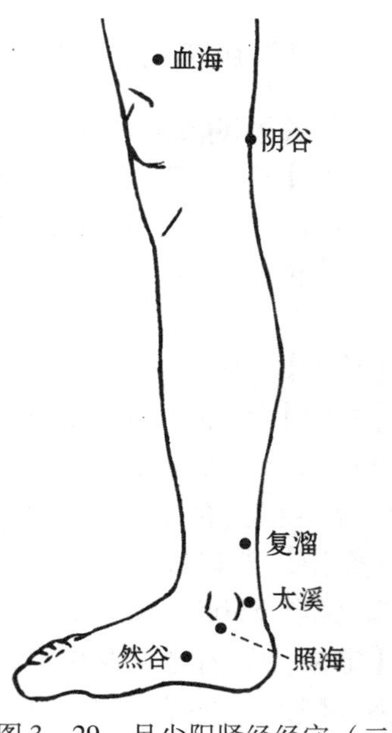

图3－29　足少阳肾经经穴（二）

九、手厥阴心包经（Pericardium Meridian of Hand－Jueyin，PC.）

（一）经脉循行

起于胸中，属心包络，过横膈，从胸至腹依次联络上、中、下三焦。胸部支

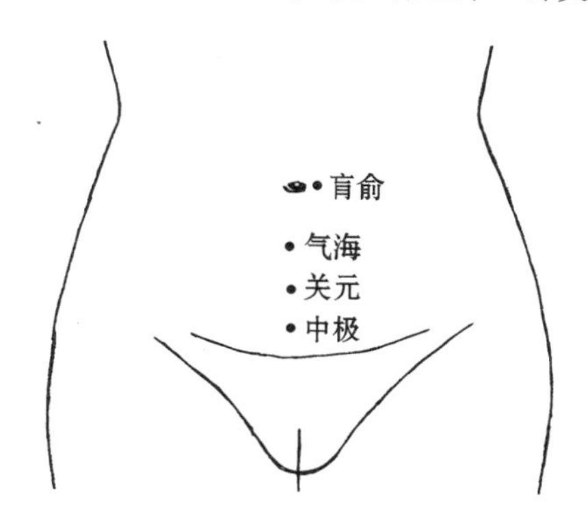

图 3－30　足少阳肾经经穴（三）

脉：从胸走胁，从腋下 3 寸处（天池）上行到腋窝中，向下行于前臂两筋之间，入掌中（劳宫），出中指之端（中冲）。其支者，从掌中分出，沿无名指出其尺侧端，与手少阳三焦经相接。（图 3－31）

（二）常用美容腧穴

1. 曲泽 Qǔzé（PC3）

【定位】肘横纹中，当肱二头肌肌腱的尺侧缘（图 3－32）。

【功用】清心泄热。

【主治】疔疮疖肿、目赤肿痛、疥癣、风疹、面色紫暗、心悸。

【操作】直刺 0.8～1 寸，或用三棱针刺血；可灸。

2. 内关 Nèiguān（PC6）

【定位】前臂掌侧，腕横纹上 2 寸，掌长肌腱与桡侧腕屈肌腱之间（图 3－32）。

【功用】宁心和胃，润肤益颜。

【主治】面色紫暗或红、带状疱疹、胸胁痛、神经衰弱、头痛、失眠、眩晕、心悸、手颤、冻疮、呃逆。临床常用本穴治疗心血管疾病，“心胸取内关”。

【操作】直刺 0.5～1 寸；可灸。

3. 大陵 Dàlíng（PC7）

【定位】腕掌横纹的中点处，当掌长肌腱与桡侧腕屈肌腱之间（图 3－32）。

【功用】清心凉血。

【主治】疥癣、疮疡、手皲裂、湿疹、心悸、胸胁胀痛、手腕麻木。

【操作】直刺 0.3～0.5 寸；可灸。

4. 劳宫 Láogōng（PC8）

【定位】手掌心，第 2、3 掌骨之间偏于第 3 掌骨，握拳屈指时中指指尖处

（图 3－32）。

【功用】清心泄热。

【主治】口疮、口臭、心痛、冻疮、疥癣、手皲裂、天疱疮、单纯疱疹、多汗症。

【操作】直刺 0.3～0.5 寸；可灸。

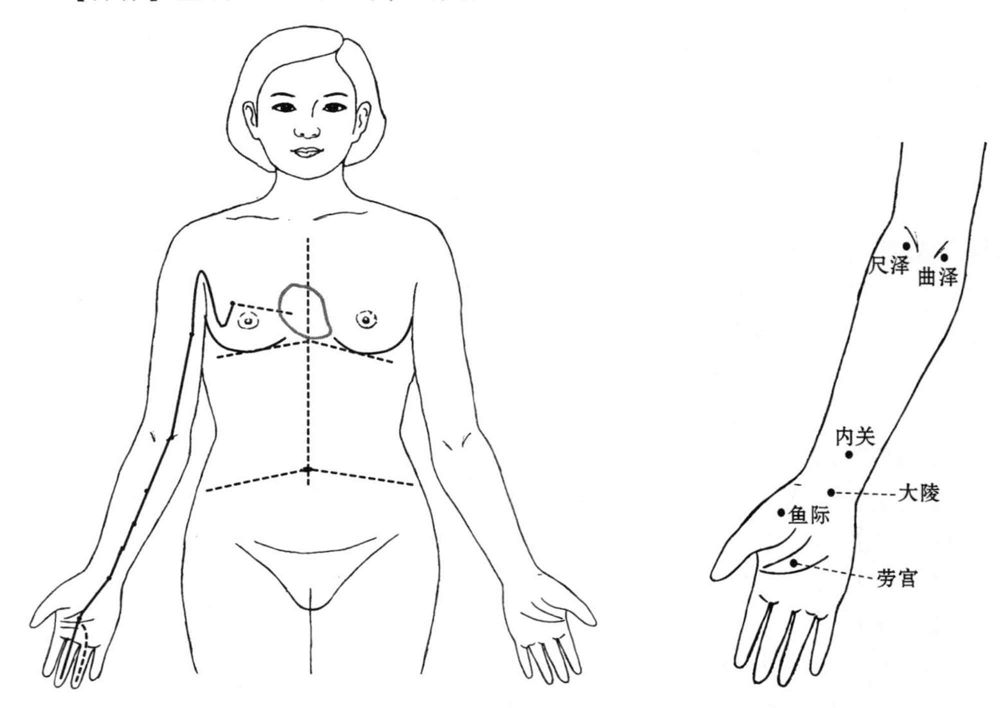

图 3－31　手厥阴心包经经脉循行示意图　　图 3－32　手厥阴心包经经穴

十、手少阳三焦经（**Sanjiao Meridian of Hand－Shaoyang，SJ.**）

（一）经脉循行

起于无名指尺侧端（关冲），上行第 4、5 掌骨间，经腕背沿桡、尺骨之间，过肘尖，再沿上臂外侧走向肩部，交出足少阳胆经的后面，向前入缺盆，分布于胸中，联络心包，向下过横膈，从胸至腹，依次会属于上、中、下三焦。胸中的支脉：从胸向上，出缺盆，上达颈部，沿耳后直上，出于耳部上行额角，再屈曲而下行经面颊部至眶下部。耳部支脉：从耳后进入耳中，出走耳前，与前条支脉交叉于面颊部，到达目外眦（瞳子髎），与足少阳胆经相接。（图 3－33）

（二）常用美容腧穴

1. 中渚 Zhōngzhǔ（SJ3）

【定位】手背部，当掌指关节后方，第4、5掌骨间凹陷处（图3－34）。

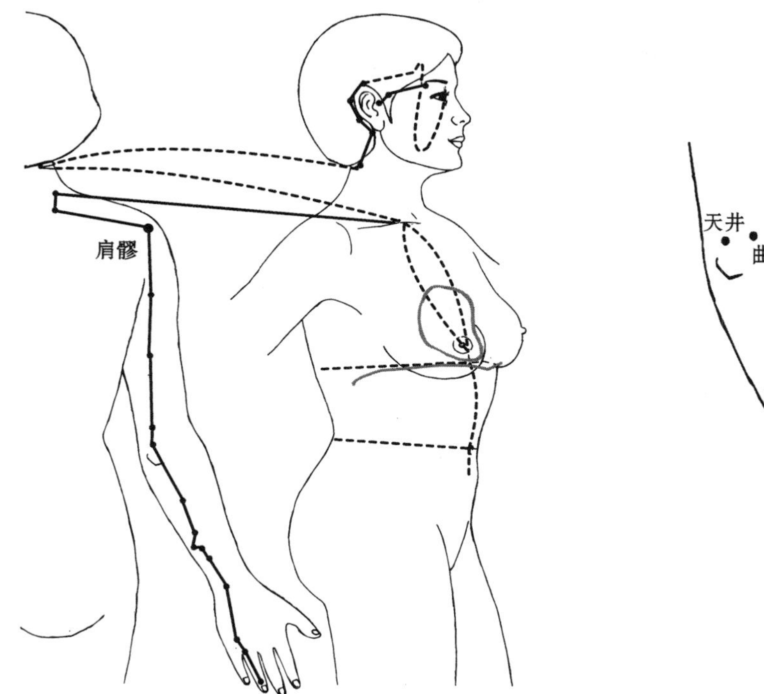

图3－33　手少阳三焦经经脉循行示意图

图3－34　手少阳三焦经经穴（一）

【功用】清热散风，舒筋活络。

【主治】湿疹、疣、皮肤瘙痒症、丹毒、目赤肿痛、面瘫、头痛、耳鸣、耳聋、手部冻疮、肘臂肩背疼痛。

【操作】直刺0.3～0.5寸；可灸。

2. 阳池 Yángchí（SJ4）

【定位】腕背横纹中，当指伸肌腱的尺侧缘凹陷处（图3－34）。

【功用】益气通阳，和解表里。

【主治】目赤肿痛、咽喉肿痛、耳鸣、耳聋、糖尿病、腕痛。

【操作】直刺0.3～0.5寸；可灸。

3. 外关 Wàiguān（SJ5）

【定位】前臂背侧，腕背横纹上2寸，尺骨与桡骨之间（图3－34）。

【功用】疏风清热，明目止颤。

【主治】荨麻疹、疣、瘙痒症、面瘫、面肌痉挛、目赤肿痛、冻疮、手癣、神经性皮炎、手颤、头痛、带状疱疹、耳鸣、耳聋。

【操作】直刺0.5～1寸；可灸。

4. 支沟 Zhīgōu（SJ6）

【定位】前臂背侧，腕背横纹上3寸，尺骨与桡骨之间（图3-34）。

【功用】理气通络，清热通便。

【主治】带状疱疹、丹毒、湿疹、皮肤瘙痒症、疥癣、疖疮、便秘、腮腺炎、胸胁痛、腰背酸重、落枕、耳鸣、耳聋。

【操作】直刺0.5～1寸；可灸。

5. 天井 Tiānjǐng（SJ10）

【定位】臂外侧，屈肘时，肘尖直上1寸凹陷处（图3-34）。

【功用】通经活血，理气化痰。

【主治】局部脂肪堆积、甲状腺肿大、颈淋巴结结核、荨麻疹、偏头痛、耳鸣。

【操作】直刺0.5～1寸；可灸。

6. 肩髎 Jiānliáo（SJ14）

【定位】肩部，肩髃后方，当臂外展时，于肩峰后下方呈现凹陷处（图3-33）。

【功用】舒筋活络，通经祛风。

【主治】局部脂肪堆积、肩周炎、高血压。

【操作】直刺0.3～0.5寸；可灸。

7. 翳风 Yìfēng（SJ17）

【定位】耳垂后方，当乳突与下颌角之间的凹陷处（图3-35）。

【功用】通窍聪耳，祛风泄热。

【主治】面瘫、面肌痉挛、面疮、脱发、头面疥癣、风疹、神经性皮炎、痄腮、耳鸣、耳聋、颈淋巴结结核、下颌关节炎、呃逆。

【操作】直刺0.8～1.2寸；可灸。

8. 角孙 Jiǎosūn（SJ20）

【定位】头部，折耳廓向前，耳尖直上入发际处（图3-35）。

【功用】清热散风，消肿止痛。

【主治】脱发、痄腮、耳鸣、耳聋、耳部红肿。

【操作】平刺0.3～0.5寸；可灸。

9. 耳门 ěrmén（SJ21）

【定位】面部，当耳屏上切迹的前方，下颌骨髁状突后缘，张口有凹陷处（图3-35）。

【功用】疏散邪热，通利耳窍。

【主治】局部损美性疾病、面瘫、耳鸣、耳聋、外耳湿疹、耳道疖肿、下颌关节炎。

【操作】微张口，直刺0.5~1寸；可灸。

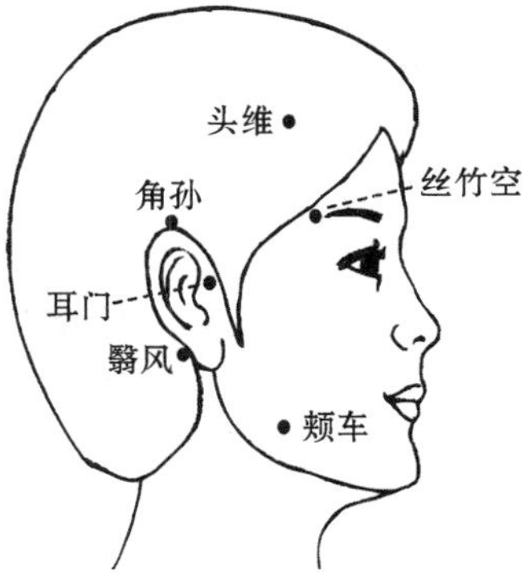

10. 丝竹空 Sīzhúkōng（SJ23）

【定位】面部，眉梢凹陷处（图3-35）。

【功用】祛风明目，除皱美颜。

【主治】局部损美性疾病、鱼尾纹、眉毛脱落、面瘫、斜视、目赤肿痛、眼睑跳动、眩晕、头痛。

【操作】平刺0.5~1寸；不宜灸。

图3-35　手少阳三焦经经穴（二）

十一、足少阳胆经（Gallbladder Meridian of Foot - Shaoyang，GB.）

（一）经脉循行

起于目外眦（瞳子髎），上行额角，下转至耳后（风池），沿颈部行于手少阳三焦经前面，到肩上交出手少阳经的后面，向下入于缺盆。耳部的支脉：从耳后入耳中，出走耳前，至目外眦后方。外眦部的支脉：从目外眦分出，下走大迎，与手少阳经会于眼眶下方，经颊车，至颈部与前一支进入缺盆的经脉会合后，至胸中，过横膈，络肝属胆，沿胁肋内，出少腹两侧腹股沟动脉部，经过外阴部毛际，横行入髋关节部（环跳）。缺盆部直行的经脉：从缺盆下行腋，沿侧胸部过季胁，向下与前一支脉会合于环跳，再向下沿大腿外侧下行，经膝关节外缘，沿腓骨前缘，下出外踝前，过足背部，进入足第4趾外侧端（足窍阴）。足背部的支脉：从足背部（足临泣）分出，沿第1、2跖骨之间，到足大趾端外侧（大敦），返回穿入爪甲，出毫毛部，与足厥阴肝经相接。（图3-36）

（二）常用美容腧穴

1. 瞳子髎 Tóngzǐliáo（GB1）

【定位】面部，目外眦旁，当眶外侧缘处（图3-37）。

【功用】疏风散热，明目除皱。

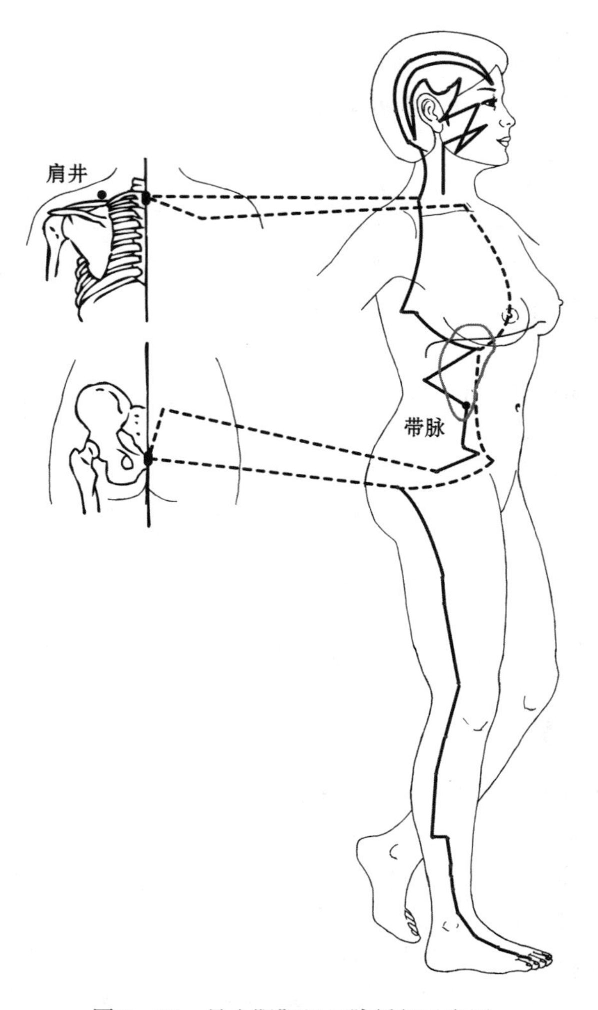

图3－36　足少阳胆经经脉循行示意图

【主治】眼角皱纹、面瘫、面肌痉挛、目赤肿痛、近视、斜视、头痛。

【操作】向后平刺或斜刺0.3～0.5寸，或用三棱针点刺出血；不宜灸。

2. 听会 Tīnghuì（GB2）

【定位】面部，当耳屏间切迹前方，下颌骨髁状突后缘，张口有凹陷处（图3－37）。

【功用】清热通络，开窍益聪。

【主治】面瘫、面痛、耳鸣、耳聋、齿痛、颞下颌关节功能紊乱综合征。

【操作】张口，直刺0.5～1寸；可灸。

3. 率谷 Shuàigǔ（GB8）

【定位】头部，当耳尖直上入发际1.5寸，角孙直上方（图3－37）。

【功用】凉血生发，通经活络。

【主治】脱发、斑秃、头癣、面瘫、面痛、偏正头痛、眩晕。

【操作】平刺0.5～1寸；可灸。

4. 完骨 Wángǔ（GB12）

【定位】头部，当耳后乳突的后下方凹陷处（图3－37）。

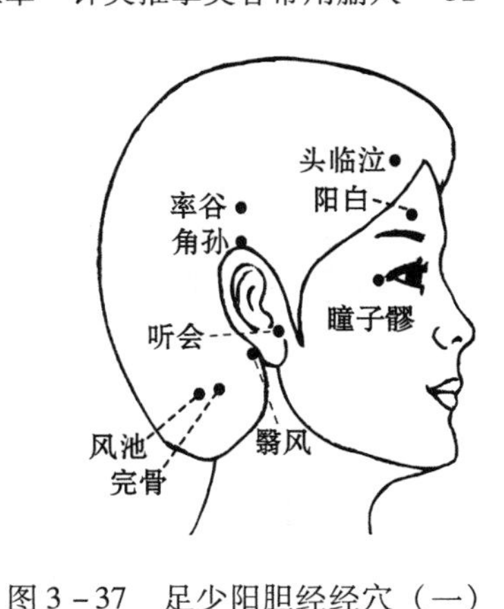

图3－37　足少阳胆经经穴（一）

【功用】祛风清热生发。

【主治】脱发、斑秃、皮肤瘙痒症、齿痛、头痛、落枕、面瘫、失眠。

【操作】斜刺0.5～0.8寸；可灸。

5. 阳白 Yángbái（GB14）

【定位】前额部，目正视时，当瞳孔直上，眉上1寸（图3－37）。

【功用】祛风清热，益气明目。

【主治】面瘫、面部皱纹、面肌痉挛、眼睑下垂、迎风流泪、眩晕。

【操作】平刺，向左、右、下方进针0.3～0.5寸；可灸。

6. 头临泣 Tóulínqì（GB15）

【定位】头部，目正视时，当瞳孔直上入前发际0.5寸，神庭与头维连线的中点处（图3－37）。

【功用】清头明目，安神定志。

【主治】面部皱纹、眼睑下垂、迎风流泪、头痛、眩晕。

【操作】平刺0.3～0.5寸；可灸。

7. 风池 Fēngchí（GB20）

【定位】项部枕骨下，与风府相平，胸锁乳突肌与斜方肌上端之间的凹陷处（图3－37）。

【功用】祛风通络，明目开窍。

【主治】脱发、斑秃、痤疮、皮肤瘙痒症、风疹、疥癣、神经性皮炎、发际疮、面瘫、面肌痉挛、头痛、眩晕、失眠、耳鸣、近视、颈肩痛。

【操作】向鼻尖方向斜刺0.8～1.2寸；可灸。

8. 肩井 Jiānjǐng（GB21）

【定位】肩上，当大椎与肩峰端连线的中点上（图3－36）。

【功用】祛风通络，涤痰开窍。

【主治】局部损美性疾病、保健美容、头痛、眩晕、颈肩背痛、乳腺炎、难产。

【操作】直刺0.3～0.5寸，切忌深刺、捣刺，孕妇禁用；可灸。

9. 带脉 Dàimài（GB26）

【定位】侧腹部，章门（第11肋游离端下方）下1.8寸，当第11肋游离端下方垂线与脐水平线的交点上（图3－36）。

【功用】清热利湿，调经止带。

【主治】肥胖症、月经不调、带下、子宫脱垂、盆腔炎、经闭、腰痛。

【操作】直刺0.8～1寸；可灸。

10. 环跳 Huántiào（GB30）

【定位】股外侧部，侧卧屈股，当股骨大转子最凸点与骶管裂孔连线的外1/3与内2/3交点处（图3－38）。

【功用】祛风除湿通络。

【主治】局部脂肪堆积、风疹、下肢痿痹。

【操作】直刺1～1.5寸；可灸。

11. 风市 Fēngshì（GB31）

【定位】大腿外侧部的中线上，当腘横纹上7寸；或直立垂手时，中指尖处（图3－38）。

【功用】祛风除湿通络；局部美形。

【主治】局部脂肪堆积、荨麻疹、风疹、湿疹、皮肤瘙痒症、下肢痿痹。

【操作】直刺1～1.5寸；可灸。

12. 阳陵泉 Yánglíngquán（GB34）

【定位】小腿外侧，腓骨头前下方凹陷处（图3－38）。

【功用】疏经活络，强健腰膝；局部美形。

【主治】局部脂肪堆积、头面浮肿、带状疱疹、黄疸、口苦、胸胁疼痛、膝关节疼痛。

【操作】直刺或斜向下刺1～1.5寸；可灸。

13. 光明 Guāngmíng（GB37）

【定位】小腿外侧，外踝尖上5寸，腓骨前缘（图3－38）。

【功用】通络明目；局部美形。

【主治】局部脂肪堆积、视疲劳及各种损美性眼疾。

【操作】直刺0.5～0.8寸；可灸。

14. 悬钟 Xuánzhōng（GB39）

【定位】小腿外侧，外踝尖上3寸，腓骨前缘（图3－38）。

【功用】通经活络，强筋健骨；局部美形。

【主治】局部脂肪堆积、黄褐斑、皮肤瘙痒症、湿疹、丹毒、颈淋巴结结核、足癣、斜颈、落枕、偏头痛、痔疮、便秘。

【操作】直刺1~1.2寸；可灸。

15. 丘墟 Qiūxū（GB40）

【定位】足外踝的前下方，趾长伸肌腱的外侧凹陷中（图3-38）。

【功用】舒肝利胆，清热化痰。

【主治】带状疱疹、湿疹、皮肤瘙痒症、颈淋巴结结核、疣、目赤肿痛、颈项痛、胸胁胀痛、外踝肿痛。

【操作】直刺0.5~0.8寸；可灸。

16. 足临泣 Zúlínqì（GB41）

【定位】足背外侧，第4趾本节（第4跖趾关节）后方，小趾伸肌腱外侧凹陷（图3-38）。

【功用】舒肝解郁，化痰清热。

【主治】带状疱疹、湿疹、颈淋巴结结核、偏头痛、目赤肿痛、乳腺炎、胸痛、月经不调。

【操作】直刺0.5~0.8寸；可灸。

17. 侠溪 Xiáxī（GB43）

【定位】足背外侧，第4、5趾间，趾蹼缘后方赤白肉际处（图3-38）。

【功用】清肝泄热，消肿止痛。

【主治】头痛、眩晕、目痛、耳鸣、胸胁胀痛、乳腺炎、神经衰弱。

【操作】直刺或斜刺0.3~0.5寸；可灸。

十二、足厥阴肝经（Liver Meridian of Foot - Jueyin，LR.）

（一）经脉循行

起于足大趾毫毛部（大敦），沿足跗向上，过内踝前1寸，沿胫骨内侧面上行，至内踝上8寸处交叉到足太阴脾经的后面，再沿大腿内侧中间上行，进入阴毛中，环绕阴器，上抵小腹，挟胃两旁，属肝络胆，向上过横膈，散布于胁肋，沿喉咙后面，上行入鼻咽部，连接于“目系”（眼球联系于脑的部位），向上出于前额，与督脉会于巅顶。其“目系”的支脉：从目系分出，下行颊里，环绕唇内。其肝部的支脉：从肝分出，过横膈，向上流注于肺，与手太阴肺经相接。（图3-39）

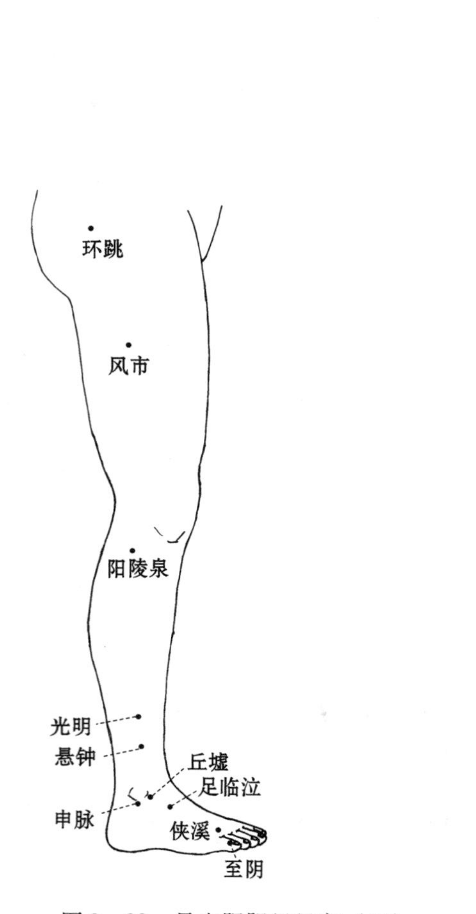

图 3－38　足少阳胆经经穴（二）

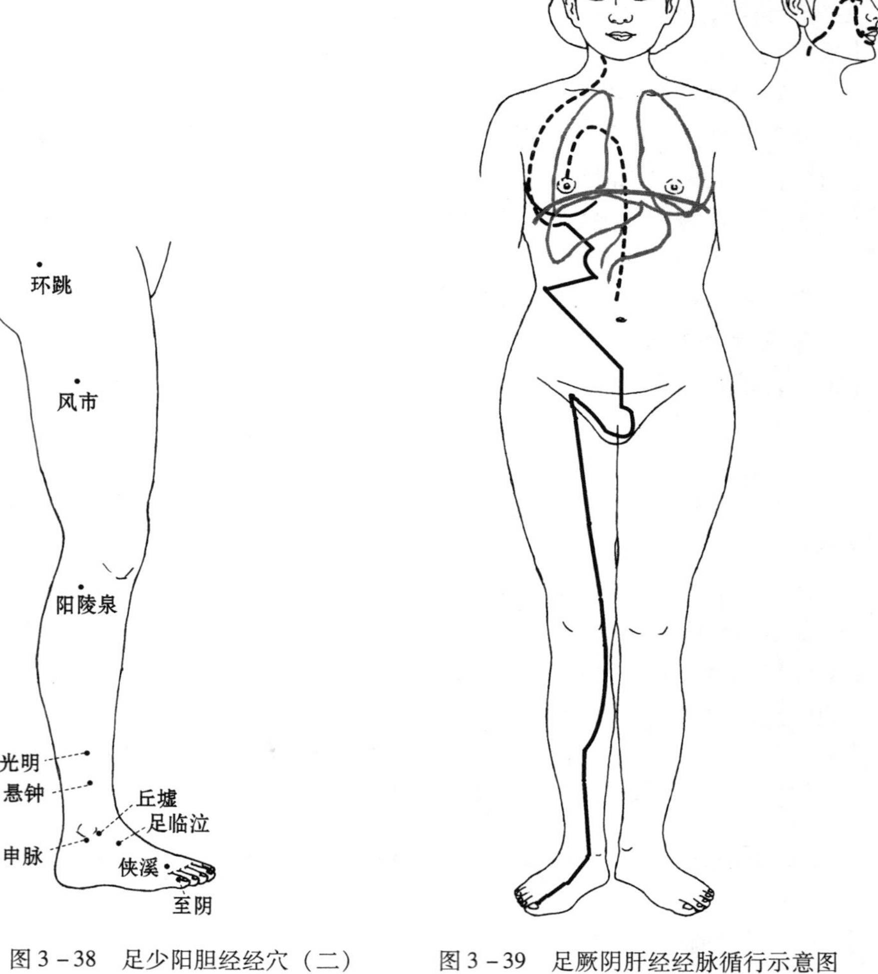

图 3－39　足厥阴肝经经脉循行示意图

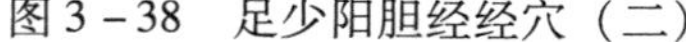

（二）常用美容腧穴

1. 大敦 Dàdūn（LR1）

【定位】足大趾末节外侧，距趾甲角 0.1 寸（图 3－40）。

【功用】利气调肝，镇痉宁神。

【主治】眩晕、月经不调、功能性子宫出血、疝气、遗尿。

【操作】浅刺 0.1～0.2 寸，或点刺出血；可灸。

2. 行间 Xíngjiān（LR2）

【定位】足背侧，第1、2趾间，趾蹼缘的后方赤白肉际处（图3－40）。

【功用】清肝泻火。

【主治】腋臭、前阴瘙痒疼痛、带状疱疹、湿疹、疣、目赤肿痛、口苦、面瘫、眩晕、月经不调、痛经、功能性子宫出血、胸胁胀痛、急躁易怒、半身不遂。

【操作】直刺0.5～0.8寸；可灸。

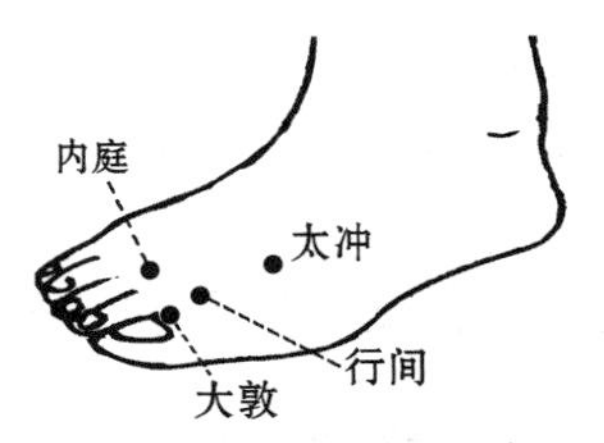

图3－40　足厥阴肝经经穴（一）

3. 太冲 Tàichōng（LR3）

【定位】足背侧，第1跖骨间隙的后方凹陷中（图3－40）。

【功用】清肝明目，祛斑。

【主治】黄褐斑、慢性湿疹、各种眼疾、前阴瘙痒疼痛、神经性皮炎、疣、面瘫、唇肿、头痛、眩晕、月经不调、痛经、功能性子宫出血、胸胁胀痛、半身不遂。

【操作】直刺0.5～0.8寸；可灸。

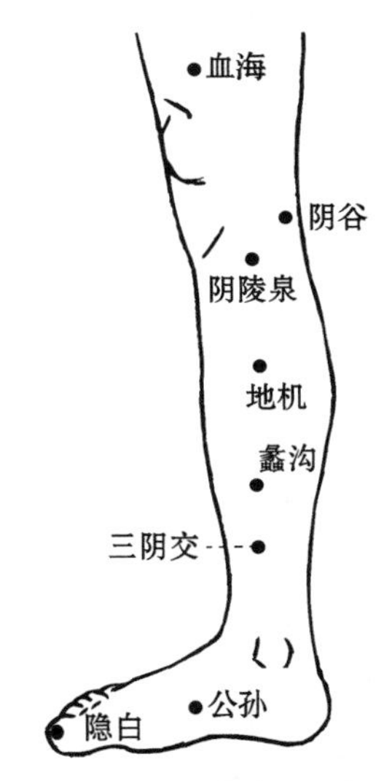

图3－41　足厥阴肝经经穴（二）

4. 蠡沟 Lígōu（LR5）

【定位】小腿内侧，足内踝尖上5寸，胫骨内侧面的中央（图3－41）。

【功用】清热除湿，调经止带。

【主治】阴部瘙痒疼痛、湿疹、丹毒、月经不调、子宫脱垂、疝气、阳痿、遗精。

【操作】平刺0.5～0.8寸；可灸。

5. 章门 Zhāngmén（LR13）

【定位】侧腹部，当第11肋游离端的下方（图3－42）。

【功用】疏肝理气。

【主治】黄褐斑、消瘦、肥胖症、黄疸、胸胁胀满、腹胀、呃逆、胃神经官能症。

【操作】直刺0.8～1寸；可灸。

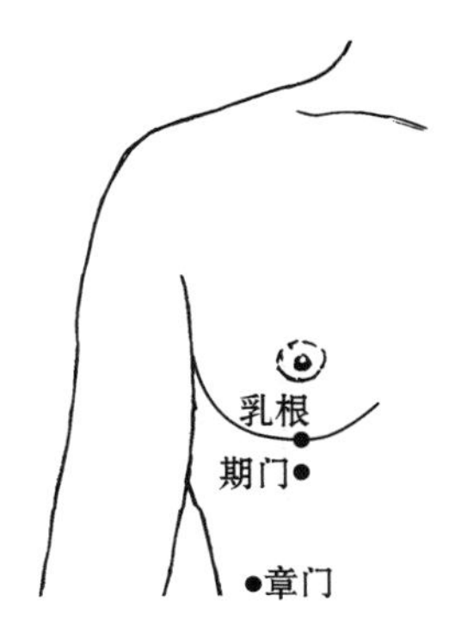

图3－42　足厥阴肝经经穴（三）

6. 期门 Qīmén（LR14）

【定位】胸部，当乳头直下，第6肋间隙，

前正中线旁开 4 寸（图 3－42）。

【功用】疏肝理气，丰胸。

【主治】黄褐斑、消瘦、女性胸部扁平、湿疹、胸胁胀满、呃逆、胃神经官能症、乳腺炎。

【操作】斜刺 0.5～0.8 寸；可灸。

十三、督脉（Du Meridian，DU.）

（一）经脉循行

起于小腹内，下出会阴部，向后沿脊柱内上行至项后风府处，进入颅内，络脑，上至巅顶，沿前额下行鼻柱，终于上唇内龈交穴（图 3－43）。

（二）常用美容腧穴

1. 长强 Chángqiáng（DU1）

【定位】尾骨端下，当尾骨端与肛门连线的中点处（图 3－44）。胸膝位或侧卧取之。

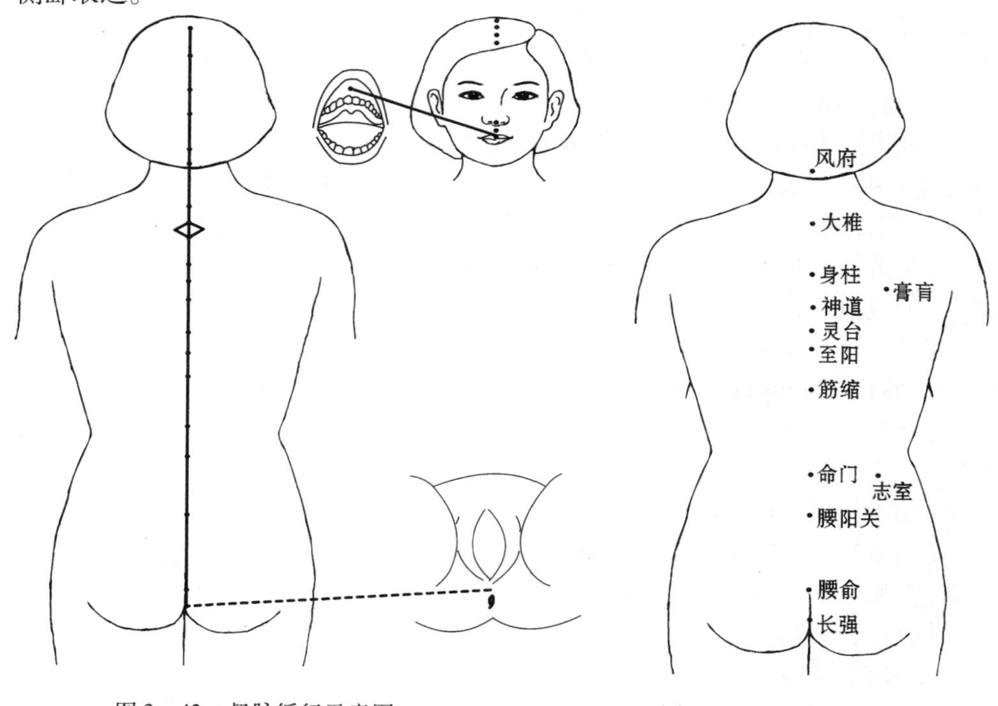

图 3－43　督脉循行示意图　　图 3－44　督脉经穴（一）

【功用】育阴潜阳，益气活血。

【主治】阴部湿疹、痔疮、脱肛、腹泻、便秘、便血、阳痿。

【操作】直刺0.5～1寸，或斜刺，针尖向上与骶骨平行刺入0.5～1寸，不得刺穿直肠，以防感染；不灸。

2. 腰俞 Yāoshū（DU2）

【定位】骶部，当后正中线上，适对骶管裂孔（图3－44）。

【功用】补肾调经，活血清热。

【主治】局部脂肪堆积、肾虚引起的损美性疾病、月经不调、盆腔炎、阳痿、遗精、痔疮、脱肛、腰背及下肢痛。

【操作】向上斜刺0.5～1寸；可灸。

3. 腰阳关 Yāoyángguān（DU3）

【定位】腰部，当后正中线上，第4腰椎棘突下凹陷中（图3－44）。

取法：两髂嵴最高点连线的中点下方凹陷处。

【功用】补益阳气，强壮腰肾。

【主治】局部脂肪堆积、肾虚引起的损美性疾病、月经不调、阳痿、遗精、腰背及下肢痛。

【操作】直刺0.5～1寸；可灸。

4. 命门 Mìngmén（DU4）

【定位】腰部，当后正中线上，第2腰椎棘突下凹陷中（图3－44）。

【功用】固精壮阳，培元补肾。

【主治】局部脂肪堆积、肾虚引起的损美性疾病、形寒肢冷、面色无华、毛发枯槁、周身浮肿、早衰、荨麻疹、月经不调、阳痿、遗精、阴部湿疹、腰背及下肢痛。

【操作】直刺0.5～1寸；可灸。

5. 筋缩 Jīnsuō（DU8）

【定位】背部，当后正中线上，第9胸椎棘突下凹陷中（图3－44）。

【功用】缓急止痛。

【主治】局部脂肪堆积、黄疸、带状疱疹、胸背痛、胃痛。

【操作】向上斜刺0.5～1寸；可灸。

6. 至阳 Zhìyáng（DU9）

【定位】背部，当后正中线上，第7胸椎棘突下凹陷中（图3－44）。

【功用】清热利湿。

【主治】局部脂肪堆积、银屑病、疔疮、黄疸、胸胁胀痛、腰脊痛、心痛、心悸。

【操作】向上斜刺 0.5 ~1 寸；可灸。

7. 灵台 Língtái（DU10）

【定位】背部，当后正中线上，第 6 胸椎棘突下凹陷中（图 3 -44）。

【功用】清热散结，除疮美肤。

【主治】痤疮、酒皶鼻、口疮等疔疮疖肿、荨麻疹、局部脂肪堆积、脊背强痛。

【操作】斜刺 0.5 ~1 寸，或三棱针点刺放血；可灸。

8. 神道 Shéndào（DU11）

【定位】背部，当后正中线上，第 5 胸椎棘突下凹陷中（图 3 -44）。

【功用】清热通络。

【主治】痤疮、酒皶鼻、黄褐斑、神经衰弱、健忘、局部脂肪堆积、脊背强痛。

【操作】向上斜刺 0.5 ~1 寸；可灸。

9. 身柱 Shēnzhù（DU12）

【定位】背部，当后正中线上，第 3 胸椎棘突下凹陷中（图 3 -44）。

【功用】清热通阳，祛风解毒。

【主治】疔疮疖肿、痈疽、黄褐斑、银屑病、局部脂肪堆积、癫痫、脊背强痛、咳喘。

【操作】向上斜刺 0.5 ~1 寸；可灸。

10. 大椎 Dàzhuī（DU14）

【定位】项部，后正中线上，第 7 颈椎棘突下凹陷中（图 3 -44）。

【功用】清热解毒，温经通阳。

【主治】痤疮、黄褐斑、荨麻疹、湿疹、银屑病、皮肤瘙痒症、疔疮疖肿、丹毒、发热性疾病、畏寒、头项强痛。

【操作】直刺或斜刺 0.5 ~1 寸，或三棱针点刺放血；可灸。

11. 风府 Fēngfǔ（DU116）

【定位】项部，当后发际正中直上 1 寸，枕外隆凸直下，两侧斜方肌之间凹陷中（图 3 -44）。

【功用】祛风清热。

【主治】脱发、风疹、失音、皮肤瘙痒症、头痛、眩晕、项强、中风失语、癫狂。

【操作】伏案正坐，使头微前倾，项肌放松，向下颌方向缓慢刺入 0.5 ~1 寸，针尖不可向上，以免刺入枕骨大孔，误伤延髓；不灸。

12. 百会 Bǎihuì（DU20）

【定位】头部，当前发际正中直上 5 寸，或两耳尖连线的中点处（图 3 -45）。

【功用】升阳固脱，开窍安神。

【主治】脱发、脱眉、须发早白、头痛、眩晕、失眠、耳鸣、神经衰弱、子宫脱垂或脱肛等脏器下垂、久泻。

【操作】平刺 0.5～1 寸；可灸，治疗脏器下垂多用灸法。

13. 上星 Shàngxīng（DU23）

【定位】头部，当前发际正中直上 1 寸（图 3－45）。

【功用】疏风清热，宁心通窍。

【主治】脱发、酒皶鼻、面部肿痛、须发早白、头痛。

【操作】平刺 0.5～0.8 寸；可灸。

14. 素髎 Sùliáo（DU25）

【定位】面部，当鼻尖的正中央（图 3－45）。

【功用】泄热开窍，回阳救逆。

【主治】酒皶鼻、休克、低血压、心动过缓。

【操作】向上斜刺 0.3～0.5 寸，或点刺出血；一般不灸。

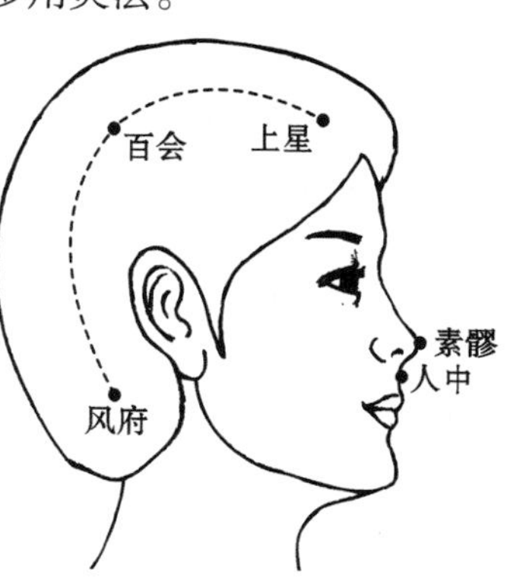

图 3－45　督脉经穴（二）

15. 水沟 Shuǐgōu（DU26）

【定位】又名人中。在面部，当人中沟的上 1/3 与中 1/3 交点处（图 3－45）。

【功用】清热通窍，通经活络。

【主治】面瘫、面肌痉挛、面部浮肿、口疮、口臭、牙痛、唇皲裂、口周皱纹、黄疸。为昏迷、休克的急救要穴之一，“急救刺水沟”。

【操作】向上斜刺 0.3～0.5 寸，或用指甲按掐；不灸。

十四、任脉（Ren Meridian，RN.）

（一）经脉循行

起于小腹内，下出会阴部，向上行于阴毛部，沿腹内，向上经前正中线，到达咽喉，再上行环绕口唇，经过面部，进入目眶下（图 3－46）。

（二）常用美容腧穴

1. 中极 Zhōngjí（RN3）

【定位】下腹部，前正中线上，当脐下 4 寸（图 3－47）。

【功用】活血除湿。

【主治】肥胖症、阴囊湿疹、外阴瘙痒、遗精、遗尿、月经不调、功能性子宫出血、痛经、带下；保健美容。

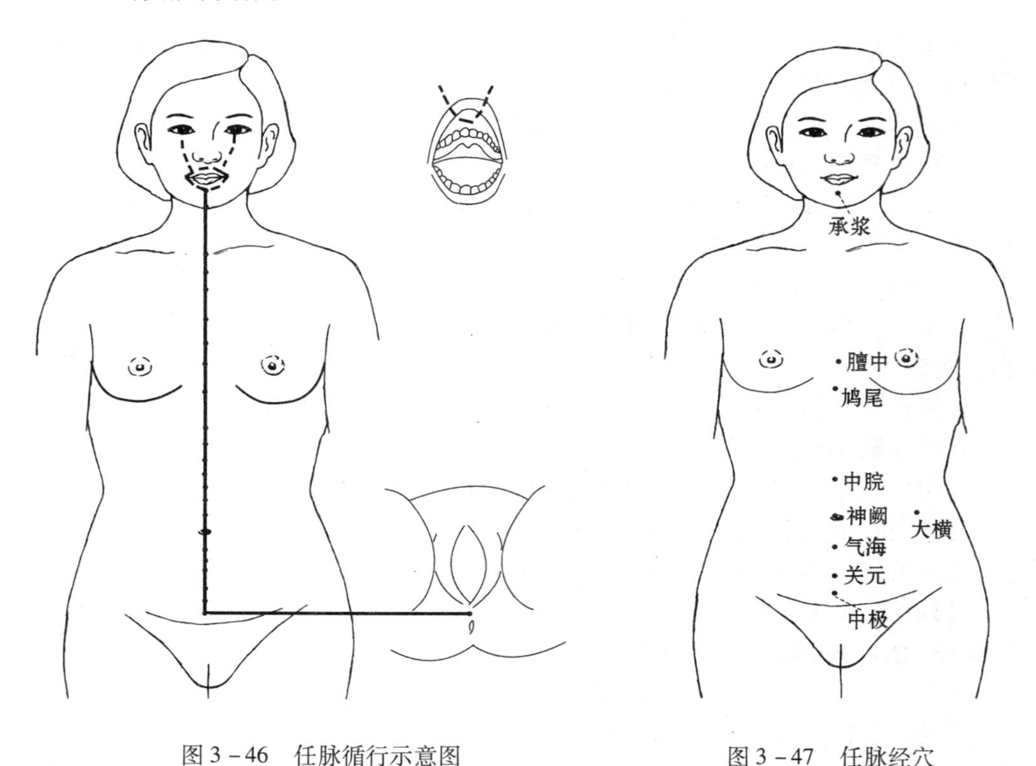

图3－46　任脉循行示意图　　　　图3－47　任脉经穴

【操作】直刺0.5～1寸，需在排尿后进行针刺，孕妇禁针；可灸。

2. 关元 Guānyuán（RN4）

【定位】下腹部，前正中线上，当脐下3寸（图3－47）。

【功用】培元固本，增肌减肥。

【主治】肥胖症、消瘦、早衰、面色苍白无华、体弱多病、荨麻疹、皮肤瘙痒症、疔疮疖肿、月经不调、子宫脱垂、遗尿、尿频、遗精、泄泻。为保健美容要穴之一，多用灸法。

【操作】直刺0.5～1寸，需在排尿后进行针刺，孕妇慎用；可重灸。

3. 气海 Qìhǎi（RN6）

【定位】下腹部，前正中线上，当脐下1.5寸（图3－47）。

【功用】升阳益气，调气泽肤。

【主治】荨麻疹、湿疹、皮肤瘙痒症、肥胖症、面部浮肿、眼睑下垂、脱发、早衰、面色无华或萎黄、功能性子宫出血、产后出血、月经不调、疝气、体弱乏力、神经衰弱、眩晕、遗尿。为保健美容要穴之一，多用灸法。

【操作】直刺0.5～1寸；可重灸。

4. 神阙 Shénquè（RN8）

【定位】腹中部，脐中央（图3－47）。

【功用】温阳健脾，祛疹润面。

【主治】慢性荨麻疹、慢性泄泻、面色无华或萎黄、早衰、消瘦、黄褐斑、脱肛。为保健美容要穴之一。

【操作】禁针；多用艾条或艾炷隔盐灸。

5. 中脘 Zhōngwǎn（RN12）

【定位】上腹部，前正中线上，当脐上4寸（图3－47）。

【功用】调理脾胃。

【主治】肥胖症、消瘦、急慢性胃肠疾患、口臭、荨麻疹、湿疹、神经衰弱、黄疸。为保健美容要穴之一。

【操作】直刺0.5～1.5寸；可灸。

6. 鸠尾 Jiūwěi（RN15）

【定位】上腹部，前正中线上，当胸剑结合部下1寸（图3－47）。

【功用】祛风止痒。

【主治】局部脂肪堆积、周身瘙痒、颈淋巴结结核、癫痫。

【操作】向下斜刺0.5～1寸；可灸。

7. 膻中 Dànzhōng（RN17）

【定位】胸部，当前正中线上，平第4肋间，两乳头（未婚者）连线的中点（图3－47）。

【功用】调气益气，通络健乳。

【主治】黄褐斑、乳腺炎、产后乳汁少、呃逆、哮喘、心悸、咽喉部异物感，亦可用于健胸丰乳。

【操作】平刺0.3～0.5寸；可灸。

8. 承浆 Chéngjiāng（RN24）

【定位】面部，当颏唇沟的正中凹陷处（图3－47）。

【功用】祛风活络。

【主治】面瘫、面肌痉挛、流涎、口疮、唇皲、面肿、龈肿。

【操作】向上斜刺0.3～0.5寸；可灸。

第三节　经外奇穴

1. 四神聪 Sìshéncōng（EX－HN1）

【定位】头顶部，当百会前后左右各1寸，共4个穴位（图3－48）。

【功用】益智安神。

【主治】脱发、斑秃、湿疹、皮肤瘙痒症、神经性皮炎、头痛、眩晕、失眠、健忘、神经衰弱。

【操作】向百会方向平刺0.5～0.8寸；可灸。

2. 印堂 Yìntáng（EX－HN3）

【定位】额部，当两眉头之中间（图3－49）。

【功用】祛风通窍。

【主治】痤疮、酒齇鼻、麦粒肿、额纹、目痛、面瘫、过敏性鼻炎、神经衰弱、头痛、眩晕、失眠。

【操作】提捏进针，从上向下平刺，或向左、右透刺攒竹、睛明等0.5～1寸，或点刺出血；可灸。

3. 鱼腰 Yúyāo（EX－HN4）

【定位】额部，目正视时，瞳孔直上，眉毛中（图3－49）。

【功用】疏经活络。

【主治】脱眉、额纹、鱼尾纹、面瘫、眼睑跳动、上睑下垂、近视、斜视、眉棱骨痛。

【操作】平刺0.3～0.5寸；禁灸。

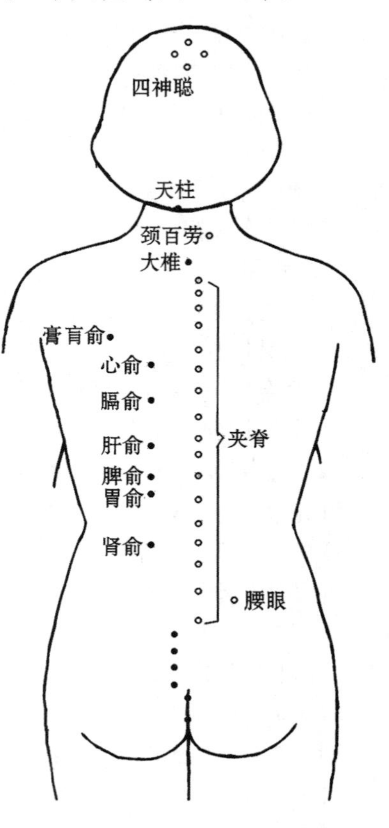

图3－48　经外奇穴（一）

4. 太阳 Tàiyáng（EX－HN5）

【定位】颞部，当眉梢与目外眦之间，向后约一横指的凹陷处（图3－50）。

【功用】疏风明目。

【主治】面瘫、目赤肿痛、麦粒肿、斜视、鱼尾纹、眼睑下垂、面部红肿及瘙痒、头痛、牙痛。

【操作】直刺或斜刺 0.3 ~ 0.5 寸，或沿皮向颊车或率谷透刺 3 寸，或点刺出血。

5. 耳尖 ěijiān（EX－HN6）

【定位】耳廓上方，当折耳向前，耳廓上方的尖端处（图 3－50）。

【功用】清热明目，通络止痛。

【主治】痤疮、麦粒肿、目赤肿痛、咽喉肿痛。

【操作】直刺 0.1 ~ 0.2 寸，或点刺出血。

6. 上迎香 Shàngyíngxiāng（EX－HN8）

【定位】面部，鼻翼软骨与鼻甲的交界处，近鼻唇沟上端处（图 3－49，3－50）。

【功用】通络开窍。

【主治】面部损美性疾病、鼻部疮疖、面瘫、过敏性鼻炎。

【操作】向内上方斜刺 0.3 ~ 0.5 寸；可灸。

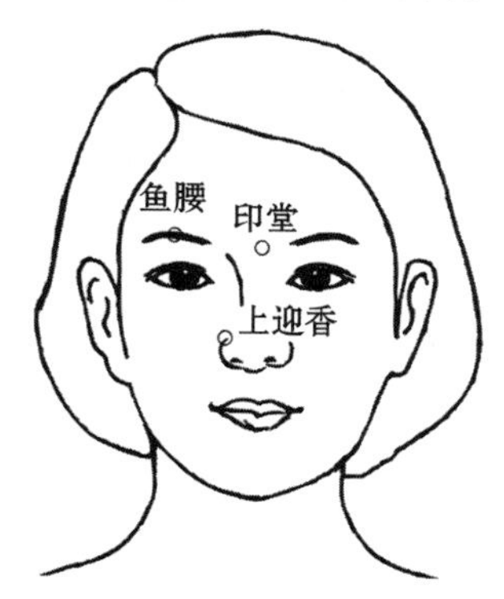

图 3－49　经外奇穴（二）

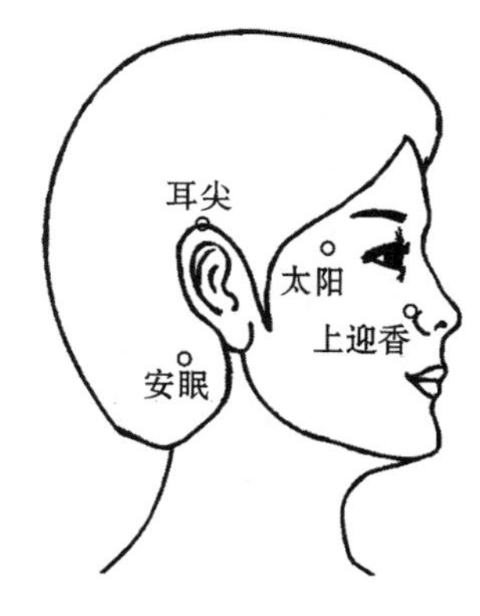

图 3－50　经外奇穴（三）

7. 颈百劳 Jìngbǎiláo（EX－HN15）

【定位】颈部，当大椎直上 2 寸，后正中线旁开 1 寸（图 3－48）。

【功用】通经散结。

【主治】头痛、项强、盗汗、颈淋巴结结核。

【操作】直刺 0.3 ~ 1 寸。

8. 夹脊 Jiájǐ（EX－B2）

【定位】背腰部，第 1 胸椎至第 5 腰椎棘突下两侧，后正中线旁开 0.5 寸，一侧 17 穴（图 3－48）。

【功用】调理脏腑，通利关节。

【主治】荨麻疹、痤疮、体虚乏力、神经官能症、半身不遂及一切慢性损美性疾病。可用于保健美容。

【操作】稍向内斜刺 0. 5 ~1 寸，待有麻胀感即停止进针，严格掌握进针的角度及深度，以防止损伤内脏或引起气胸；可灸。

9. 腰眼 Yāoyǎn（EX－B7）

【定位】腰部，当第 4 腰椎棘突下，旁开约 3. 5 寸凹陷中（图 3－48）。

【功用】强腰补肾。

【主治】健忘、遗精、月经不调、腰肌劳损。可用于保健美容。

【操作】直刺 0. 5 ~1 寸；可灸。

10. 中魁 Zhōngkuí（EX－UE4）

【定位】握拳，掌心向下，在中指背侧近端指间关节的中点处（图 3－51）。

【功用】祛风活血。

【主治】白癜风。

【操作】灸。

11. 大骨空 Dàgǔkōng（EX－UE5）

【定位】握拳，掌心向下，在拇指背侧指间关节的中点处（图 3－51）。

【功用】清热活血。

【主治】痣、疣、目赤肿痛。

【操作】灸。

12. 小骨空 Xiǎogǔkōng（EX－UE6）

【定位】握拳，掌心向下，在小指背侧近端指间关节中点处（图 3－51）。

【功用】清热活血。

【主治】痣、疣、目赤肿痛。

【操作】灸。

13. 八邪 Bāxié（EX－UE9）

【定位】微握拳，在手背侧，第 1 ~5 指间，指蹼缘后方赤白肉际处，左右共 8 个穴位（图 3－51）。

【功用】活血通络。

【主治】荨麻疹、湿疹、皮肤瘙痒症、丹毒、手指麻木、冻疮、手汗、手皲裂、红眼病、手背红肿、手指拘挛。

【操作】斜刺 0. 5 ~0. 8 寸，或点刺出血；可灸。

14. 四缝 Sìfèng（EX－UE10）

【定位】仰掌，伸指在第 2 ~5 指掌侧，近端指关节横纹的中央，一侧 4 穴（图 3－52）。

【功用】健脾和胃。

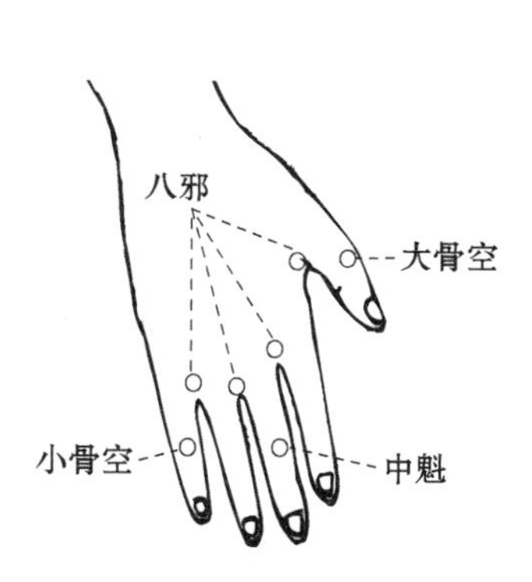

图3－51 经外奇穴（四）

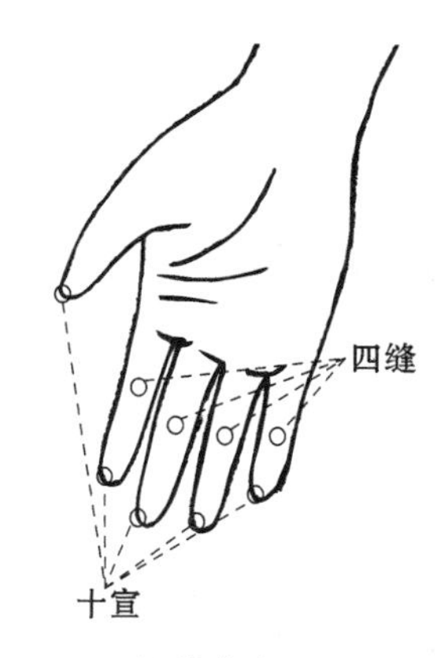

图3－52 经外奇穴（五）

【主治】荨麻疹、瘙痒症、小儿消化不良。

【操作】点刺0.1～0.2寸，挤出少量黄白色透明样黏液或出血。

15. 十宣 Shíxuān（EX－UE11）

【定位】仰掌，十指微屈，在手十指尖端，距指甲游离缘0.1寸（指寸），左右共10穴（图3－52）。

【功用】泄热宁心。

【主治】中风、高热、昏迷、红眼病、咽喉肿痛、红斑肢痛症、指端麻木。

【操作】直刺0.1～0.2寸，或点刺出血。

16. 百虫窝 Bǎichóngwō（EX－LE3）

【定位】屈膝，在大腿内侧，髌底内侧端上3寸，即血海上1寸（图3－53）。

【功用】解毒灭虫。

【主治】各种虫咬、皮疹、皮炎、瘙痒症、荨麻疹、疮疡。

【操作】直刺0.5～1寸；可灸。

17. 八风 Bāfēng（EX－LE10）

【定位】足背侧，第1～5趾间，趾蹼缘后方赤白肉际处，一侧4穴，左右共8穴（图3－53）。

【功用】活血通络。

【主治】丹毒、脚气、毒蛇咬伤、脚背红肿、足趾麻木、屈伸不灵。

【操作】斜刺0.5～0.8寸；可灸。

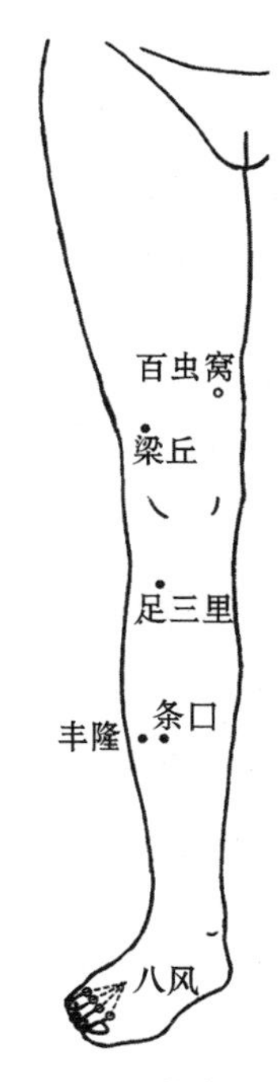

图3－53 经外奇穴（六）

第四章 针灸推拿美容常用方法

本章主要讨论针灸推拿保健美容与防治损美性疾病的具体方法和操作技术。其内容主要包括针灸、推拿以及在此基础上发展起来的多种治疗方法。这些有着各自特点和优势的不同方法，都是通过作用于穴位和经络，最终调整机体的功能来达到保健美容和防治损美性疾病的目的。

第一节 针灸美容常用方法

针法和灸法都属于外治的范围，是针灸美容临床所必须掌握的基本技能。针刺就是采用不同的针具，刺激人体的一定部位，运用各种方法激发经气，以调整人体功能，防治损美性疾病；艾灸则是采用艾绒等各种药物烧灼、熏熨体表的一定部位，也是通过经络的作用来达到防治损美性疾病的一种方法。长期以来，针法和灸法在临床治疗上常结合应用，故合称针灸。针灸防治疾病有着几千年的历史，近年来，针灸工具和应用方法又有了很大的发展，在传统经络穴位基础上，结合现代科学知识，形成了多种新针法，如磁穴治疗、激光穴位照射以及耳针等，使针灸美容的方法更为多样化。

一、毫针刺法

毫针是古代“九针”之一，因其针体微细，又称“微针”、“小针”，适用于全身任何腧穴，是针灸美容应用最为广泛的一种针具。

毫针刺法是泛指持针法、进针法、行针法、补泻法、留针法、出针法等完整的针刺方法，是每一个针灸美容医师必须掌握的基本技术。毫针的每一种刺法，都有严格的操作规程和目的要求。

（一）常用毫针针具

1. 结构

毫针由针尖、针身、针根、针柄、针尾五部分构成。针身以不锈钢制的多见，是刺入腧穴内相应深度的部分；针柄用镀银紫铜丝或经氧化的铝丝绕制而成，是医生持针着力的部位，也是温针装置艾绒之处。

2. 规格

临床上最为常用的毫针规格是：粗细 28～32 号（0.28～0.38mm）、长短 1～3寸（25～75mm）。应根据患者形体的胖瘦、所选腧穴的深浅相应选择针具的长短、粗细，还要根据不同病情、体质及年龄加以调整。一般而言，头面、胸背部应用较细的短毫针（0.5 寸、30～32 号），面部美容时应选用“美容针”（34～36号），四肢、腹部可用偏粗的稍长毫针（1.5～3 寸、28～30 号）。常用毫针的长短、粗细规格分别如下表：

表 4－1　毫针长短规格表

寸	0.5	1.0	1.5	2.0	2.5	3.0	3.5	4.0	4.5
长度（mm）	15	25	40	50	65	75	90	100	115

表 4－2　毫针粗细规格表

号数	28	29	30	31	32	33	34	35	36
直径（mm）	0.38	0.34	0.32	0.30	0.28	0.26	0.24	0.22	0.20

使用毫针前还需检查针尖是否有钩，针身和针柄结合部是否有断裂，以及针身是否有锈蚀剥脱，确认无误后方可使用。近年来，随着经济水平的不断提高，提倡使用一次性毫针，这样可以避免交叉感染，防止传染病的发生，还可以减少针刺异常情况的发生。

（二）针刺体位

选择体位的原则是医生能正确取穴，施术方便；患者舒适安稳，并能持久留针。针灸美容常用的体位有三种坐位和三种卧位。

1. 仰靠坐位

适用于选取头额顶部、颜面和颈前、肩臂部分腧穴（图 4－1）。

2. 俯伏坐位

适用于选取头后枕部、肩背部的腧穴（图 4－2）。

3. 侧伏坐位

适用于选取面颊、耳前后等处的腧穴（图 4－3）。

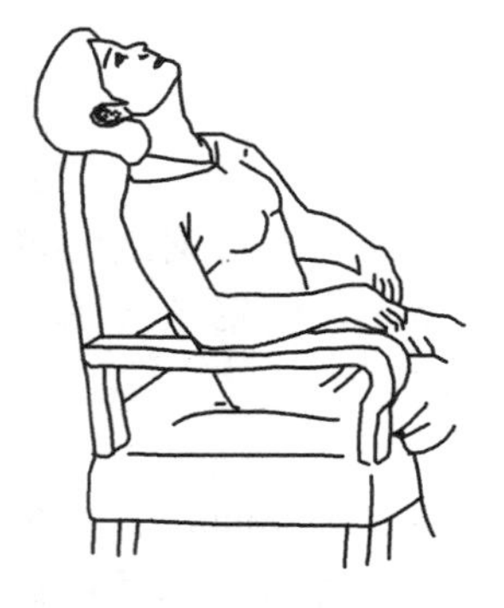

图4－1　仰靠坐位

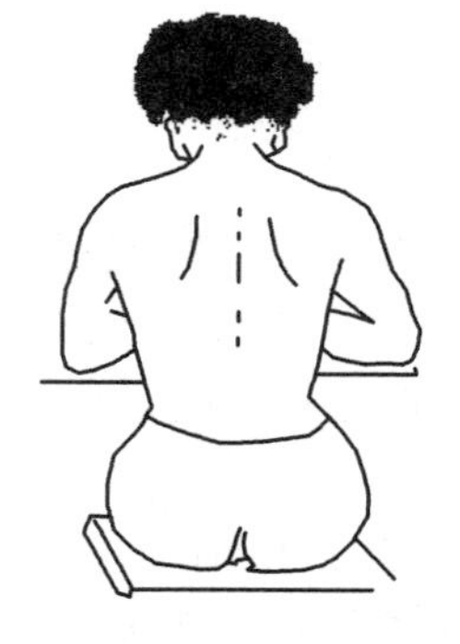

图4－2　俯伏坐位

图4－3　侧伏坐位

4. 仰卧位

适用于选取身体前面的腧穴（图4－4）。

图4－4　仰卧位

5. 俯卧位

适用于选取身体后面的腧穴（图4－5）。

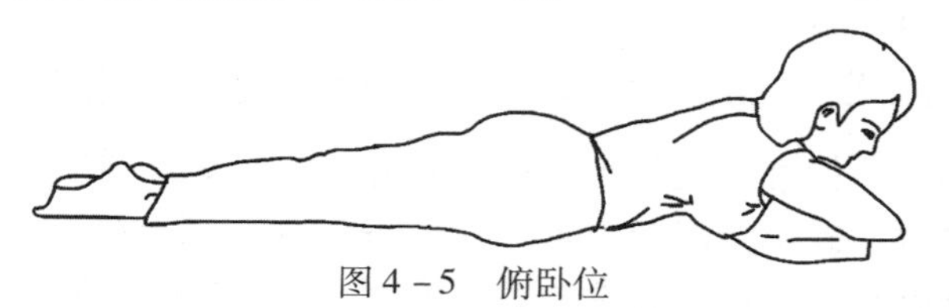

图4－5　俯卧位

6. 侧卧位

适用于选取侧身部的腧穴（图4－6）。

图4－6　侧卧位

对于初诊、体虚及精神紧张的就诊者，应尽量采用卧位。

（三）消毒

针刺治疗前必须严格做好消毒工作，其中包括针具器械消毒、施术部位皮肤消毒和医生手指的消毒。毫针的消毒，应尽量采用高压蒸汽灭菌法，亦可在沸水内煮沸 20 分钟，或在 75% 酒精内浸泡 30 ~ 60 分钟。直接和毫针接触的针盘、镊子等也需用 2% 来苏水溶液或 1∶1000 升汞溶液浸泡 1 ~ 2 小时进行消毒。施术部位皮肤及医生手指，可用 75% 酒精棉球涂擦消毒，或先用 2% 碘酊涂擦，稍干后再用 75% 酒精棉球擦拭脱碘。涂擦施术部位时应从腧穴部位的中心向四周绕圈擦拭，腧穴消毒后，切忌接触污物，以免重新感染。

（四）进针方法

临床上一般将医生持针进针的手称为“刺手”，按压所刺部位或辅助针身的手称为“押手”。押手的作用是固定腧穴位置，或使针身有所依附及减轻进针时的疼痛感。常用的进针方法有如下几种。

1. 单手进针法

用刺手的拇、食指夹持针柄或针体，中指指腹抵住针身下段，指端紧靠穴位，当拇、食指向下用力进针时，中指随之屈曲，将针刺入，直刺至所需的深度。此法多用于较短的毫针。

2. 双手进针法

双手配合，协同进针。常用的进针手法又分为以下几种。

（1）指切进针法　又称爪切进针法，用押手拇指或食指尖按压在腧穴旁，刺手持针使针尖靠近指甲刺入腧穴（图 4 – 7）。此法多用于短针的进针。

（2）夹持进针法　又称骈指进针法，用押手拇、食两指持捏消毒干棉球，夹住针身下段，露出针尖，刺手拇、食指夹持针柄，将针尖对准穴位，在接近穴位皮肤时，双手配合，迅速将针刺入并达到一定深度（图 4 – 8）。此法多用于 3 寸以上长针的进针。

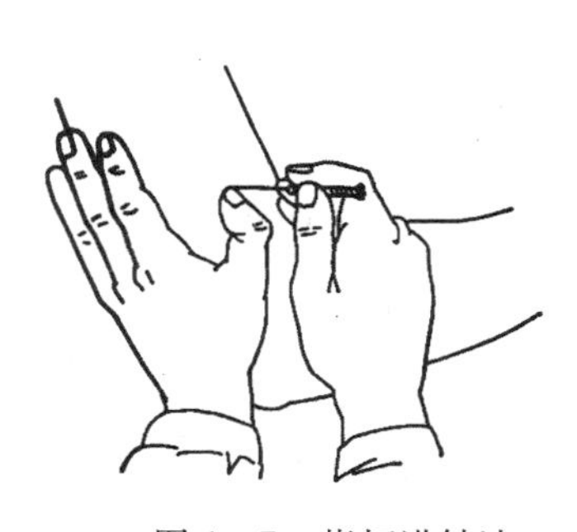

图 4 – 7　指切进针法

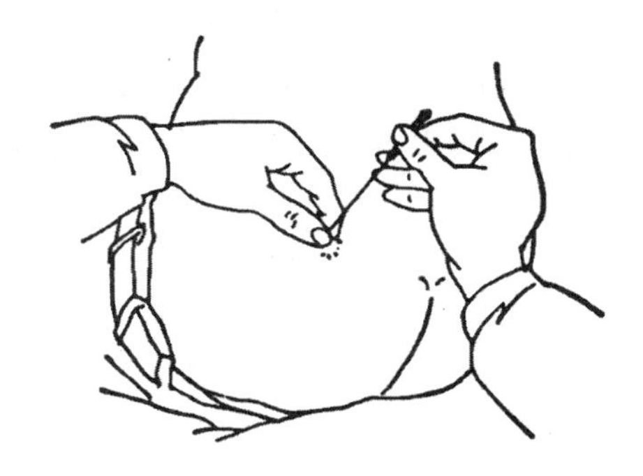

图 4 – 8　夹持进针法

（3）舒张进针法　用押手拇、食两指将所刺腧穴的皮肤向两侧撑开，使皮肤绷紧，易于进针，刺手持针，使针从押手拇、食两指的中间刺入（图 4 – 9）。

此法适用于皮肤松弛及皱纹较多的部位，特别是腹部腧穴的进针。

（4）提捏进针法　用押手拇、食两指将针刺部位的皮肤捏起，刺手持针从提起部的上端进针（图4－10）。此法适用于皮肉浅薄的部位，特别是面部腧穴的进针。

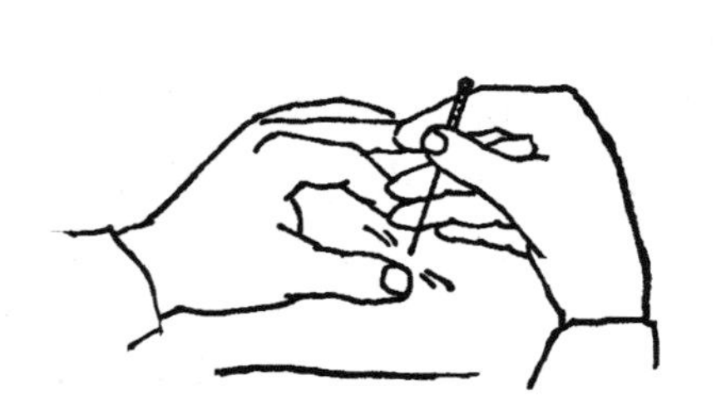

图4－9　舒张进针法

图4－10　提捏进针法

（5）管针进针法　将针预先插入用玻璃、塑料或金属制成的比针短3分左右的小针管内，置于穴位皮肤上，押手压紧针管，刺手食指或中指对准针柄一弹，使针尖迅速入刺皮肤，然后将针管退出，再将针刺入腧穴内。此法进针不痛，适宜于儿童和惧针者。

（五）针刺的角度、方向和深度

1. 针刺角度

针刺角度是指进针时针身与皮肤表面所构成的夹角。根据所刺部位和治疗要求的不同而分为直刺、斜刺和横刺三种（图4－11）。

（1）直刺　将针体垂直，与腧穴的皮肤表面呈90°角垂直刺入。适用于全身多数腧穴，浅刺与深刺均可。

（2）斜刺　将针体与腧穴的皮肤表面约呈45°角倾斜刺入。适用于骨骼边缘和不宜深刺的腧穴，如需避开血管、肌腱和脏器时也可用此法。

（3）横刺　即平刺，将针体与腧穴的皮肤表面约呈15°角沿皮刺

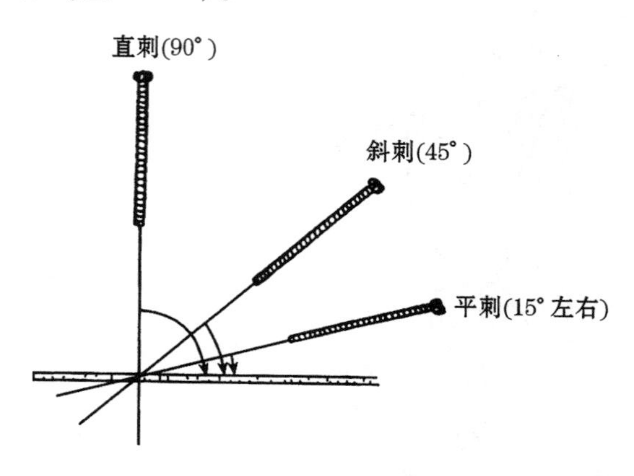

图4－11　针刺角度

入。适用于头面、胸背及皮肉浅薄处，施行透刺法（指一针刺两穴或两穴以上）时亦可用此法。

2. 针刺方向

针刺方向主要根据经脉循行方向、腧穴分布部位和针刺所要达到的组织结构等情况而定。有时为了使针感到达病所，需将针尖朝向病变部位。因此针刺方向与针刺角度是密不可分的。一般头面部腧穴多采用横刺法；颈项、咽喉部腧穴多采用斜刺法；胸胁部腧穴多采用横刺法；腹部腧穴多采用直刺法；腰部腧穴多采用斜刺或直刺法；四肢部腧穴多采用直刺法。

3. 针刺深度

针刺深度是指针身进入皮肤的深浅而言。应根据腧穴部位特点和病情需要，在针刺得气的前提下，结合患者体质、针刺时令等因素，正确掌握针刺的深浅度，以既有针感、又不伤及重要脏器为原则。

（1）体质　身体瘦弱者宜浅刺；身强体肥者宜深刺。

（2）年龄　年老体弱及小儿娇嫩之体宜浅刺；中青年身强体壮者宜深刺。

（3）病情　热证、虚证及病在表、在肌肤宜浅刺；寒证、实证及病在里、在筋骨及脏腑宜深刺。

（4）部位　“穴浅则浅刺，穴深则深刺”。头面和胸背及皮薄肉少、内有重要脏器处宜浅刺，四肢、臀、腹及肌肉丰厚之处宜深刺。

此外，春夏宜浅刺，秋冬宜深刺。总而言之，针刺深度须确保安全，在各穴浅分寸的标准范围内掌握，以免损伤重要脏器、血管、神经等组织。

（六）行针手法

行针又叫运针，是指将针刺入腧穴后，为了得气、调节针刺感应以及进行补泻而施以一定的手法。行针手法分为基本手法和辅助手法。

1. 基本手法

（1）提插法　是将针尖刺入一定深度后，术者施行上下进退的行针手法，即将针由浅层插入深层，再由深层提至浅层，如此反复地上下提插（图4－12）。提插幅度的大小、层次的有无、频率的快慢以及操作时间的长短等，应根据病人的体质、病情和腧穴的部位以及医生所要达到的目的而灵活掌握。

（2）捻转法　是指针刺达到一定深度后，术者将针前后左右旋转捻动，如此反复多次。捻转的幅度一般在180°～360°左右（图4－13）。捻转角度的大小、频率的快慢以及操作时间的长短等，应根据病人的体质、病情和腧穴的部位以及医生所要达到的目的而灵活掌握。但需注意切忌单向转捻，否则肌纤维易缠绕针身，使患者产生疼痛，形成滞针。

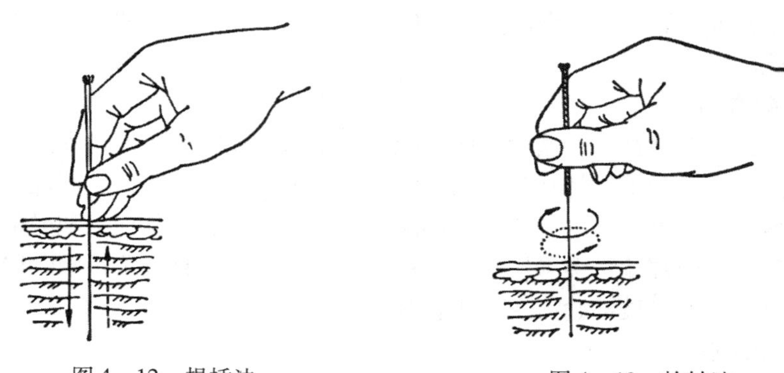

图4－12　提插法　　　　图4－13　捻转法

提插和捻转两种手法，临床应视病人情况单独或配合使用。

2. 得气

古称“气至”，近代又称“针感”，是将针刺入腧穴一定深度后，施以一定的行针手法，使针刺部位产生经气感应，这种经气感应称为“得气”。得气包括两方面：一是医生手下有沉重、紧涩的感觉；二是受术者针刺部位有酸、麻、胀、重等感觉，有时还出现不同程度的感传现象。针刺不同穴位，受术者往往出现不同感应，例如额部以局部胀感较多，肌肉丰厚处的穴位较易出现酸感，四肢末端及人中沟等处一般仅有痛感，刺中神经时会有电麻样的感觉向远端放射等。即使在同一个穴位上，由于针刺的方向、角度和深度不同也会出现不同的针感。

《灵枢·九针十二原》说：“刺之要，气至而有效，效之信，若风之吹云，明乎若见苍天。”说明针刺疗效与得气的关系密切。针刺感应是获得较好美容效果的必要前提和主要因素之一，因此必须细心体会，切实掌握。无论使用何种针法都必须达到得气，针刺时得气与否与得气快慢受多种因素影响，如取穴不准确，针刺深浅失宜，手法不熟练，患者体质虚弱及感觉迟钝等都会影响得气反应。如果针刺后不得气，在确定取穴准确的前提下应采取相应的办法使之得气，如采取留针片刻再行针，即所谓的“留针候气”。若久留针，气仍不至，可用行针催气法使之得气。催气法也可视为行针的辅助手法。

3. 辅助手法

是进行针刺时用以辅助行针的操作方法。常用的有以下几种。

（1）*循法*　用手指顺着经脉循行路线，在腧穴的上下部位轻轻循按，以激发经气运行的手法。本法在未得气时用之可以通气活血，有行气、催气之功。若针下过于沉紧滞针时，用之可宣散气血，使针下徐和。

（2）*颤法*　将针刺入穴位一定深度后，小幅度、高频率捻转或提插，并结合轻轻的摇动，使针身产生轻微的震颤，以促使得气、加速经气运行的手法。

（3）飞法 将针刺入穴位一定深度后，先作大幅度的单向捻转，然后松手，拇、食指张开，一捻一放或三捻一放，反复数次，如飞鸟展翅之状。如此肌纤维适度缠绕针体，利用其牵拉作用以激发经气，加强针感与补泻作用。

（4）弹法 将针刺入穴位一定深度后，用手指轻轻叩弹针柄，令针身产生轻微振动而使经气速行。

（5）刮法 将针刺入穴位一定深度后，刺手拇指抵压针柄的顶端，食指或中指指甲由下而上频频刮动针柄，可以加强针感的扩散以激发经气，促使得气。

（6）摇法 将针刺入穴位一定深度后，轻轻摇动针体以行气的方法。直立针身而摇，可以加强针感；卧倒针身而摇，可以促使针感向一定方向传导。

（七）针刺补泻

补泻效果的产生，主要取决于功能状态、腧穴特性以及针刺手法三方面。应根据病证的虚实，在针刺得气后，分别采用不同补泻手法，以达到扶正补虚、祛邪泻实的目的。

以下是临床上较为常用的几种针刺补泻手法。

1. 捻转补泻

针下得气后，捻转角度小、频率慢、用力轻、操作时间短为补法；捻转角度大、频率快、用力重、操作时间长为泻法。

2. 提插补泻

针下得气后，先浅后深，重插轻提，提插幅度小、频率慢，操作时间短为补法；先深后浅，轻插重提，提插幅度大、频率快，操作时间长为泻法。

3. 平补平泻

进针得气后均匀地捻转提插。

4. 徐疾补泻

徐徐进针、少捻转、疾出针为补法；疾进针、多捻转、徐徐出针为泻法。

5. 迎随补泻

进针时针尖顺着经脉循行方向刺入为补法；针尖逆着经脉循行方向刺入为泻法。

6. 开阖补泻

出针后迅速揉按针孔为补法；出针时摇大针孔而不立即揉按为泻法。

7. 呼吸补泻

病人呼气时进针、吸气时出针为补法；病人吸气时进针、呼气时出针为泻法。

（八）留针与出针

1. 留针

将毫针刺入腧穴内，通过行针、补泻等手法，使针停留于腧穴内称为留针。留针的目的，一是为了“候气”，特别是不得气时，通过留针可以得气；二是为了保持针感，延长和加强针刺的治疗作用；三是为了便于继续行针施术，催气加强针感。留针与否和留针的时间长短，主要依据病情而定。一般留针时间为10～20分钟。对于针刺得气迅速、手法操作运用得当的也可以不留针，小儿则不宜留针；对于一些慢性、疼痛性或痉挛性病症等，可以适当延长留针时间，或在留针过程中作间歇运针。

2. 出针

在行针施术或留针达到一定的治疗要求后，即可将针退出体表，称出针或起针。出针是毫针刺法操作规程中最后一道程序。出针时先用一手拇、食指将消毒干棉球按于针孔周围，另一手持针作轻微捻转并慢慢提至皮下，然后退出。出针后是否按压针孔也是针刺补泻的一种辅助手法。补法时，则用干棉球按压针孔；泻法时，则不按压针孔，使邪气外泄。出针后要核对针数，以防遗漏，并嘱病人休息片刻，注意保持针孔部位的清洁。

（九）疗程与间隔

针刺美容一般以10～12次为1疗程，若需继续治疗，则间隔1～2周。

（十）异常情况的处理及预防

针刺美容虽然比较安全，但如操作不慎，疏忽大意，或犯刺禁，或针刺手法不当，或对人体解剖部位缺乏全面的了解，在临床上有时也会出现一些不应有的异常情况。

1. 晕针

晕针是指在针刺过程中病人发生的晕厥现象。

原因　患者体质虚弱，精神紧张，或疲劳、饥饿、大汗、大泻、大出血之后，或体位不当；医者在针刺时手法过重，而致针刺时或留针过程中发生此症。

表现　患者突然出现精神疲倦，头晕目眩，面色苍白，恶心欲吐，多汗，心慌，四肢发冷，血压下降，脉象沉细，或神志昏迷，扑倒在地，唇甲青紫，二便失禁，脉微细欲绝等。

处理　应立即停止针刺，将针全部起出；使患者平卧，注意保暖；轻者仰卧片刻，给饮温开水或糖水后，即可恢复正常；重者在上述处理基础上，可刺人中、素髎、内关、足三里，灸百会、关元、气海等穴，即可恢复；若仍不省人事，呼吸细微，脉细弱者，可及时配合其他治疗措施进行急救。

预防 受术者若为初次接受针刺治疗、精神过度紧张或身体虚弱时，应先做好解释工作，以消除其对针刺的顾虑，并选择舒适能持久的体位，最好用卧位，选穴宜少，手法要轻；若饥饿、疲劳、大渴时，应令进食、休息、饮水后再予针刺；医者在针刺过程中，要精神专一，随时注意观察病人的神色，询问病人的感觉，一旦有不适等晕针先兆应及早采取处理措施，防患于未然。

2. 滞针

滞针是指在行针时或留针后医者感觉针下涩滞，捻转、提插、出针均感困难，而病人则感觉痛剧的现象。

原因 患者精神紧张，当针刺入腧穴后，病人局部肌肉强烈收缩；或行针手法不当，向单一方向捻针太过，以致肌肉组织缠绕针体而成；留针时间过长，有时也可出现滞针。

表现 针在体内，捻转不动，提插、出针均感困难，若勉强捻转、提插时，则病人痛不可忍。

处理 若病人精神紧张，局部肌肉过度收缩时，可稍延长留针时间，或于滞针腧穴附近进行循按，或叩弹针柄，或在附近再刺一针，以宣散气血，从而缓解肌肉的紧张；如果是行针不当，或单向捻针而致滞针者，可向相反方向将针捻回，并用刮柄、弹柄法，使缠绕的肌纤维回释以消除滞针。

预防 对精神紧张者，应先做好解释工作，消除患者不必要的顾虑；注意行针时的操作手法和避免单向捻转；若用搓法时，应注意与提插法的配合，以防止肌纤维缠绕针身，从而避免发生滞针。

3. 弯针

弯针是指进针时或将针刺入腧穴后，针身在体内形成弯曲，称为弯针。

原因 医者进针手法不熟练，用力过猛、过速，以致针尖碰到坚硬组织器官；或病人在针刺或留针时移动体位；或因针柄受到某种外力压迫、碰击等情况均可造成弯针。

表现 针柄改变了进针或刺入留针时的方向和角度，提插、捻转及出针均感困难，而患者感到疼痛。

处理 出现弯针后，即不得再行提插、捻转等手法；如针系轻微弯曲，应慢慢将针起出；如果弯曲角度过大，应顺着弯曲方向将针起出；若由病人移动体位所致，应使患者慢慢恢复原来体位，放松局部肌肉后，再将针缓缓起出；切忌强行拔针，以免将针断入体内。

预防 医者进针时手法要熟练，指力要均匀，避免进针过速、过猛；注意保护针刺部位，针柄不得受外物碰撞和压迫；叮嘱受术者在行针留针过程中，不要随意移动体位等。

4. 断针

断针是指在行针或留针过程中针体折断在人体内，又称折针。

原因　针具质量欠佳，针身或针根有损伤剥蚀；进针前失于检查；或针刺时将针身全部刺入腧穴；行针时强力提插、捻转，肌肉猛烈收缩；或留针时患者随意变更体位；或弯针、滞针未能及时地正确处理。

表现　行针时或出针后发现针身折断，其断端部分针身显露于皮肤外或全部没入皮肤之下。

处理　医者必须从容镇静，嘱患者保持原有体位，以防断针向肌肉深部陷入；若断端部分针身尚显露于体外，可用手指或镊子将针起出；若断端与皮肤相平或稍凹陷于体内，可用一手拇、食二指垂直向下挤压针孔两旁，使断针端暴露于皮肤外，另一手持镊子将针取出；若断针完全深入皮下或肌肉深层时，应在X线下定位，手术取出。

预防　术前认真仔细地检查针具，对不符合质量要求的针具，应坚决剔出不用；避免过猛、过强地行针；针刺时更不宜将针身全部刺入腧穴，应留部分针身在体外，以便于针根断折时取针；在行针或留针时，嘱患者不要随意更换体位；如发现弯针时应立即出针，切不可强行刺入、行针。

5. 血肿

血肿是指针刺部位出现的皮下出血而引起的肿痛。

原因　针尖弯曲带钩，使皮肉受损，或刺伤血管等。

表现　出针后针刺部位肿胀疼痛，继则皮肤呈现青紫色。

处理　微量的皮下出血而局部小块青紫时，一般不必处理，可以自行消退；如果局部肿胀疼痛较剧，青紫面积大而且影响到活动功能时，可先冷敷止血后，再做热敷或在局部轻轻揉按，以促使局部瘀血消散吸收。

预防　术前仔细检查针具；熟悉人体解剖部位，避开血管针刺；出针时立即用消毒干棉球揉按压迫针孔。

（十一）针刺的注意事项

毫针法适用范围广泛，可应用于多种保健美容和损美性疾病的防治。但在临床应用过程中，由于人的生理功能状态和生活环境条件等不同，应注意以下几个方面：

1. 对于每位前来接受毫针美容者，不应立即进行针刺，应休息5～10分钟后再予治疗。对于饥饿、疲劳和精神过度紧张者，要消除上述因素后再接受治疗。对于体弱多病者应选择卧位针刺，且手法宜轻，取穴宜少。

2. 怀孕妇女一般不宜针刺美容。如果患者要求治疗，应注意腰骶、腹部腧穴不宜针刺，四肢部位的合谷、昆仑、三阴交、至阴等通经活血的腧穴应禁刺，以防流产。

3. 在针刺过程中，应随时观察病人的反应，若见患者出现胸闷、面色苍白、汗出等晕针情况，应立即出针，并采取相应处理措施，使病人头部放低平卧（除去枕头），休息片刻或饮适量温开水或糖水，一般可以较快恢复正常。

4. 针刺躯干部腧穴时，必须熟知相应脏器、大血管的解剖位置，避开重要脏器和大血管进针，并严格掌握针刺的深度、角度，以避免造成创伤性气胸和内脏损伤。针刺眼区、颈部和脊椎部腧穴时，也应掌握一定的角度，不宜大幅度地提插、捻转和长时间留针，以免伤及重要组织器官，产生严重的不良后果。

5. 平时有自发性出血或损伤后出血不止者，不宜针刺。

6. 皮肤有感染、溃疡、瘢痕或肿瘤的部位，不宜针刺。

7. 对尿潴留等患者在针刺小腹部腧穴时，也应掌握适当的针刺方向、角度、深度等，以免误伤膀胱等器官，出现意外事故。

二、其他针法

其他针法包括除毫针刺法之外的耳穴疗法、皮肤针疗法、三棱针疗法、皮内针疗法、埋线疗法、火针疗法以及穴位疗法等针法。

（一）耳穴疗法

耳穴疗法是用毫针或其他方法刺激耳廓上的穴位，以达到保健美容、防病治病目的的一种常用方法。耳穴疗法操作方便，安全可靠，能够美化容颜、消除肥胖，防治面部皱纹、痤疮、面肌痉挛、扁平疣、黄褐斑等各种损美性疾病，是主要的美容手段之一。另外，耳穴疗法还可以通过治疗便秘、失眠、神经衰弱等病症，间接地达到美容的目的。

1. 耳廓表面解剖名称（图4－14）

耳轮　耳廓外缘向前卷曲的部分。

耳轮结节　耳轮后上方一个不太明显的小结节。

耳轮尾　耳轮末端，与耳垂交界处。

耳轮脚　耳轮深入到耳甲内的横行突起。

对耳轮　在耳轮内侧，与耳轮相对，上部有分叉的隆起部。由对耳轮体部、对耳轮上脚和对耳轮下脚组成。

对耳轮上脚　对耳轮向上分叉的一支。

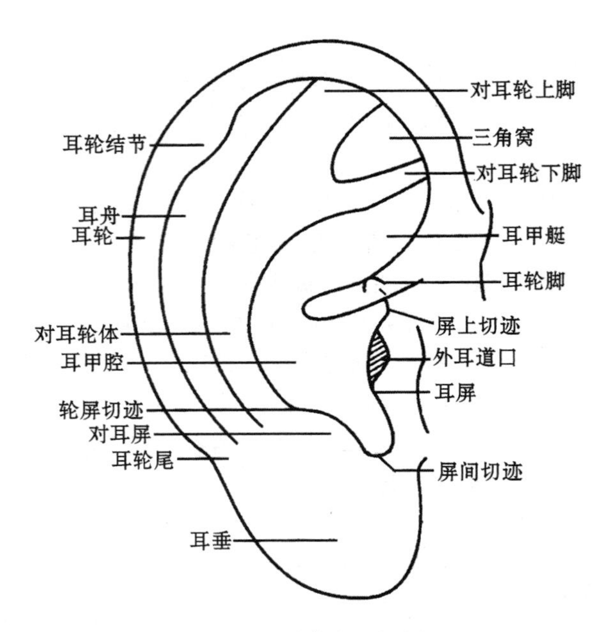

图4－14　耳廓表面解剖图

对耳轮下脚　对耳轮向下分叉的一支。

三角窝　对耳轮上、下脚之间构成的凹窝。

耳舟　耳轮和对耳轮之间的舟状凹沟。

耳屏　耳廓前面呈瓣状的突起，为外耳道口的屏障，又称耳珠。

对耳屏　耳垂上部，与耳屏相对的隆起部。

屏上切迹　耳屏上缘与耳轮脚之间的凹陷。

屏间切迹　耳屏与对耳屏之间的凹陷。

屏轮切迹　对耳屏与对耳轮之间的凹陷。

耳垂　耳廓最下部无软骨的皮垂。

耳甲艇　耳轮脚以上的耳甲部。

耳甲腔　耳轮脚以下的耳甲部。

外耳道口　耳甲腔内，被耳屏覆盖着的孔窍。

2. 耳穴的分布

耳穴是指分布在耳廓上的腧穴，是耳廓上的一些特定刺激点。耳穴在耳廓的分布就像一个倒置的胎儿，头部朝下，臀部朝上。其规律如下：

（1）与头面部相应的穴位在耳垂或耳垂邻近。

（2）与上肢相应的穴位在耳舟。

（3）与躯干和下肢相应的穴位在对耳轮和对耳轮上、下脚。

（4）与内脏相应的穴位多集中在耳甲艇和耳甲腔。

（5）消化道在耳轮脚周围呈环形排列。

3. 常用美容耳穴的定位与主治（图 4－15）

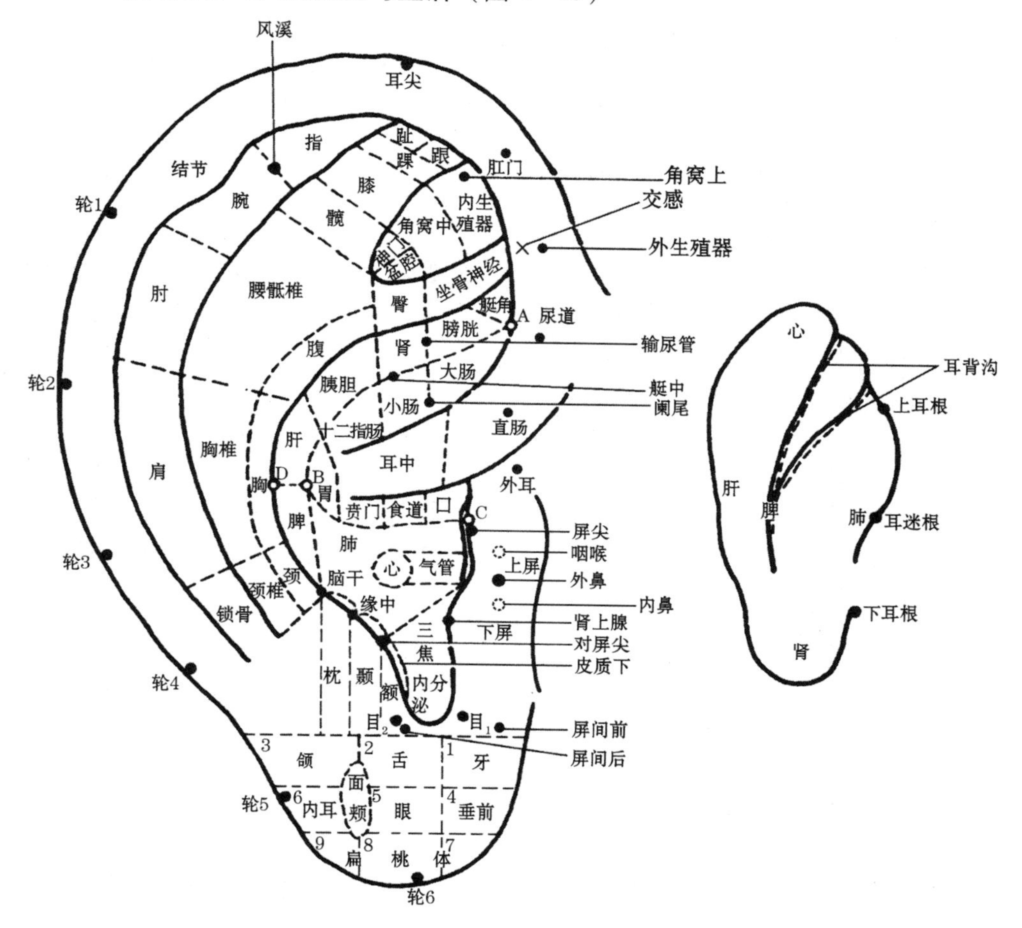

图 4－15　耳穴定位示意图

耳轮穴位

（1）耳中（膈）

【定位】耳轮脚上。

【主治】荨麻疹、皮肤瘙痒症、黄疸。

（2）耳尖

【定位】耳轮顶端，将耳轮向耳屏对折时，耳廓上部尖端处。

【主治】痤疮、扁平疣、面瘫、皮肤瘙痒症、发热、急性结膜炎、麦粒肿、高血压。

耳舟穴位

(3) 风溪（荨麻疹点、过敏区）

【定位】指、腕两穴之间。

【主治】荨麻疹、风疹、湿疹、白癜风、皮肤瘙痒症、痤疮、神经性皮炎、过敏性鼻炎。

三角窝穴位

(4) 神门

【定位】在三角窝的外1/3处，对耳轮上、下脚分叉处稍上方。

【主治】痤疮、面部皱纹、面肌痉挛、黄褐斑、扁平疣、失眠、多梦、神经衰弱、荨麻疹、皮肤瘙痒症、神经性皮炎。

(5) 内生殖器

【定位】三角窝前1/3的下部。

【主治】面部皱纹、黄褐斑、痛经、月经不调、遗精、早泄。

(6) 交感（下脚端）

【定位】对耳轮下脚末端近耳轮处。

【主治】肥胖症、面部黑变病、白癜风、神经性皮炎、皮肤瘙痒症、植物神经功能紊乱等。

耳屏穴位

(7) 外鼻（饥点）

【定位】耳屏外侧面正中稍前。

【主治】酒齄鼻、鼻炎、鼻疖、肥胖症。

(8) 咽喉

【定位】耳屏内侧面上1/2处。

【主治】咽喉肿痛、扁桃体炎。

(9) 内鼻

【定位】耳屏内侧面下1/2处，咽喉的下方。

【主治】鼻炎、副鼻窦炎、上颌窦炎、鼻衄。

(10) 屏尖

【定位】耳屏游离缘上部尖端。

【主治】酒齄鼻、痤疮、扁平疣、扁平苔癣。

(11) 肾上腺（下屏尖）

【定位】耳屏游离缘下部尖端。

【主治】黄褐斑、过敏性皮炎、皮肤瘙痒症、雀斑、带状疱疹、湿疹、风疹、风湿性关节炎、腮腺炎、低血压。

（12）内分泌

【定位】屏间切迹内，耳甲腔前下部。

【主治】痤疮、黄褐斑、肥胖症、甲状腺功能减退或亢进症、过敏性疾患、神经性皮炎、更年期综合征、月经不调。

对耳屏穴位

（13）皮质下

【定位】对耳屏内侧面。

【主治】神经性皮炎、白癜风、黄褐斑、扁平疣、面瘫、面肌痉挛、肥胖症、脉管炎、丹毒、身肿、神经衰弱、失眠、多梦。

（14）对屏尖

【定位】在对耳屏的尖端。

【主治】腮腺炎、病毒性皮肤病、疥癣、疣、皮肤瘙痒症、哮喘。

（15）额

【定位】对耳屏外侧面的前下方。

【主治】额纹、脱发、扁平疣、白癜风、失眠、多梦、眩晕。

（16）太阳（颞）

【定位】枕、额穴之间的对耳屏软骨边缘。

【主治】脱发、斑秃、偏头痛。

（17）枕

【定位】对耳屏外侧面的后下方。

【主治】顽固性皮肤瘙痒症、晕动症、颈项强直、神经衰弱、脑血管疾病。

对耳轮穴位

（18）腹

【定位】屏轮切迹至对耳轮上、下脚分叉处连线的上2/5处，前侧耳腔缘。

【主治】腹痛、腹胀、腹泻、肥胖症。

（19）胸椎

【定位】对耳轮体部，屏轮切迹至对耳轮上、下脚分叉处连线的中2/5处。

【主治】胸胁疼痛、带状疱疹、肋间神经痛、乳腺炎。

（20）颈椎（甲状腺）

【定位】在对耳轮体部，屏轮切迹至对耳轮上、下脚分叉处连线的下1/5处。

【主治】甲状腺肿、落枕、颈椎综合征。

耳甲穴位

（21）口

【定位】耳轮脚下方前1/3处。

【主治】面瘫、口疮、口臭、口腔炎、舌干裂、肥胖症、戒断综合征。

（22）胃

【定位】耳轮脚消失处。

【主治】肥胖症、消瘦、黄褐斑、痤疮、牙痛、口臭、口疮、胃痉挛、前额痛。

（23）小肠

【定位】耳轮脚上方中部。

【主治】肥胖症、腹痛、消化不良、心动过速、心律不齐。

（24）大肠

【定位】耳轮脚上方前部。

【主治】肥胖症、痤疮、扁平疣、皮肤瘙痒症、腹泻、便秘。

（25）肾

【定位】对耳轮上、下脚分叉处下方。

【主治】浮肿、斑秃、脱发、腰痛、耳鸣、面色黧黑、黄褐斑、雀斑、硬皮病、性功能障碍、神经衰弱、遗尿、月经不调、遗精、早泄。

（26）肝

【定位】耳甲庭的后下部。

【主治】黄褐斑、雀斑、假性近视、目赤肿痛、麦粒肿、扁平疣、面肌痉挛、带状疱疹、高血压、月经不调、经前期紧张症。

（27）脾

【定位】耳甲腔的后上方。

【主治】面色萎黄、消瘦、肥胖症、腹胀、腹泻、痤疮、扁平疣、黄褐斑、眼袋、眼睑下垂、面瘫、面肌痉挛、便秘、食欲不振、功能性子宫出血。

（28）肺（肺点、结核点、肺气肿点）

【定位】耳甲腔中央周围。

【主治】酒齄鼻、痤疮、皮肤瘙痒症、荨麻疹、扁平疣、风疹、带状疱疹、黄褐斑、肥胖症、银屑病、便秘、过敏性鼻炎。

（29）心

【定位】耳甲腔中央。

【主治】心律不齐、心动过速、面色苍白、口舌生疮、瘙痒症、神经衰弱。

耳垂穴位

（30）眼

【定位】耳垂5区中央。

【主治】假性近视、麦粒肿、眼袋、急性结膜炎、面肌痉挛。

（31）面颊

【定位】耳垂5、6区交界线周围。

【主治】周围性面瘫、面部黄褐斑、雀斑、痤疮、疖肿、面部皱纹、面肌痉挛、扁平疣、三叉神经痛。

耳背穴位

（32）耳背沟（降压沟）

【定位】对耳轮上、下脚及对耳轮在耳背面呈“Y”字形凹沟部。

【主治】高血压、皮肤瘙痒症、面瘫、痤疮。

4. 操作方法

用探针、针柄或耳穴探测仪探准敏感点或反应点以选定耳穴，然后用75%的酒精消毒耳廓，再根据具体情况选择下面的刺灸法进行治疗。

（1）毫针法　用0.3～0.5寸、30～32号毫针对准耳穴迅速刺入约2mm深，以不穿透耳软骨为度，留针20～30分钟，其间可间歇捻针2～3次，出针后以消毒干棉球按压。每日或隔日1次，7～10次为1疗程。

（2）压丸法　在耳穴表面贴敷王不留行籽、莱籽、磁珠、绿豆或中成药丸（六神丸或自拟处方制作的药丸、药粒），以代替针刺的一种治疗损美性疾病的方法。临床上应根据不同的病症选一种药丸，用胶布将其固定于选定的耳穴上。嘱患者每天自行按压3～5次，每次1～2分钟，隔日1次或每周2次换贴治疗。

（3）刺血法　是用三棱针在耳穴或耳背静脉处进行点刺放血的一种治疗损美性疾病的方法。多在耳尖、耳垂或耳廓静脉上刺血，施术部位先用2%碘酊涂擦，稍干后再用75%酒精棉球擦拭脱碘。放血3～5滴之后以干棉球压迫止血。一般隔日1次，5次为1疗程，疗程间隔3～5天。

（4）割治法　耳穴皮肤应严格消毒，先用2%碘酊涂擦，稍干后再用75%酒精棉球擦拭脱碘；用消毒手术刀划破耳穴皮肤1～3mm长，深达软骨膜，以渗血为度，亦可在割治处将配制好的药泥涂于创面，以胶布固定。每5天治疗1次，两耳交替使用。

（5）灸法　以温热刺激作用于耳穴治疗损美性疾病的一种方法。因耳廓小、穴位集中，故临床常用线香灸法，即将点燃的卫生线香对准所选耳穴加以施灸，强度以病人感到温热而稍有灼热为度。急性病每日灸1次，慢性病可2～3日1次。

（6）按摩法　在耳廓及耳廓的不同穴位上进行按摩、提捏、掐按等，以防治损美性疾病、美容健身的一种方法。提拉耳垂法是以双手自行提捏耳垂，每次3～5分钟，每日早晚各1次，有明目聪耳、美容的作用，还可治疗眼疾、头痛；手摩耳轮法是以双手握空拳，以拇、食二指沿着外耳轮上下来回按摩，直至耳轮充血发热为止，有补肾健脑、明目聪耳、健身等作用，还可治疗阳痿、腰腿痛、颈椎病、头晕头痛等。耳廓按摩应长期坚持，方能取得满意的疗效。

5. 临床应用

耳穴在中医美容临床上应用很广，具有止痛、抗炎、退热、镇静、防病等作用，常用于治疗各种损美性疾病以及疼痛性疾病（如头痛、带状疱疹、扭挫伤、手术后遗痛等）、炎症性疾病（如痤疮、皮炎、结膜炎、咽喉炎）、功能紊乱性疾病（黄褐斑、神经衰弱、肠功能紊乱、高血压）、过敏与变态反应性疾病（如过敏性皮肤病、荨麻疹）、内分泌代谢性疾病（单纯性肥胖症等）及一些慢性病。另外，耳穴疗法还可用于针刺麻醉、戒烟、减肥等。

6. 选穴原则

（1）辨证选穴　根据中医的脏腑、经络学说辨证选用相关耳穴。如按“肺主皮毛”的理论，皮肤美容多选用肺穴、气管穴；“心主神明”，故神经衰弱多选用心穴。

（2）对症选穴　根据现代医学的生理病理知识，对症选用有关耳穴。如月经病取屏尖穴、子宫穴，肥胖症取内分泌穴，神经衰弱取皮质下穴等。

（3）经验选穴　根据临床实践经验，选用有效耳穴。如外鼻穴可用于减肥时控制食欲，耳中穴可用于治疗皮肤病，胃穴用于治疗消化系统疾病和神经系统疾病，消炎退热可取耳尖穴，镇静安神可取神门穴等。

（4）按病选穴　根据临床诊断，选用相应耳穴。如面部疾病选用面颊穴，眼部损美性疾病取目1、目2穴，妇女经带病取子宫穴等。

7. 注意事项

（1）耳穴治疗必须严格消毒。若耳廓有炎症、溃疡时禁用耳针。若治疗后局部红肿热痛，可用2%的碘酒搽涂，并口服消炎药，以防引起化脓性软骨膜炎。

（2）耳针比较安全，一般没有绝对的禁忌证，但孕妇妊娠3个月以内不宜针刺耳穴。

（二）皮肤针疗法

皮肤针又叫“梅花针”、“七星针”，是用数枚不锈钢针集成一束，或如莲蓬固定在针柄的一端而成。皮肤针疗法是以多针浅刺一定部位以治疗损美性疾病的一种方法。因浅刺皮肤，不深及肌肉，疼痛较轻，所以比较适用于损美性皮肤疾病的防治。

1. 针具

皮肤针是由多针组成的。依据针数被冠以不同的名称，如5枚针称为“梅花针”，7枚针称为“七星针”，18枚针称为“十八罗汉针”。

2. 操作方法

皮肤针以腕力弹刺为特点。操作时将针具及皮肤消毒，右手握针柄后部，食指压在针柄中段，针尖对准叩刺部位，使用手腕之力进行弹刺，将针尖垂直叩打在皮肤上，并立即提起，反复进行，叩刺速度要均匀，频率一般在70～90次/分，不宜过快或快慢不均。

皮肤针的刺激强度分弱、中、强三种。

（1）*弱刺激*　用较轻腕力进行叩刺，使局部皮肤略有潮红、充血即可，病人无疼痛感。适用于头面及肌肉浅薄处。

（2）*中刺激*　用力介于轻、重刺激之间，腕力稍大，使局部皮肤潮红但无渗血，病人感觉轻度疼痛。头面部以外的大部分部位均可用此法。

（3）*强刺激*　用较重腕力进行叩刺，局部皮肤可见隐隐出血，病人感觉疼痛。适用于压痛点及肩、背、腰、臀部等肌肉丰厚处。

3. 临床应用

（1）*局部叩刺*　常用于治疗面部皱纹、眼周黑圈、斑秃、面瘫、近视、带状疱疹、疖肿、神经性皮炎、黄褐斑、麦粒肿等多种疾病。

（2）*循经叩刺*　是沿经络路线进行叩刺的一种方法，常用于治疗全身病变，也可治疗局部病变，如痤疮、扁平疣、瘰疬、荨麻疹、瘙痒症等。

（3）*头部叩刺*　可治疗脱发、斑秃及神经系统疾病。

4. 注意事项

（1）治疗前，应检查针尖是否有钩曲、偏斜，针柄是否松动，针面是否平齐。皮肤针使用前应以75%的酒精浸泡30分钟以上。

（2）局部皮肤有创伤、溃疡者禁用本法。

（3）叩刺顺序应由上到下、由内向外、先轻后重。

（4）叩刺时应垂直上下，以防止拖拉引起疼痛。一般每日或隔日治疗1次。

（5）叩刺局部皮肤，如有出血者，应进行清洁及消毒，以防感染。

（三）三棱针疗法

三棱针疗法是利用三棱针刺破患者身体上的一定穴位或浅表血络，放出少量血液，以治病美容的一种疗法。亦称“刺血疗法”，或“刺络疗法”。

1. 针具

三棱针为不锈钢制成，针柄较粗呈圆柱形，针身呈三棱形，针尖三面有刃，十分锋利。针长约6cm，有粗、细两种。必要时可用粗毫针代替。

2. 操作方法及临床应用

三棱针的消毒要求较严格，治疗前，穴位及术者手指同时用2%碘酒消毒，再用75%酒精棉球脱碘。

（1）*点刺法* 针刺前先在预定针刺部位上下推按，使血液聚集；术者左手固定应刺部位，右手持针迅速刺入0.3cm左右，随即将针退出，轻轻挤压针孔周围，挤出少量血液后用消毒干棉球按压止血。此法多用于四肢末端的十宣、十二井、八邪、八风等穴及耳尖、鼻尖等处。一般而言，点刺耳尖可治疗痤疮、麦粒肿、结膜炎、黄褐斑、银屑病等；点刺耳后静脉可治疗扁平疣、牛皮癣、疥癣等；点刺十宣、八邪治疗冻疮；点刺三阴交、曲池、后溪可治疗荨麻疹、湿疹、瘙痒症等。

（2）*散刺法* 用三棱针或数支毫针围绕病变局部，由病变外缘环形向中心点刺，或循经点刺放血再结合拔罐。用于治疗斑秃、急性腰扭伤、踝部扭伤、神经性皮炎、过敏性鼻炎、丹毒、顽癣、神经麻痹、带状疱疹等。

（3）*缓刺法* 也称刺络法。适用于静脉放血。先用带子或橡皮管结扎在针刺部位上端（近心端），然后用针缓慢地刺入静脉0.2cm左右，随即缓慢放血。常取尺泽、曲泽、委中等穴放血。用于治疗丹毒、血栓闭塞性脉管炎、疔疮、发际疮等病。

（4）*挑刺法* 用三棱针、粗毫针等挑破腧穴或阳性反应点处的细小静脉。常用于胸背部和耳后等处，可治疗痤疮、麦粒肿、发际疮、痔疮、小儿疳积、急性腰扭伤等。

3. 注意事项

（1）严格消毒，以防感染。

（2）点刺、散刺和挑刺时，手法宜轻、浅、快；缓刺时泻血不宜太多，应避开动脉。

（3）一般慢性病可1~2日刺血1次，3~5次为1疗程；急性病需连续治疗1~2次，出血量多者，可隔1~2周治疗1次。

（4）平时有出血倾向或凝血机制障碍者禁刺，有传染病及孕妇、产后及体质虚弱者不宜用此法。

（四）皮内针疗法

皮内针疗法又称埋针疗法，是以特制的小型针具固定于腧穴部的皮内或皮下，进行较长时间埋藏的一种针刺美容方法。

1. 针具

皮内针是用不锈钢特制的小针，有颗粒型、揿针型两种。颗粒型又称麦粒型，一般针长约1cm，针柄形似麦粒或环形，针身与针柄成一直线；揿针型又称图钉型，针身长约0.2~0.3cm，针柄呈环形，针身与针柄呈垂直状。

2. 操作方法

针刺前针具和皮肤均进行常规消毒。

（1）*颗粒型皮内针的操作*　针刺方向与经脉呈十字型交叉状。一手拇、食指按压穴位上下皮肤，稍用力将针刺部皮肤撑开固定；另一手用小镊子夹住针柄，将针身沿皮下刺入真皮内，平行埋入0.5~1cm，再在露出皮外的针身和针柄下的皮肤表面之间粘贴一块小方形（0.1cm×0.1cm）胶布，然后用一条较前稍大的胶布覆盖在针上以固定保护针身，避免因运动的影响而致针具移动或丢失。

（2）*揿针型皮内针的操作*　用小镊子或持针钳夹住针柄，将针尖对准选定的穴位轻轻刺入，然后以小方形胶布粘贴固定；也可以用小镊子夹针，将针柄放在预先剪好的小方形胶布上粘住，手执胶布将其连针一起贴刺在选定的穴位上。揿针型皮内针多用于面部及耳穴等须垂直浅刺的部位。

根据病情决定埋针时间的长短，一般2~5天，不宜超过7天，暑热天不超过2天，以防止感染。

3. 临床应用

皮内针疗法常用于治疗痤疮、黄褐斑、便秘、偏头痛、神经性头痛、神经衰弱、月经不调、面肌痉挛、眼睑瞤动等疾患。

4. 注意事项

（1）选择易于固定和不妨碍肢体活动的穴位。一般取单侧或两侧对称同名穴。

（2）埋针后，如果患者感觉刺痛或妨碍肢体活动，应将针取出或改用其他穴位。

（3）针刺前应详细检查针具，以免发生折针事故。

（五）埋线疗法

穴位埋线法是以线代针，利用特殊的针具将羊肠线埋入穴位，线体将会在人体内软化、分解、液化和吸收，利用羊肠线对穴位产生的生理、物理及生化的持续刺激作用，调整体内的神经内分泌系统及新陈代谢，从而达到健身美容、减肥塑身和防病治病的目的。该法具有起效迅速与效力持久的优点，适宜于肥胖、痤疮等损美性疾病的防治。

1. 针具及其他用品

皮肤消毒用品、洞巾、注射器、镊子、埋线针或经改制的18号腰椎穿刺针（将针芯前端磨平）或自制埋线针、持针器、0～1号铬制羊肠线、普鲁卡因或利多卡因注射剂、注射用水、剪刀、消毒纱布及敷料等。

2. 操作方法

常规消毒医者双手、埋线部位、器械，铺洞巾；埋线部位局部麻醉（每穴用0.5%～1%的盐酸普鲁卡因或利多卡因注射剂作皮内麻醉）；将羊肠线剪成1～3cm长的线段，用镊子扶持从穿刺针尖部装入套管，推动针芯，验证线段是否出针顺利，将线段全部装入，针尖斜面不宜有线外露。医者一手握固埋线部位，一手持埋线针用力捻转刺入皮下，达到预定深度，推动针芯，然后将埋线针全部退出。如无出血，用方形胶布贴敷。如有出血，用消毒干棉球按压片刻出血即止。

3. 临床应用

埋线疗法常用于治疗肥胖症、痤疮、黄褐斑、便秘、神经衰弱、月经不调、面瘫、面肌痉挛、眼睑瞤动、过敏性皮肤病等疾患。

4. 注意事项

（1）严格无菌操作；局麻可用也可不用。

（2）埋线取穴不宜过多，以一次取5个腧穴为限。

（3）术后针眼疼痛者可服用止痛药物。

（4）注意术后体温如有变化波动，系针眼感染者，应及时对症处理。

（5）对少数有异物过敏史者，可服用扑尔敏等抗过敏药物。

（6）糖尿病、血液系统疾病患者禁用，疤痕体质者慎用。

（六）火针疗法

火针疗法是将用火烧红的针身迅速刺入腧穴内或特定部位，以治疗疾病的一种方法。火针多用不锈钢或钨制成，长约10cm，直径为0.5～1mm。火针疗法可以用于治疗痤疮、疣等损美性皮肤疾病及痛症。

1. 操作方法

先消毒所取腧穴或患部及其周围，医者一手固定所取腧穴或患部，另一手持针在酒精灯上烧红，然后迅速刺入所取腧穴或患部，立即出针，随即用消毒干棉球按住针孔。针刺的深浅依据病情而定，如需深刺则一针即达到所需深度，如需浅刺则在皮肤表面轻轻点刺。

2. 注意事项

使用火针必须慎重，用力不可过猛，动作要求敏捷、准确；注意避开血管、神经干、肌腱、脏器；体质虚弱者及孕妇应慎用或不用；面部慎用，以免留下瘢痕影响面部美容；术后要保护针孔，防止感染。

（七）穴位疗法

1. 穴位贴敷疗法

穴位贴敷疗法是将制作好的药剂贴敷在穴位上，通过药物、腧穴和经络的共同作用来防治疾病的一种方法。特点是只用一般药物，经加工制成所需剂型外用，见效快、疗效高、安全可靠、无副作用。常用于治疗肥胖症、过敏性皮肤病、体弱面黄、消瘦等损美性疾患。

2. 穴位磁疗法

穴位磁疗法是将磁珠、磁片或磁疗机的磁头贴压于穴位，运用磁场作用于人体的经络穴位来防治疾病的一种方法。临床上磁疗器种类繁多，如磁带、磁针、磁椅、磁床等，此外还有将低频或中频电流与静磁场联合应用的磁－电综合疗法等。穴位磁疗具有镇痛镇静、消炎消肿、降压、调节经络平衡等作用。该法简便、无创伤，易被接受，目前尚无绝对禁忌证，可用于防治多种损美性疾病。但磁疗后有极少数人会出现头昏、恶心、心慌、嗜睡等情况，一般不需特殊处理，适当减量或中止治疗后即可消失；用贴磁法治疗有过敏反应者，应改用其他疗法。

3. 穴位激光照射疗法

是运用激光照射腧穴治疗疾病的方法，又称“激光针刺”、“激光针”、“光针”等。它既具有类似针的作用和灸的温热效应，又能发挥激光的一些优良特性，如加强甲状腺与肾上腺皮质的功能，改善机体的代谢水平等。穴位激光照射疗法操作简便、收效快，近年来应用较广泛，取得了较好疗效。中医美容常用于治疗痤疮、黄褐斑、色素沉着等损美性皮肤疾患。但癫痫、心脏病患者禁用，眼球部慎用。

4. 微波针灸法

微波是一种振荡频率较高，波长比超短波更短，介于光波与无线电波之间，频率范围很宽的电磁波。用这种高频电磁波照射人体以治疗疾病的方法称微波电疗法。将小剂量微波通过毫针输入腧穴、经络，应用微波电和经络腧穴的功能以治疗疾病的方法，称为微波腧穴疗法。由于微波输入腧穴后可产生热效应，有类似温针和温灸的作用，故又称为微波针灸法。临床上可用于治疗炎症性损美疾病。但不宜用于恶性肿瘤、活动性肺结核、心功能代偿不全等患者；眼部、睾丸组织不宜应用。

5. 穴位红外线照射疗法

应用红外线照射人体以治疗疾病的方法称红外线疗法。采用红外线照射穴位，使红外线与针灸结合以治疗疾病的方法，称为穴位红外线照射疗法。该法主要有消炎、镇痛、解痉等作用，可用于痤疮等炎症性损美性疾病及其他疼痛疾病的治疗。

6. 穴位药物注射疗法

是指将某些注射剂注入腧穴，或在穴位区进行药物注射以治疗疾病的方法，又称水针。该法通过针刺和药物对穴位的双重刺激作用以提高疗效，可用于肥胖症、黄褐斑、痤疮等多种损美性疾患的治疗。另外，小剂量药物注入穴位，既可发挥治疗作用又可节约药物用量，减少或避免某些药物的副作用。

三、灸法

灸法是用艾绒或其他药物放置在体表的穴位或患病部位，直接地烧灼或间接地温熨，借灸火的热力以及药物的作用，通过经络的传导，以温通经脉、调和气血、扶正祛邪，达到保健美容、强身治病目的的一种外治法。由于灸法具有无损伤、操作简便、疗效显著的特点，故常与毫针刺法合并运用，或单独用于一些针刺效果不明显的病症，并适用于某些对针刺感到恐惧的患者，因此不失为一种安全有效的美容方法。

施灸的原料很多，但以艾叶为主。艾属菊科多年生草本植物，艾叶气味芳香，易燃，用作灸料，具有温通经络、行气活血、祛湿逐寒、消肿散结、回阳救逆以及防病保健美容的作用。

（一）艾灸的方法

1. 艾炷直接灸

即将艾炷直接放在穴位上施灸（图4－16）。艾炷是用艾绒捏成的圆锥形小体，每燃烧尽一个艾炷称为“一壮”。一般以艾炷的大小和壮数来掌握刺激程度，每次灸7～9壮为宜，施灸前可先在穴位局部皮肤上涂以少量大蒜汁、凡士林油或清水，以增加黏附性或刺激作用。直接灸在临床上又分瘢痕灸、无瘢痕灸和发泡灸三种。

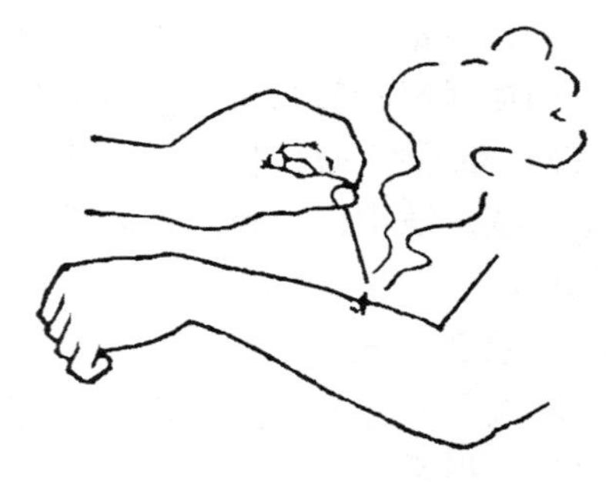

图4－16　艾炷直接灸

（1）瘢痕灸（又称化脓灸）　用火点燃小艾炷，每壮艾炷必须燃尽，除去灰烬，再更换新炷。灸时会产生剧痛，术者可拍打施灸穴位四周，以缓解受术者疼痛。待所需壮数灸完后，施灸局部皮肤往往被烧破，可以贴敷生肌玉红膏于创面，每日换贴1次，1周以后即可化脓，5～6周左右灸疮结痂脱落。临床常用于皮肤溃疡日久不愈、疣、痣、鸡眼及局部难治之皮肤病。

（2）无瘢痕灸 施灸后局部皮肤红晕而不起泡，且灸后不留瘢痕。施灸时用中、小艾炷，当病人稍觉灼痛即去掉艾炷，另换一炷，以局部皮肤红晕、无烧伤、自觉舒适为度。临床适用于保健美容或湿疹、痣、疣、疥癣及皮肤病溃疡不愈等。

（3）发泡灸 用小艾炷，艾炷点燃后患者自觉局部发烫时，再继续灸 3～5 秒钟。此时施灸部位皮肤可见一艾炷大小的红晕，约 1～2 小时后局部发泡，一般无需挑破，外敷消毒纱布 3～4 天后可自然吸收。临床用于疮肿、瘰疬、白癜风、皮炎、疥癣等疾病的治疗。

2. 艾炷间接灸

是用药物将艾炷与施灸腧穴部位的皮肤隔开而施灸的一种方法。此种灸法可产生艾灸与药物的双重作用，在临床上广为应用。

（1）隔姜灸 将鲜生姜切成 3～4mm 厚的姜片，中间以针刺数孔，放置穴位处或患处，上置艾炷施灸（图 4－17）。老年、体弱患者感到局部灼热疼痛时，可将姜片稍提起，然后放下再灸，灸完所规定的壮数，至局部皮肤红晕为度。多用于面瘫、冻疮、皮肤慢性溃疡、疮癣、面色萎黄等损美性疾病的治疗。

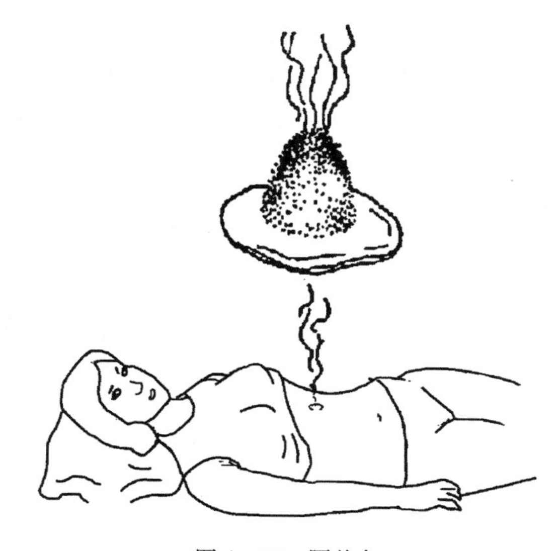

图 4－17 隔姜灸

（2）隔蒜灸 将鲜蒜切片约 3～4mm 厚，中间以针刺数孔。具体灸法同隔姜灸。隔蒜灸后多有水泡，应注意皮肤护理，以防感染。多用于治疗皮肤红肿、瘙痒、毒虫咬伤、消瘦等。

（3）隔盐灸 用纯净的食盐填平脐中，或于盐上再置一薄姜片，上置大艾炷施灸（图4－18）。本法适用于保健美容、抗衰老，以及阳痿早泄、不孕不育、荨麻疹、瘙痒症的防治等。

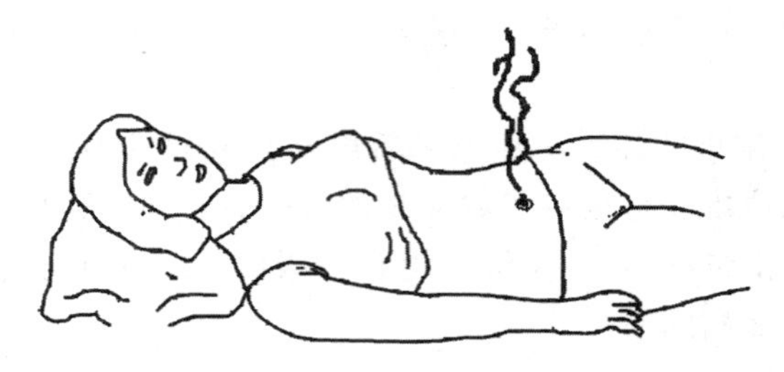

图4－18　隔盐灸

（4）隔附子饼灸　将附子研成粉末，加面、酒调和制成直径约2～3cm、厚约0.8cm的附子饼，中间以针刺数孔。具体灸法同隔姜灸。多用于身肿、皮肤色素沉着病、面黑有尘和疮疡久溃不敛等损美性疾病。

3. 艾条灸

是用薄棉纸包裹艾绒卷成圆筒形的艾条，施灸时点燃一端，在穴位或患处施灸。分为温和灸、雀啄灸和回旋灸三种。

（1）温和灸　将艾条的一端点燃，对准施灸部位，约距皮肤1～2cm进行熏灸，使患者局部有温热感而无灼痛。一般每穴施灸3～5分钟，以皮肤红晕为度。多用于面瘫、眼袋、皱纹、白癜风、皮肤瘙痒症、斑秃、荨麻疹、血管炎、风疹、皮肤疱疹久不收口等以及多种慢性病。

（2）雀啄灸　点燃艾条一端后，对准施灸部位，但与施灸部位的距离并不固定，而是像鸟雀啄食一样，一上一下地施灸称为雀啄灸（图4－19）。多用于灸治急性病。

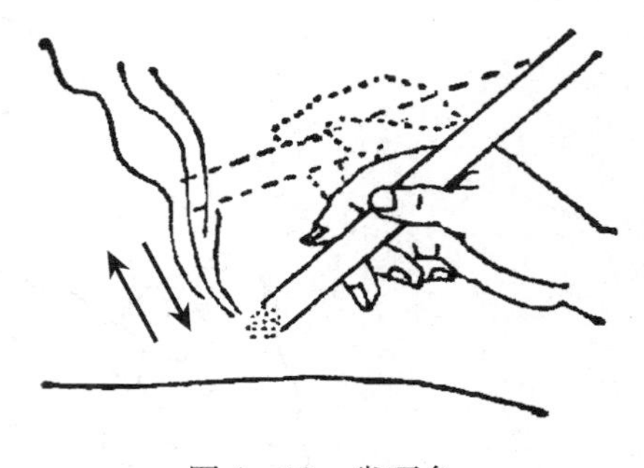

图4－19　雀啄灸

（3）回旋灸　点燃的艾条与施灸部位并不固定，而是将艾条反复地旋转施灸，称为回旋灸（图4－20）。

4. 温针灸

是针刺和艾条结合应用的一种方法，适用于既需要留针又需施灸的疾病。操作时，先将毫针刺入穴位内，得气后，将一段长1.5～2cm的艾条穿孔套在针柄上，点燃施灸直至熄灭为止（图4－21），为防止烫伤，可于穴位上垫一纸片。临床多用于治疗面瘫、面肌萎缩、眼袋、皱纹、冻疮、肥胖症、黄褐斑、皮炎等损美性疾病。

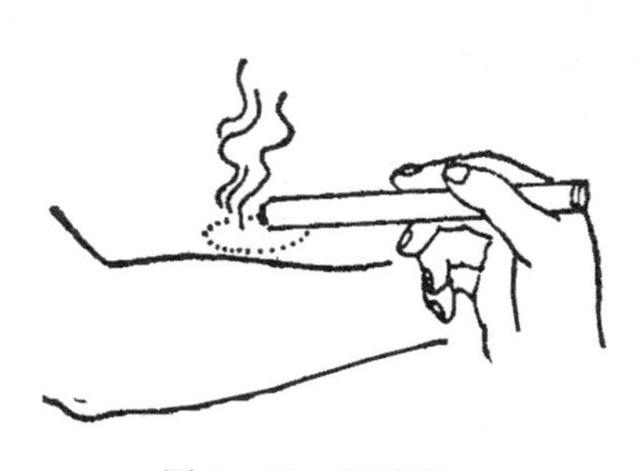

图 4－20　回旋灸

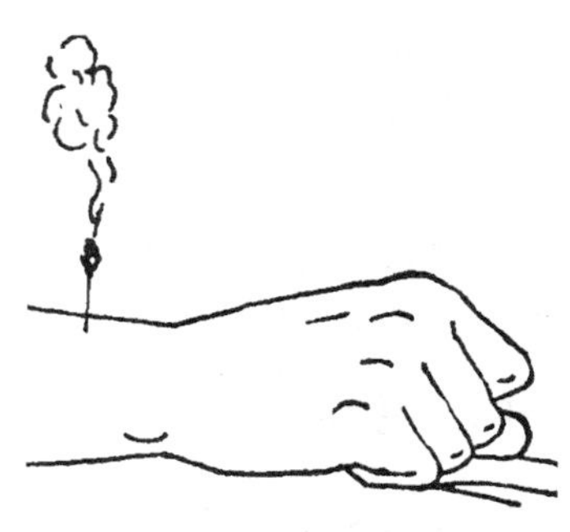

图 4－21　温针灸

5. 温灸器灸

是利用专门器具施灸的一种方法。一般美容常用的有温筒灸和电热仪灸两种。

（1）温筒灸　是一种特制的金属筒状灸具，内装艾绒，点燃后将温灸器盖扣好，置于应灸的部位来回灸，以局部红晕为度。一般灸 15～30 分钟。本法常用于妇女及畏惧灸治者，适应证同艾条灸。

（2）电热仪灸　电热仪是使用一个可调稳压电源，根据治疗需要调节电压及电流大小，使电流通过特制的探头产生热量，以达到施灸的目的。主要用于治疗眼袋、皱纹、面色萎黄等损美性疾病。

6. 其他灸法

（1）灯草灸　操作时用灯心草一根，以麻油浸透，点燃后对准穴位做快速的点灸，听到"啪"声后即离去。灯草灸法有疏风解表、行气化痰、清神止搐的功效，常用于面色萎黄、胃痛、腹痛等病症。

（2）白芥子灸　属于自然发泡的"天灸"。将白芥子研成细面，用水或姜汁调和，敷贴于腧穴或患处。利用其较强的刺激作用，敷贴后促使发泡，从而达到治病防病的目的。主要用于关节疼痛等疾病，临床上常配合其他药物用于治疗呼吸系统、胃肠系统疾病以及用于改善体质、预防疾病等。

（二）注意事项

1. 施灸时宜先灸上部，后灸下部；先灸背部，后灸腹部；先灸头身，后灸四肢；先灸阳经，后灸阴经。

2. 使用艾炷灸或艾条灸治疗时间的长短，均应以受术者的病情、体质、年龄、施灸部位来决定。每次艾炷灸 7～9 壮，艾条灸约 10～15 分钟。

3. 颜面五官、浅表大血管、孕妇腹部及腰骶部禁用直接灸。睛明、水沟等穴禁灸。

4. 施灸后如皮肤起泡，小者可不作任何处理，数日可自行吸收；大者可用消毒针刺破水泡，放出内液，外涂紫药水，再盖消毒敷料即可。

5. 用电热仪灸颜面穴位时，应用棉垫保护双眼。

6. 灸时应注意艾火勿烧伤皮肤或衣物；将用过的艾条、艾炷装入预备的耐火回收容器中，以防复燃。

四、拔罐法

拔罐法又称为拔火罐、拔罐子，古代称角法，是一种以罐子为工具，利用燃烧、抽气等方法排出罐内空气，造成负压，使之吸附于腧穴或应拔体表部位的一种保健美容和治疗损美性疾病的方法。

拔罐法是通过负压、温热使局部组织充血或瘀血，以疏通经脉，改善机体气血运行状况，具有行气活血、消肿散结止痛、祛风散寒、清热拔毒等作用。因其无痛无创，安全方便，故临床上广为使用。

随着科学技术的不断发展、创新，罐子的材质和拔罐的方法有了很大改善，与电、磁、光、药等技术有机结合，适用范围得到了极大扩展，疗效也得到了提高。

（一）罐的种类

拔罐法常用的罐有竹罐、陶罐、玻璃罐、抽气罐等。临床上以玻璃罐最为常用。

1. 竹罐

用坚硬的细毛竹，截成长 6～9cm，直径 3～6cm，一端留节作底，另一端锉平、取圆、抛光作罐口，制成中段略粗、两端略细的竹罐（图 4－22）。

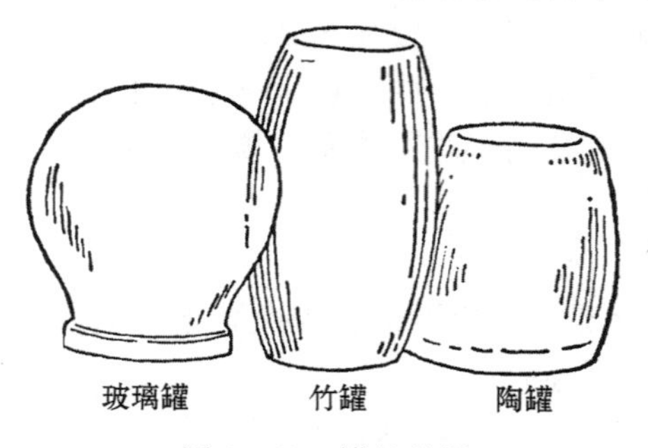

图 4－22　罐的种类

优点　取材容易，制作简单，轻巧价廉，不易碎，适于煎煮。

缺点　干燥易爆裂漏气，不便于观察罐内皮肤的变化，吸力不大。

2. 陶罐

由陶土烧制而成，状如鼓形（图4－22），视需要而定大小。要求罐口平整略内收。

优点　吸力大，价廉。

缺点　易碎，不便于观察罐内皮肤的变化。

3. 玻璃罐

采用耐热、透明的玻璃制成，形如球状，肚大口小，口边平滑略向外翻（图4－22）。临床上有大、中、小三种型号。

优点　吸力大，透明，便于观察罐内皮肤变化情况，以掌握留罐时间。

缺点　易碎。

4. 排气罐

用透明硬质塑料制成。一类以小型活塞抽气；另一类是用特制橡皮囊排气，靠橡皮囊的张力，使紧贴皮肤的罐内形成负压。

优点　吸附力便于控制，透明，安全卫生。

缺点　活塞和橡皮囊密封性能还有待加强，购置成本较高。

（二）操作方法

拔罐的操作方法很多。以排气方法分，有火罐、水罐和排气罐；以拔罐的形式分，有闪罐、留罐、单罐、多罐和走罐；以综合运用来分，有留针拔罐、刺络拔罐和药罐。

1. 火罐法

又称拔火罐，是利用火源燃烧罐内的氧气，热力排出罐内空气，形成负压，将罐吸附在皮肤组织上。具体使用火源吸附的方法有几种：

（1）闪火法　用镊子或止血钳夹住浸有95%酒精的棉球或长纸条，点燃后放入罐内中部，绕1～3圈，然后抽出火源，迅速将罐扣在欲拔部位上，使罐吸附在皮肤组织上（图4－23）。闪火法是美容临床最常用的方法，优点是操作方便，罐内不留火源，相对安全。但需注意避免烧烫罐口，烫伤皮肤。

（2）投火法　将酒精棉球或纸点燃后，投入罐内，迅速将罐子扣在欲拔部位，即可吸附（图4－24）。此法吸附力强，因火源在罐内燃烧一段时间，纸的长度要适宜，以防烫伤。此法多用于侧面横拔，熟练掌握操作要领后，也可用于仰卧位。

（3）贴棉法　用略浸酒精的一小薄片棉花，贴在罐子内壁中段，点燃酒精棉，迅速将罐扣在欲拔部位，即可吸附。优点是吸力强。但操作时要注意，棉花要贴牢，不能滑落；酒精不可浸太多，以免燃烧时酒精流下烫伤皮肤。

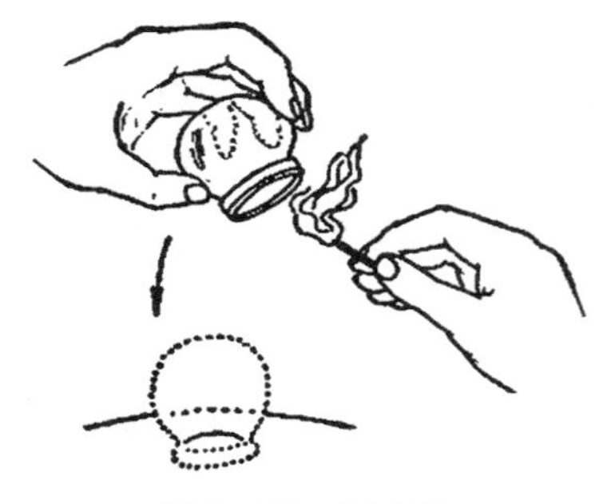

图 4－23　闪火法

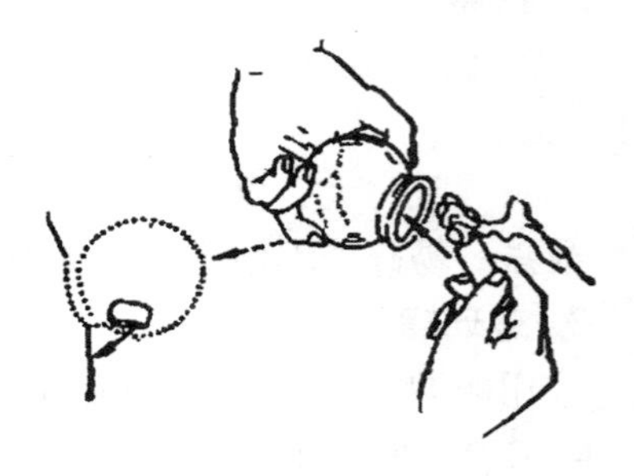

图 4－24　投火法

（4）架火法　在欲拔部位放直径约 2～3cm 的不易燃烧又不易导热的物体（如瓶盖等），上面再放置一小块酒精棉球，点燃后将罐扣上，即可吸附。此法吸附力较强。

（5）滴酒法　在罐内滴入酒精 2～3 滴，旋转罐子使酒精均匀地涂于罐的内壁，用火点燃罐壁上的酒精，迅速将罐扣在欲拔的部位上，即可吸附。操作时要控制好酒精的滴入量，酒精过多则会滴下烫伤皮肤。

2. 水罐法

适应于竹罐，将竹罐置于锅内加水或药液煮沸，然后用长镊子夹住，甩去水液，乘热按在欲拔的部位上，即可吸附。优点是药与罐相结合，所用药物可根据病情选择。操作的关键是掌握好温度，温度高吸附力强，但易烫伤皮肤，温度低则吸附力小。

3. 排气罐法

将排气罐紧扣在欲拔部位，用注射器、抽气筒或橡皮囊把罐内空气排出，使其产生负压，即可吸附。

（三）临床运用

在美容医疗实践中，可根据病人的不同情况，选择运用不同的拔罐法：

1. 留罐法

将罐子吸附在应拔部位，留置 10～15 分钟才起罐。本法在美容临床上最常用。可根据病情、病位和治疗的需要留置单罐或多罐，选择几个或十几个罐子在一处或数处吸附；如果拔罐排列成行，又称排罐。

2. 闪罐法

是指用闪火法将罐子拔上后，迅速取下，如此反复多次地拔上及取下，直至被拔部位皮肤出现潮红或充血。多用于治疗局部麻木、功能减退等病症。闪火多次后，应更换罐体发烫的罐子，以免影响吸附力和烫伤皮肤。

3. 走罐法

又称推罐法，罐拔好后，以一手握住罐底，罐口稍向运动方向抬起，另一手按压着与运动方向相反一端的皮肤，慢慢前后往返地推移，这样在皮肤表面来回推拉移动数次，以皮肤潮红为度（图4－25）。适用于腰背、大腿等肌肉丰厚的部位。操作前应先在罐口和走罐所经皮肤上涂润滑油脂、医用凡士林，选较大号的玻璃罐，罐口要平滑厚实。

4. 留针拔罐法

简称针罐法，即在毫针直刺留针后，以毫针为中心再吸附留置一罐（图4－26），待皮肤充血或瘀血时，将罐取下，出针。此法是针刺与拔罐结合，运用较广泛。要求拔罐一定要熟练、准确。

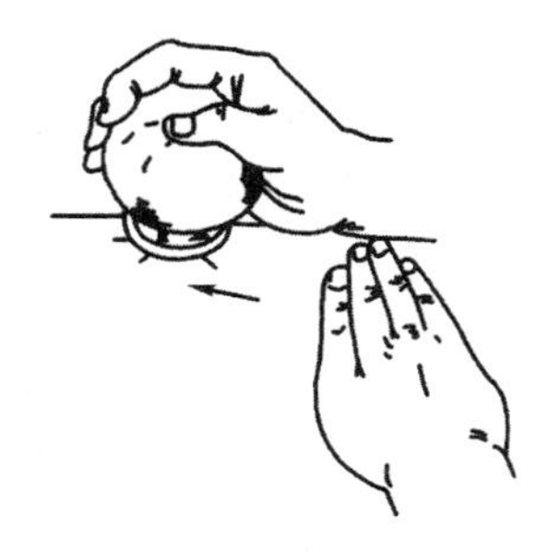

图4－25　走罐法

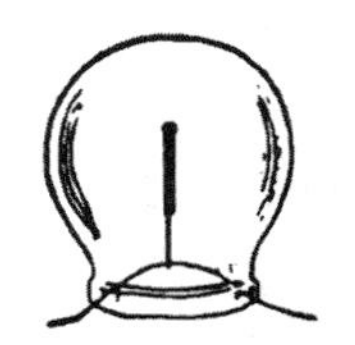

图4－26　留针拔罐

5. 刺络拔罐法

又称刺血拔罐法，是刺络放血法与拔罐法相结合的一种治疗方法。先用三棱针、皮肤针等刺血工具，按病变部位的大小和出血量的要求，刺破皮肤或小血管，然后在出血的部位上拔罐，以此加强疗效。此法应用较广泛，但应注意避免在大动脉上进行刺血拔罐法，以免出血过多。

6. 药罐法

将治疗药物与拔罐相结合的一种治疗方法。选择适合病情治疗需要的药液盛贮在抽气罐内，药量为罐子容量的1/2，然后按抽气法操作，将罐子吸附在皮肤上。

（四）起罐法

又称脱罐。一手握罐底，另一手拇指或食指沿罐口边缘按压皮肤；或将罐子特制的进气阀打开，待空气进入罐内后，罐即落下。切不可硬拔，以免损伤皮肤。

（五）注意事项

1. 体位选择原则：病人舒适且可坚持较长时间，被拔部位能充分暴露，医者操作方便。

2. 根据年龄、体质、病情选择罐子的大小、数量和不同的拔罐方法。

3. 拔罐部位的选择：肌肉丰满、皮下组织充实及毛发较少。

4. 操作过程中注意观察病人的反应，以便及时发现和处理问题。

5. 注意用火安全，避免烫伤皮肤、烧坏衣物。

6. 熟练掌握各种拔罐规程和要领，动作要稳、准、轻、快。

7. 在拔多罐时，罐具之间距离不宜太密，以免牵拉皮肤产生疼痛，或因罐具间互相挤压而脱落。

8. 患出血倾向疾病、全身高度浮肿者不宜拔罐。孕妇的腰腹部不宜拔罐。

9. 皮肤过敏或瘢痕部位、皮肤破损溃烂处、外伤骨折部位、大血管附近、心尖搏动处、严重静脉曲张处、肿瘤部位不宜拔罐。

五、刮痧疗法

刮痧疗法是运用各种刮痧工具，蘸上润滑剂，刮摩人体皮肤，使之发红充血，出现片状青紫瘀斑点，而达到保健美容和防治损美性疾病的方法。

刮痧工具可使用麻线、银圆、瓷碗、瓷调羹、木梳、贝壳、牛角板等，目前常用的刮痧板多以玉石或水牛角板制成。刮痧板形状多为长方形，边缘光滑，四角圆润，其两个长边，一边厚，一边薄，厚者可用于肌肉丰厚处，薄者可用于人体平坦之处，四角可用于人体的小部位或凹陷之处。

刮痧用的润滑剂有水、香油、芫荽酒或具有一定治疗作用的药物润滑油剂（如红花油、刮痧油等），可起到光滑滋润和辅助治疗作用。

刮痧疗法能疏经通络、行气活血、清热解毒、消肿止痛、祛瘀散结，以及整体调节免疫和防病保健美容，并具有简便易行、廉价安全、适应证广、疗效显著的特点，因此广受欢迎；特别是在治疗皮肤病和美容方面具有较明显的优势，如治疗雀斑、黄褐斑、过敏性皮炎、神经性皮炎、湿疹、痤疮、荨麻疹、寻常性鱼鳞病、硬皮病、皮肤瘙痒症等。

（一）术前准备

1. 根据病人的体形、病情，选择适宜的工具和介质。

2. 医生的手、施术部位和刮痧工具，都要全面消毒，以防止施术后的感染。

3. 体位选择以方便医生操作、患者舒适且可坚持较长时间、又能充分暴露施术部位为原则。

（二）操作方法

刮痧疗法要以中医脏腑经络理论为指导，“皮部理论”是其着眼点，应结合现代医学的生理、病理、诊断等知识灵活应用。

1. 刮痧板的使用

（1）*持板方法*　应平稳灵活。握板时，将板的长边一端横靠在手掌心部位，拇指与其余四指相对而握于板的两侧。

（2）*基本方式*

①面刮法：用刮痧板长边1/2以上的边缘接触皮肤，刮板向刮摩方向倾斜45°角左右，倾角的大小取决于拟刮摩的力度。此法适用于身体比较平坦的部位。

②角刮法：用刮板角部位接触皮肤，刮板向刮摩方向，倾斜角度同上。适用于刮摩腧穴或较小的部位。

③间接刮法：适用于对刮痧疼痛过于敏感者。先在要刮部位上盖一洁净柔软的薄布，再用刮板在布上刮摩，单方向刮摩20次左右，致皮肤出现痧痕即可。

④直接刮法：患者取舒适体位，医者用热毛巾擦洗施术部位，再涂抹介质后，开始施术，直至出现适度的痧痕。

2. 操作要领

（1）用力要均匀，除向刮摩的方向用力外，更要有向下的按压力。只有两个方向的力均满足治疗的需要，才能获取理想的痧痕，收到应有的疗效。

（2）点、线、面结合。点为腧穴，线为经脉，面为与经脉相应的皮部。强调根据不同病情选择，以突出重点，加强针对性。

（3）刮痧的顺序依次为头项部、脊柱及其两侧、胸部、腹部、四肢、四肢各关节。应从上到下、由内到外、从左到右单方向刮摩，不能来回刮。刮摩长度与范围以4~5寸为宜，若需治疗的经脉较长时，可分段刮摩。刮摩频率快可加强刺激，频率缓慢可减轻刺激。

（4）刮摩时间每次以20分钟左右为宜，强刺激也应控制在30分钟以内。初诊者的治疗时间和手法力度，不宜过长、过重。每次治疗间隔约5~7天，7~10次为1疗程。

3. 刮痧补泻法

（1）*补法*　刮摩按压的力度小、频率慢，能激发正气，恢复低下的机能状态。多用于体弱、久病、虚证者。

（2）*泻法*　刮摩按压的力度大、频率快，能使亢奋的机能恢复正常。多用于年轻体壮、新病、实证者。

（3）平补平泻法　又称平刮法，其操作力度与频率介于补法与泻法之间，常用于保健美容、虚实兼见或虚实表现不明显之证。

（三）术后局部反应

刮痧术后，施术部位可出现不同颜色和形状的痧痕，表浅者多为鲜红色、暗红色、紫色和青黑色，散在、密集或呈斑块状；较深者，皮下隐约可见青紫色的痧斑及大小不等包块或结节。

施刮时局部会有明显的发热感；半小时后表浅部的痧逐渐开始融合，深层的包块样痧开始向体表扩散；12 小时左右，痧痕可呈现青紫色或青黑色，深部结节状的痧消退缓慢；刮后 24 ~ 48 小时，被刮皮肤触之有痛感，出痧重者局部皮肤会有轻微的发热感，再甚者病人会出现疲劳反应和低热现象，休息后即可恢复正常；刮后 5 ~ 7 天，所出的痧消退。痧消退快慢与出痧部位的颜色深浅有关，痧浅色轻者消退较快，痧深色重者消退较慢；胸背上肢消退快，腹部下肢消退慢；阳经皮部消退快，阴经皮部消退慢。个别慢者可延续 2 周左右方可消退。

（四）禁忌证

患有急性传染性疾病、急性感染高热、严重出血倾向的疾病、传染性皮肤病、原因不明的肿块及恶性肿瘤、严重的脏器功能衰竭者，身体极度虚弱或出现恶病质的患者，处于精神病发作期的病人，骨折或外伤伤口附近以及妇女经期妊娠期下腹部。

（五）注意事项

1. 施术场所要保持清洁卫生，空气清新，防寒避暑。

2. 施术前要做好解释说明工作，避免过饥、过饱、大汗、大渴，以防意外。

3. 施术过程中密切注意病人的反应，出现剧烈疼痛或异常情况时，应立即停止操作。

4. 施术后，擦净介质以免污染衣物。让受术者休息 15 分钟左右方可离开。嘱回家后注意休息。

5. 不片面追求出痧，肥胖者和服用激素类药物之人不易出痧。只要刮摩部位正确，方法得当，同样可以收到较好的疗效。

（六）晕刮

晕刮为刮痧过程中出现的意外不良反应。

原因　过于恐惧、虚弱、饥劳、大汗、大渴，手法过重，操作时间过长，刮摩面积过大。

表现　精神疲倦，头晕目眩，面色苍白，恶心欲吐，出冷汗，心慌，四肢发凉等；重者血压下降，神志昏迷，二便失禁。

处理　立即停止施术，让病人平卧，宽衣解带，注意保温，给饮温开水或糖水。眩晕、恶心欲吐者切按内关穴，叩百会穴；神志昏迷者切按人中穴，点刺十宣穴，艾灸关元、涌泉穴以醒神；必要时采取急救措施。

预防　消除晕刮原因。施术时要察颜观色，经常询问受术者感觉，及时发现晕刮先兆，采取相应措施防止出现晕刮。

第二节　推拿美容常用基本手法

推拿按摩美容是根据不同的施术部位和要达到的美容效果，选用不同的推拿按摩手法，具有平衡阴阳、疏经通络、活血化瘀、调和气血的作用，可起到消除疲劳、营养肌肤、延缓皮肤衰老、美化容颜、健美形体和防治损美性疾病的作用。

现介绍30种美容常用的推拿按摩基本手法：

一、推法

【定义】用指、掌、肘等，着力于受术部位（穴位）或按肌肉走向做单方向的直线或弧线推移的方法。

【种类】

1. 指推法

拇指尖推法用于穴位或痛点上，指尖的移动部位不大，运用腕劲、指劲使力达于深部。拇指平推法用于头、面、颈部。前额痛可分推印堂穴、眉弓部（图4－27）。

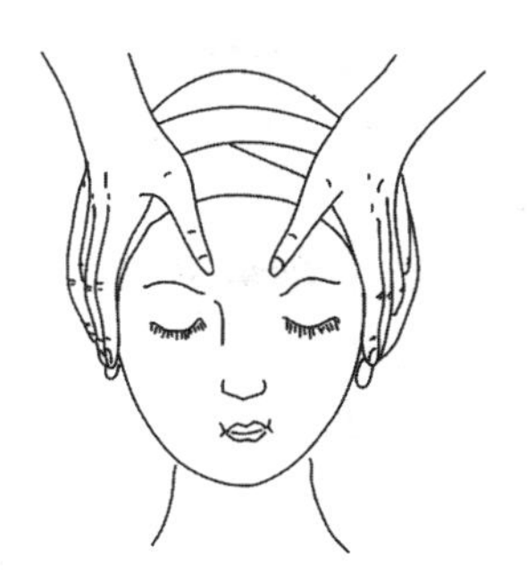

图4－27　拇指分推法

2. 掌根推法

掌根部大、小鱼际着力推动，在推动过程中，大、小鱼际肌逐渐夹紧。

3. 掌推法

手掌平伏地推动（图4－28）。

【要领】医者施术部位要紧贴患者受术部位。动作要稳、匀速、匀力，带动皮下组织。

【部位】用于头面部、颈项部、躯干部、四肢部、胸腹部等。

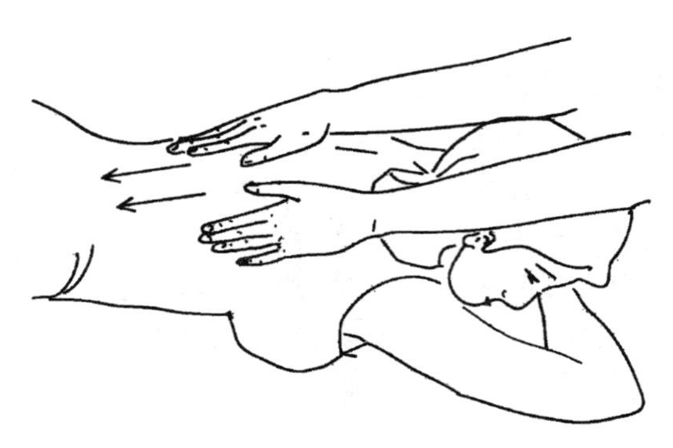

图 4－28　掌推法

【作用】美化容颜，健美形体，舒筋活血，美容保健，消炎止痛，解除疲劳，消积导滞。

二、拿法

【定义】拇指与其余四指相对，握住受术部位，相对用力，并做持续、有节律的提捏方法。

【种类】

1. 二指拿法

拇指与食指相对，在其受术部位相对用力，并做持续、有节律的提捏（图 4－29）。

2. 三指拿法

拇指与食指、中指相对，在其受术部位相对用力，并做持续、有节律的提捏（图 4－30）。

图 4－29　二指拿法

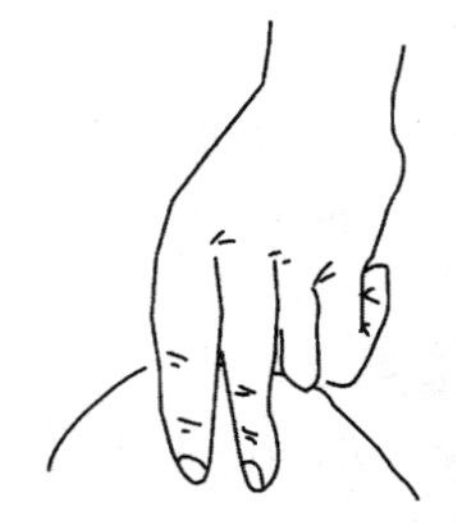

图 4－30　三指拿法

3. 五指拿法

拇指与其他四指相对，握住受术部位，并做持续、有节律的提捏（图 4－31）。

4. 抖动拿法

用手指提拿肌肉，轻轻抖动，再逐渐放松手指，反复操作（图4－31）。

5. 掌拿法

以掌心紧贴应拿部位，进行较缓慢的拿揉动作。

6. 辗拿法

以单手或双手握住受术部位，手指相对用力，并做持续、有节律辗转（图4－32）。

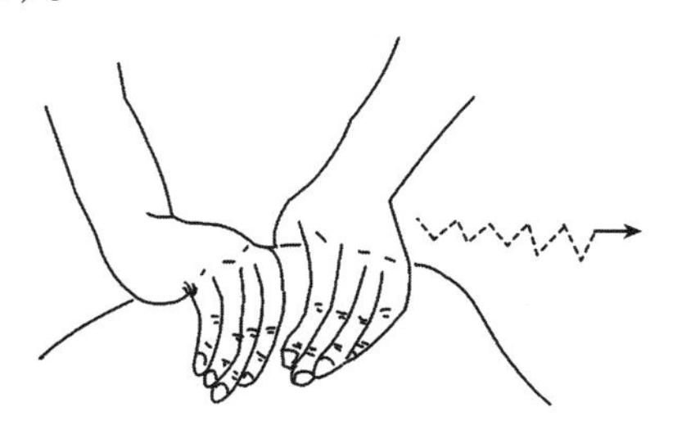

图4－31　五指拿法、抖动拿法

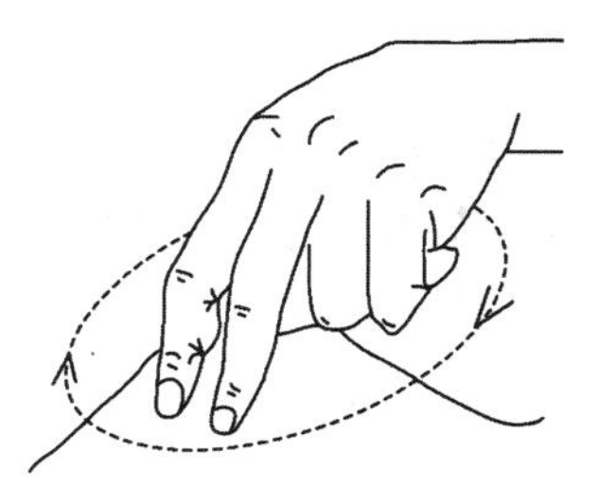

图4－32　辗拿法

7. 弹筋拿法

医者用两指或三指拿起肌肤或肌腱处，向外尽量牵拉，然后猛然滑开，使肌肤或肌腱在滑动过程中产生响声。

【要领】手指掌面着力，手法要稳而柔和，力度适中。

【部位】适用于颈项、肩背、腰腹、四肢等部位。

【作用】健美形体，疏通经络，祛风散寒，消除疲劳，缓解痉挛，镇静止痛等。

三、按法

【定义】术者以掌、指、肘等部位置于受术部位上，逐渐用力下压的方法。

【种类】

1. 拇指按法

用大拇指按压施术部位（图4－33）。

2. 多指按法

以食指、中指、无名指、小指或其中三指在受术部位进行并按或叠按。

3. 掌按法

用掌根、鱼际或全掌按压受术部位。掌按可用单、双掌或叠掌施术。

4. 单掌按法

用掌根着力，按压受术部位（图4－34）。

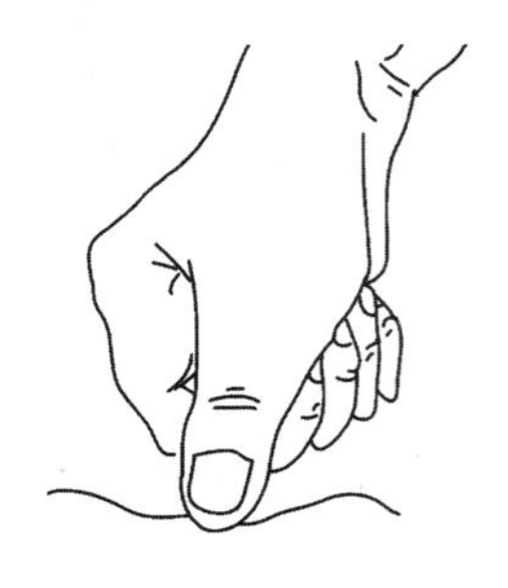

图 4－33　拇指按法

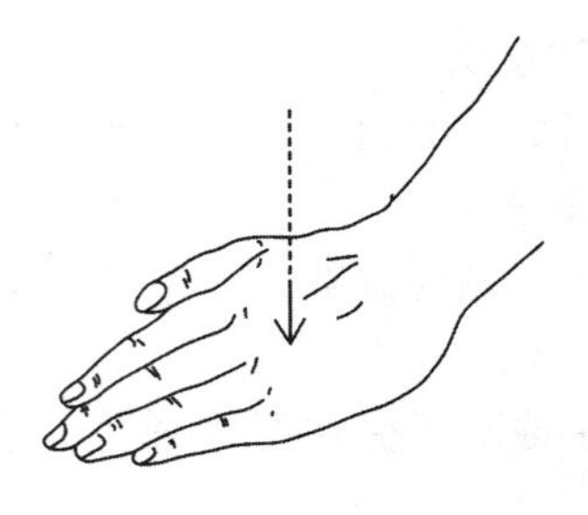

图 4－34　单掌按法

5. 双掌叠按法

双掌重叠按压受术部位（图 4－35）。

6. 肘按法

肘关节屈曲，用尺骨鹰嘴突起部按压受术部位（图 4－36）。

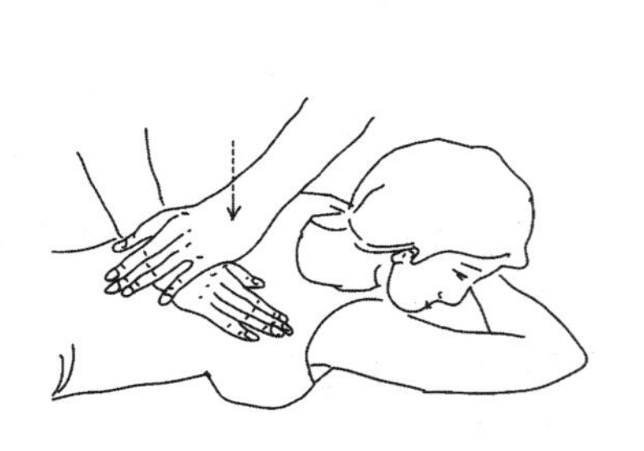

图 4－35　双掌叠按法

图 4－36　肘按法

【要领】

1. 用力要稳，固定不移。力量要由轻到重，切勿用暴力猛然下按。

2. 施于胸腹部时，要随呼吸起伏用力。

【部位】适用于头面、颈项、腰背、胸腹、四肢等部位。

【作用】美容美体，通经活络，活血止痛，放松肌肉，镇静安神。

四、揉法

【定义】以掌、指腹等紧贴受术部位皮肤，带动皮下组织进行环形移动的方法。

【种类】

1. 指揉法

拇指或其余四指掌面紧贴皮肤做回旋揉动，用力由轻到重，再由重到轻（图 4－37）。

2. 掌揉法

掌根或全掌紧贴皮肤，沿顺时针或逆时针方向回旋揉动（图4－38）。

图4－37　拇指揉法

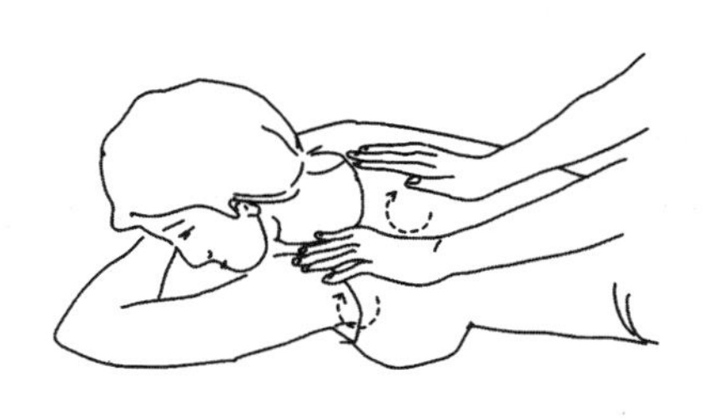

图4－38　掌揉法

3. 大鱼际揉法

大鱼际着力于受术部位，进行旋转揉动（图4－39）。

【要领】

1. 术者施术的掌、指腹与受术部位皮肤紧贴。

2. 动作要柔和而有节律。

3. 频率约为每分钟70～180次。

【部位】适用于头面、颈项、躯干、四肢等部位。

【作用】保健美容美体，舒筋活络，活血祛瘀，宽胸理气，消肿止痛。

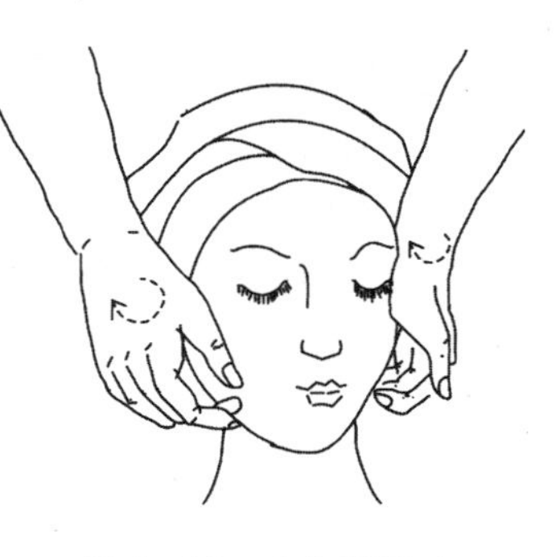

图4－39　大鱼际揉法

五、点法

【定义】用指端固定于受术部位或穴位上进行点压的方法。

【种类】

1. 拇指点法

用拇指点按受术者体表穴位。

2. 屈食指点法

将食指屈曲，用食指关节背面突起处点压受术部位。

【要领】用力要稳，不可移动。力量要由轻到重，切忌用暴力猛然点压。

【部位】适用于头项、背腰、胸腹、四肢。

【作用】调和阴阳，消肿止痛，开通闭塞，强筋壮骨，美容保健。

六、摩法

【定义】以食指、中指、无名指指腹或手掌附着于受术部位体表，做环形而有节奏抚摩的方法。

【种类】

1. 四指摩法

食指、中指、无名指和小指指腹协同作用，进行环转抚摩（图 4－40）。

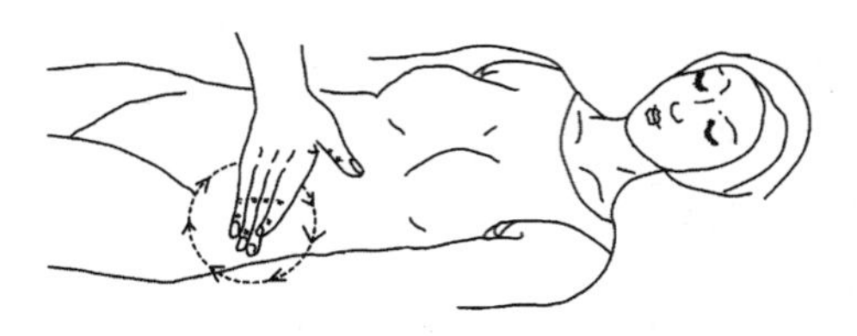

图 4－40　四指摩法

2. 大鱼际摩法

将大鱼际附着受术部位体表，进行环转移动（图 4－41）。

3. 小鱼际摩法

用小鱼际附着受术部位体表，以腕关节为中心连同前臂做有节律的直线或环转移动（图 4－42）。

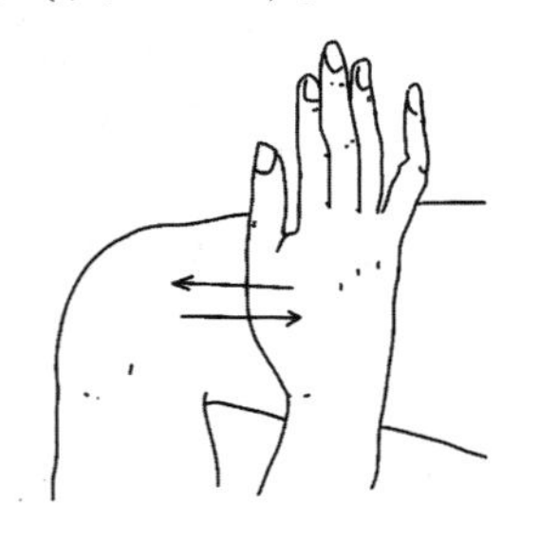

图 4－41　大鱼际摩法

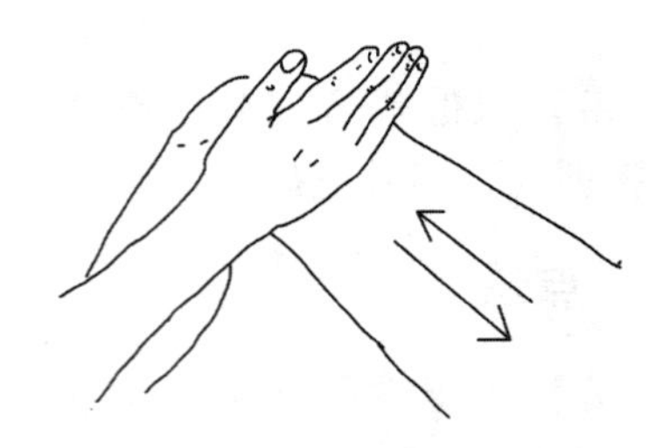

图 4－42　小鱼际摩法

4. 掌摩法

手掌贴实受术部位，在腕关节连同臂的带动下，做有节律环转抚摩（图 4－43）。

【要领】

1. 施术的指腹、掌要紧贴受术部位。
2. 向下的压力要小于环旋移动的力量，在表皮做抚摩。
3. 频率约为每分钟 50～160 次。

【部位】适用于头面、颈项、躯干、四肢等。
【作用】和中理气，消积导滞，活血祛瘀等。

七、抹法

【定义】用拇指或多指指腹紧贴皮肤，做直线或弧线的推动方法。
【种类】

1. 指抹法

用双手拇指指腹紧贴皮肤，做直线或弧线的推动（图4－44）。

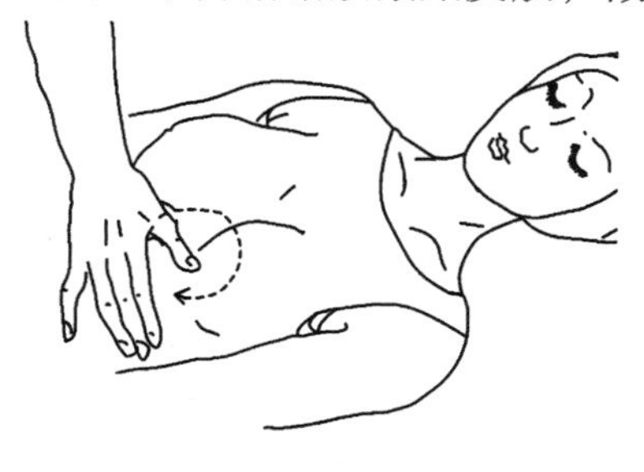

图4－43　掌摩法

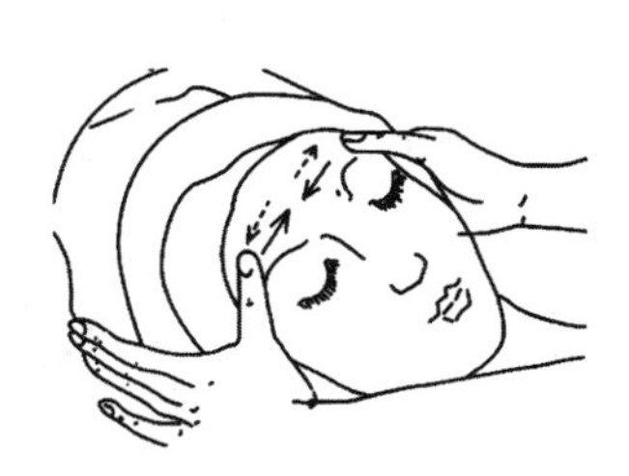

图4－44　指抹法

2. 掌抹法

用手掌紧贴皮肤，做直线或弧线的推动。
【要领】
1. 用力均匀，动作轻柔，连续不断，一气呵成。
2. 做手掌部抹法时双手握住受术者手掌，两拇指做反方向的上下或左右交叉的反复推抹。
【部位】适用于头面、颈项、手掌、胸腹等。
【作用】保健美容美体，开窍醒脑，清脑明目，和中理气，扩张血管。

八、颤法

【定义】用手掌、拇指或多指按于受术部位或穴位，进行高频率的左右颤抖的方法。
【种类】

1. 指颤法

拇指或中指在施术部位快速颤抖（图4－45，4－46）。

2. 掌颤法

单掌或叠掌压在受术部位做快速颤抖（图4－47）。
【要领】指端按压在施术部位，发力于指，连续快速振动，协调用力，松紧适宜。

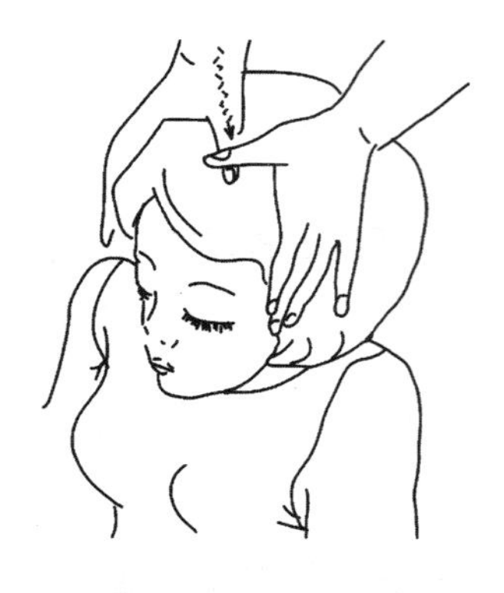

图 4 –45　拇指振颤法

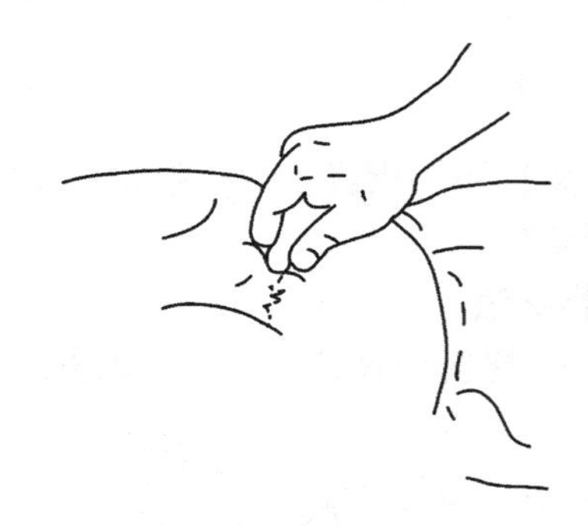

图 4 –46　中指振颤法

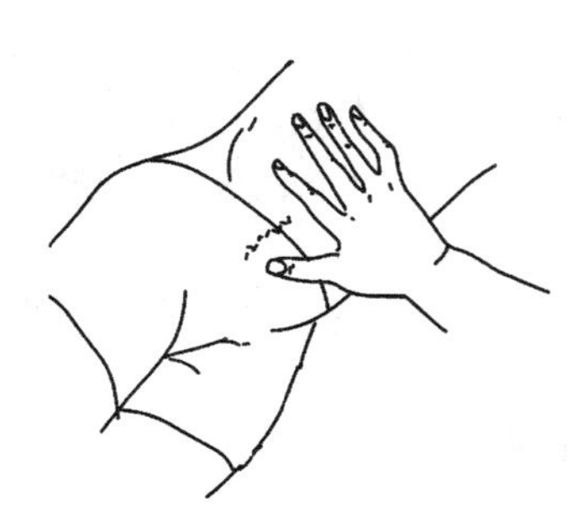

图 4 –47　掌颤法

【部位】头面、胸腹。

【作用】消食导滞，活血化瘀，美容保健，祛瘀止痛。

九、拍打法

【定义】用手指端或指背部，有顺序、弹性、节律地轻轻拍打面部皮肤的方法（图 4 –48）。

【要领】

1. 手指自然并拢，掌指关节微屈，以食、中、无名指平稳而有节奏地轻轻拍打受术部位。

2. 用力要轻，施术一般以面颊部为主，并随皮肤弹性自然、有节律地拍打。

【部位】以头面部为主，也可用于颈肩、背、臂及四肢等。

【作用】调和气血，舒筋活血，消除疲劳，美容保健，祛风散寒。

十、叩法

【定义】以术者指端、大鱼际、小鱼际、掌根相互配合，有节律叩打施术部位的方法。

【种类】

1. 指叩法

用食、中、无名指并拢呈梅花形叩打头部或交替叩击（图4-49）。

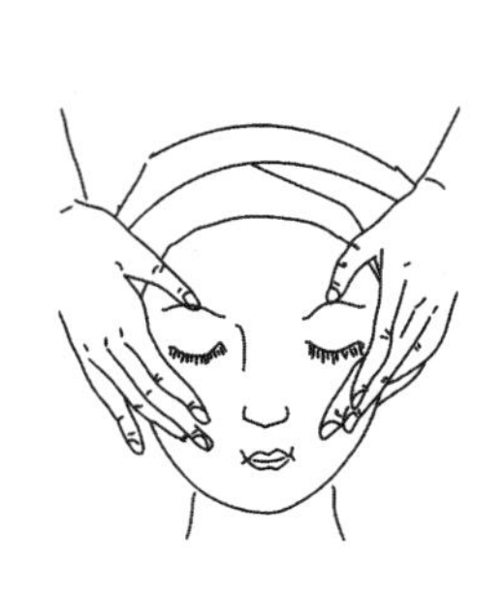

图4-48　指拍打法

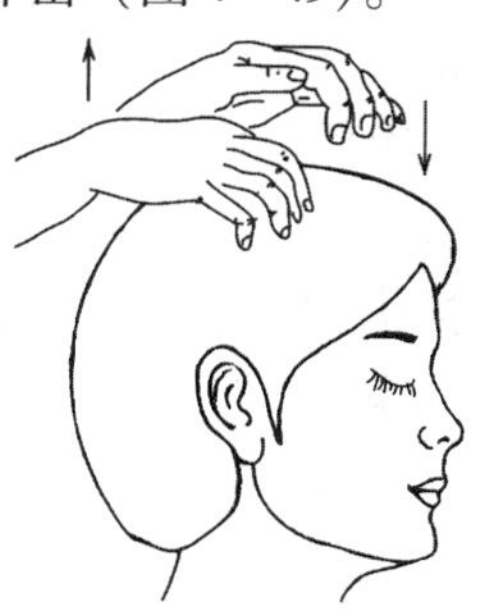

图4-49　指叩法

2. 掌叩法

手指微屈，掌心向下，用单、双手有节律地齐叩（图4-50）。

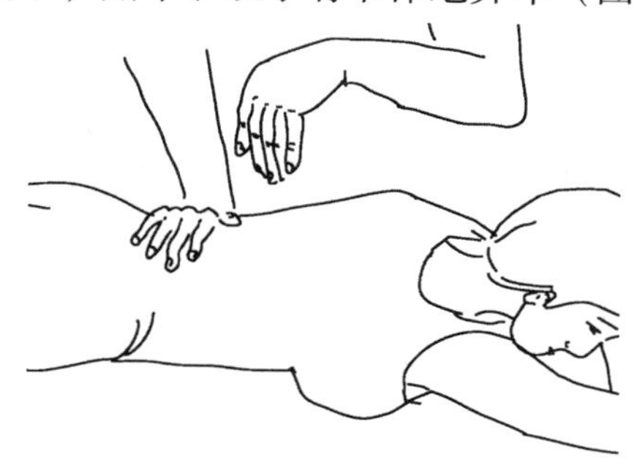

图4-50　掌叩法

【要领】肩部放松，沉肩、屈肘、松腕，手指拢曲有序，手腕灵巧，动作轻快，富有弹性，均匀柔缓叩之。

【部位】头、颈肩、腰背及四肢等。

【作用】聪耳明目，安神定志，宽胸理气，美容保健，消除疲劳，祛风散寒，疏通筋脉。

十一、捏法

【定义】以拇、食指或拇、食、中三指挤捏肌肉、肌腱，并连续移动的方法（图 4－51）。

【种类】

1. 三指捏法

拇指与食、中指挤捏肌肉、肌腱连续移动。

2. 五指捏法

拇指与其余四指挤捏肌肉、肌腱连续移动。

【要领】

1. 拇指指腹与其余四指相对用力，一张一合沿肌腱方向捏挤推进。
2. 手法柔和深透，连续移动，轻巧敏捷。

【部位】颈肩背、四肢等。

【作用】健脾和胃，疏通经络，行气活血，保健美体等。

十二、掐法

【定义】用拇指、中指指甲刺激受术部位或穴位的方法（图 4－52）。

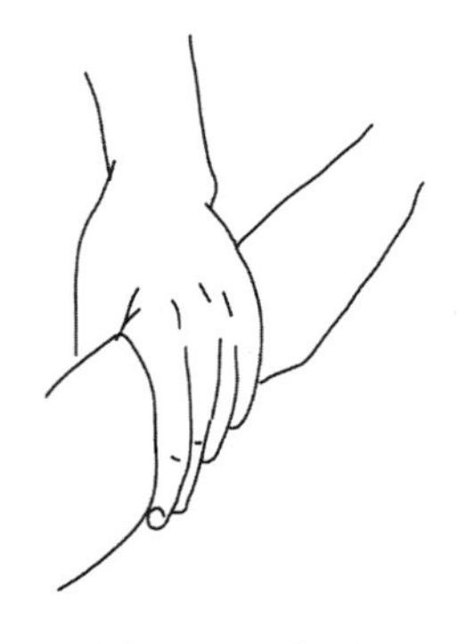

图 4－51　捏法

图 4－52　拇指掐法

【要领】

1. 用力要稳，切忌滑动。
2. 力量不宜过大，以不刺破皮肤为度。
3. 掐后以揉法继之，以缓和刺激，减轻局部的疼痛反应。

【部位】面部、四肢末梢等部位。

【作用】开窍醒神，兴奋神经，温通经络，美容保健，解除痉挛。

十三、擦法

【定义】以掌或大、小鱼际置于受术部位，进行来回直线擦动的方法。

【种类】

1. 掌擦法

用手掌在受术者皮肤摩擦。

2. 大鱼际擦法

用大鱼际在受术者皮肤摩擦。

3. 小鱼际擦法

用小鱼际在受术者皮肤摩擦（图 4－53）。

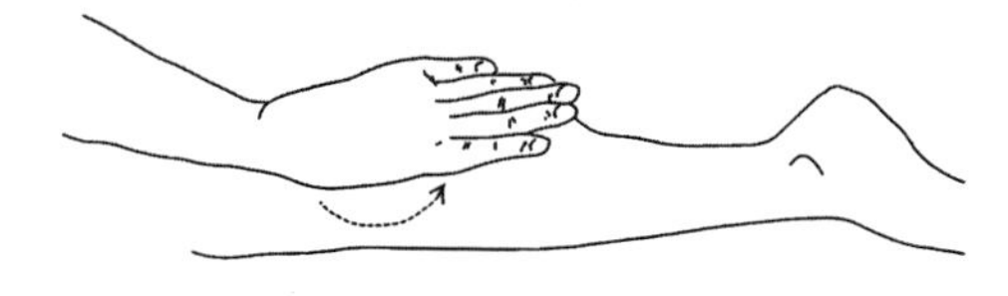

图 4－53　小鱼际擦法

【要领】

1. 紧贴受术者皮肤，使之产生一定热感，往返距离要长，不要跳跃停顿。
2. 用力要稳，连续均匀，呼吸保持自然。

【部位】用于头面、肩背、四肢、腰骶、脊柱两侧、胸腹等。

【作用】宽胸理气，温通经络，活血祛瘀，调理脾胃，美形美容。

十四、扫散法

【定义】用小鱼际固定于面部一点，以拇指引路，余四指随之在受术部位自由摆动的方法（图 4－54）。

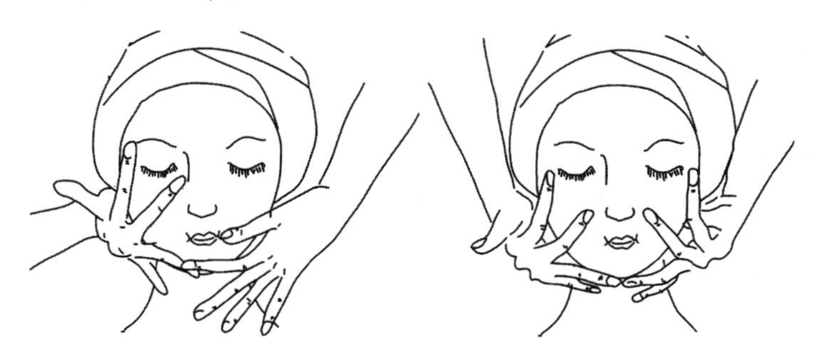

图 4－54　扫散法

【种类】拇指扫散法以双手拇指置于受术部位，四指略屈分开呈扇形，在腕关节自由摆动下，四指随之轻摩浮动。

【要领】用力轻柔，持续连贯；着点固定，不前后搓动。

【部位】适用于头面及全身各部。

【作用】疏通经络，行气活血，改善基础代谢，美容保健养颜。

十五、提法

【定义】拇指与其余四指相对，拿住受术部位肌肉向上提起的方法（图 4－55）。

【要领】手掌指面着力，手法要缓和有力。

【部位】面部、四肢、躯干、腹部。

【作用】消除腹部脂肪，美容美体，宽胸理气，解痉提神。

十六、拨法

【定义】用指、肘等深按于受术部位，着力按并左右拨动皮下经筋的方法。

【种类】

1. 单指拨法

用一指拨动受术部位。

2. 多指拨法

用多指同拨或分拨受术者腹部（图 4－56）。

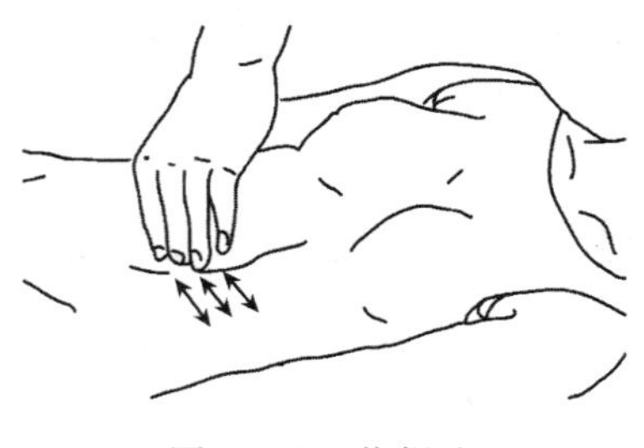

图 4－55　指提法

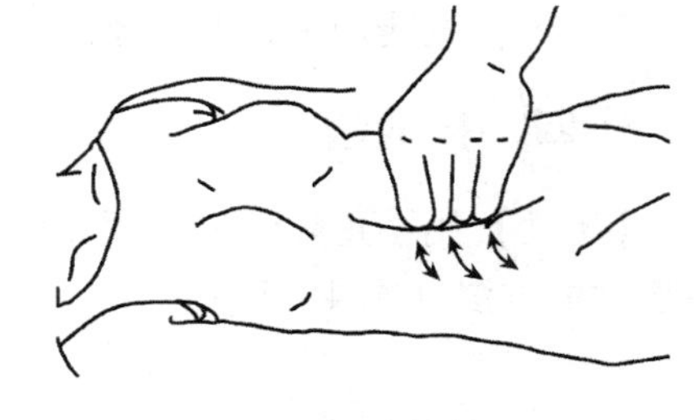

图 4－56　多指拨法

3. 拨络法

用拇指及其余四指抓紧受术者肌束，四指拨动（图 4－57）。

4. 提拨法

用双手三指按筋一处，双拇指拨筋另一处（图 4－58）。

5. 肘拨法

用肘尖拨肌肉丰满的受术部位（图 4－59）。

【要领】用指端、掌根端、肘等，点压肌腱或穴位阳性反应物一旁，左右推

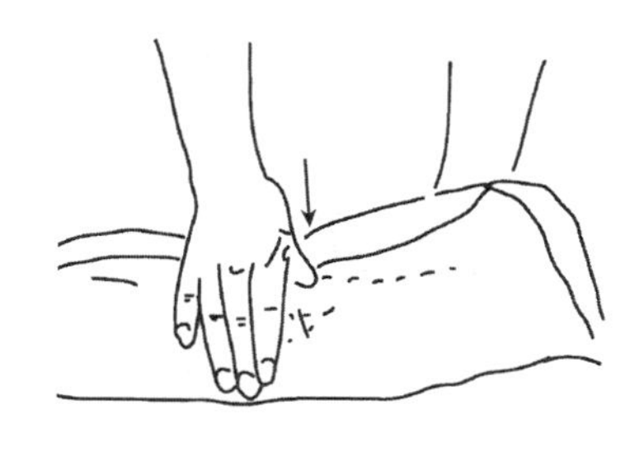

图 4－57　拨络法

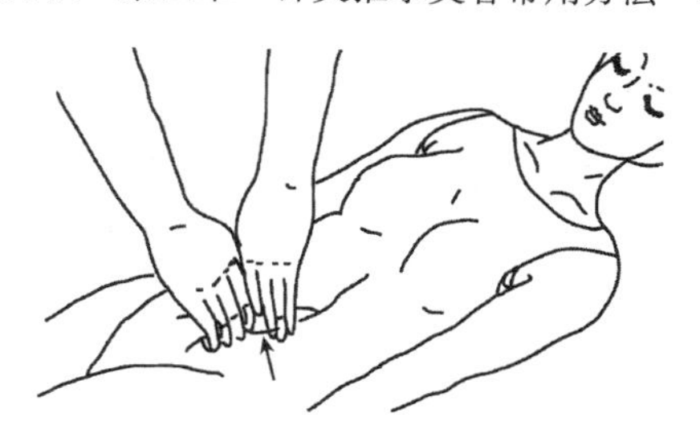

图 4－58　提拨法

移拨动，发力勿猛，按而拨动。

注意：拨法是按摩推拿手法中的强刺激手法之一，拨动时指下应有弹动感，操作中应注意保护皮肤和软组织。

【部位】适用于腰、背、脊柱及其他肌腱、穴位处。

【作用】疏理肌筋，通经活络，健体美形美容，镇痛解除粘连。

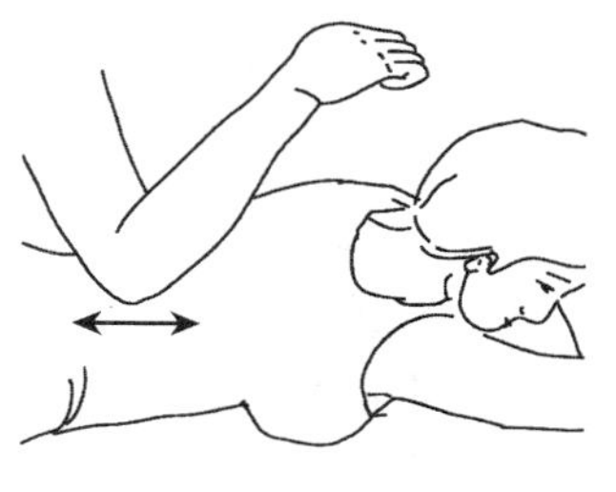

图 4－59　肘拨法

十七、抖法

【定义】术者手握受术者肢体远端做牵拉引导，使整个肢体呈波浪状起伏抖动，或以掌正置于施术部位，做左右、前后的旋转及往返的抖动称抖法。

【种类】

1. 拉抖法

以拇、食、中指握受术者上肢前臂远端，无名指、小指及鱼际部位握手腕部，掌心向下，向体外前方抬肩 60°，然后做连续的上下方向的抖动。

2. 提抖法

双手抓提受术部位进行提抖（图 4－60）。

3. 牵抖法

手握肢体远端，在拔、伸、牵引的同时做波浪抖动的方法（图 4－61）。

【要领】用远端带动近端，抖而动之，动作轻柔和缓，勿施暴力。

【部位】四肢部、腹部。

【作用】美化形体，化瘀消积，活血止痛，调中理气，解郁导滞，通利关节，顺捏筋脉。

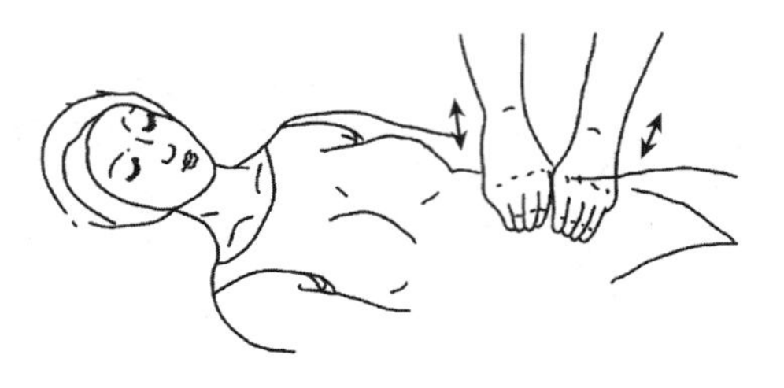

图 4－60 提抖法

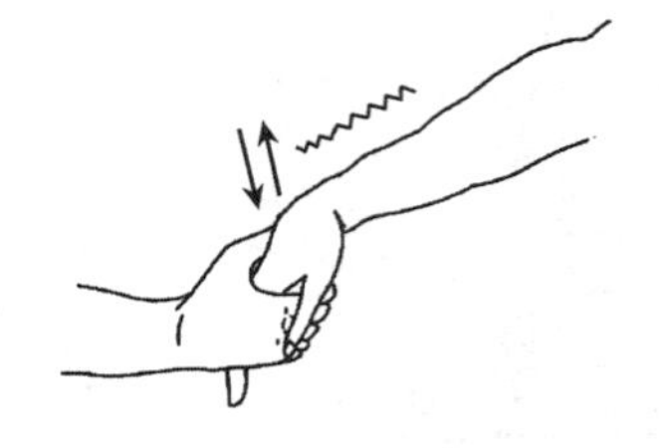

图 4－61 牵抖法

十八、弹法

【定义】用指端着力弹动受术部位肌腱的方法。

【种类】

1. 指弹法

指端着力弹动受术部位肌筋（图 4－62）。

2. 提弹法

手指相对用力捏拿受术部位肌筋提起弹动（图 4－63）。

图 4－62 指弹法

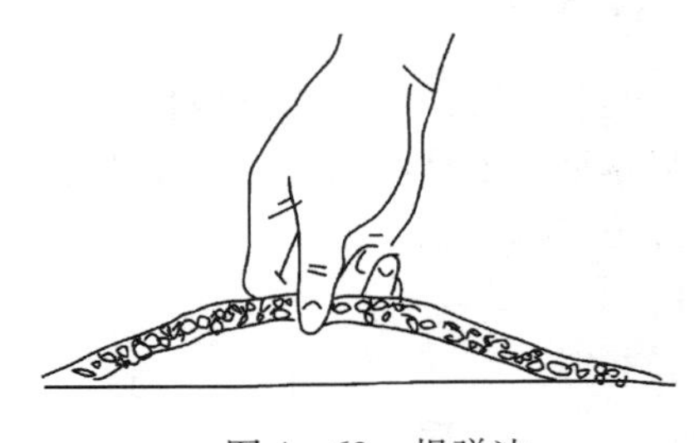

图 4－63 提弹法

【要领】指端着力弹动肌腱。

【部位】全身各部。

【作用】疏理肌筋，通经活络，活血止痛，点穴开筋，调和气血，美容保健。

十九、啄法

【定义】五指指端着力，垂直于患者体表，呈鸡啄米状啄击的方法。

【种类】

1. 五指并拢，指尖呈梅花状，在施术部位（背或头部）做垂直的雀啄式上下击打。

2. 单手或双手在股外侧，以风市穴为中心进行快速凑合。一松一紧，一张一合反复啄拿数遍。（图4－64）

【要领】指尖触击受术处，有节奏施力，着力点均匀，不可过重，以舒服为宜。

【部位】全身各部。

【作用】美容保健，安神醒脑，流通气血，开胸理气，活血化瘀，解痉止痛。

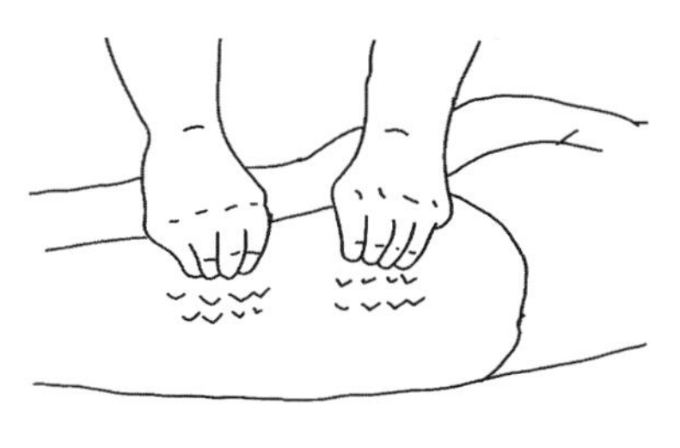

图4－64　啄法

二十、压法

【定义】医者用指、掌或按摩器在施术部位用力下压的方法。

【种类】

1. 指压法

用手指末端指腹压于施术部位，手指和施术点成45°角（图4－65）。

2. 叠掌压法

一手全掌或掌根置患者体表，另一手掌心叠压手背上，两手协同按压（图4－66）。

3. 掌根压法

用手掌根着力压患者体表（图4－67）。

图4－65　指压法

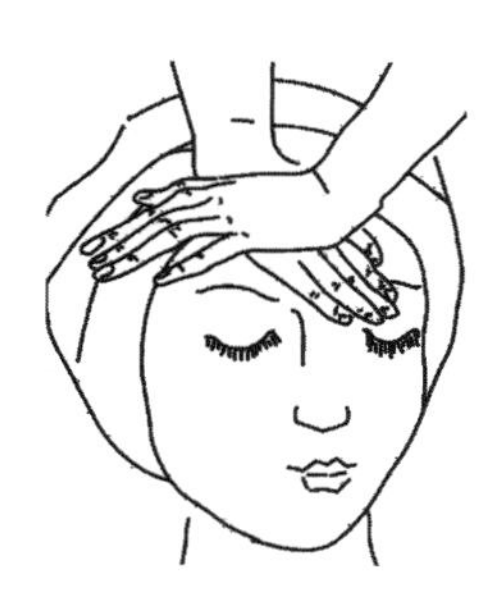

图4－66　叠掌压法

图4－67　掌根压法

【要领】部位准确，压力深透，时间较长。

【部位】全身各部及穴位。

【作用】疏通经络，活血止痛，镇惊安神，祛散风寒，消除烦闷，解痉止痛。

二十一、振法

【定义】以掌或指在受术部位做上下快速振颤的方法。

【要领】以手掌或指掌平贴于施治部（穴）位上，手臂肌肉绷紧，集中力在掌指部，做幅度小而频率快的上下急骤振动，使着力点产生振动，施治部位产生振颤感、微热感和轻松舒适感。施术过程中，术者手紧贴施术部位体表。

【部位】腹、背、腰。

【作用】理气消郁，活血止痛，和中消积，温经散寒，调节胃肠，美容保健。

二十二、运法

【定义】以掌、指腹于施术部位反复做直线推运或环形揉搓捻转运摩旋动的方法。

【要领】用力轻柔，仅达皮表，不可带动深层组织，不可跳跃拍击。

【部位】多用于头面部。

【作用】疏通皮部，活血通脉，保健美容，防治损美性疾病，调节及安抚神经。

二十三、拔法

【定义】单手或双手握患者上、下肢端，或腕、踝，持续牵拔的方法。

【种类】有颈椎拔法、肩关节拔法、腕关节拔法、指间关节拔法、踝关节拔法、足趾关节拔法等。

1. 颈椎拔法

患者端坐，医者站于后侧方，一手肘弯部托住患者下颌，手扶住其对侧头部，另一手托住其枕后部，两手同时用力向上拔伸，牵引颈脊柱。

2. 肩关节拔法

患肢放松，医者站于后外侧，用双手握住其腕部慢慢向上牵拉，动作要缓和。

3. 腕关节拔法

双手握住患者手腕掌部逐渐用力拔伸，与此同时嘱患者上身略向后仰，形成对抗牵引。

4. 指间关节拔法

一手握住患者腕上部，另一手捏住患指端，两手同时向相反方向用力拔伸。踝和足趾关节也可拔伸，方法相同。

【要领】用力要稳而持续缓和，不可突发暴力。

【作用】放松肌肉和软组织，松解粘连，通经活络，调和气血，健体美容。

二十四、搓法

【定义】指、掌着力于施术部位体表，自上而下来回摩擦揉动的方法。

【种类】分推搓、擦搓、滚搓、拿搓、掌指搓、叠掌重搓及裹巾搓等。

【要领】患者多俯卧位，医者指或掌或掌指面同时着力，平置于施术部位上下移搓，逐渐深沉。

【部位】掌指搓法用于四肢及头部；双手交叉的叠掌重搓法常用于腰背、脊及肌筋丰厚部位；双掌交叉搓法用于背部；裹巾搓法用于循经络或循肌筋搓移。

注意：搓时施力深沉，但要注意保护皮肤。

【作用】平衡阴阳，通经活络，调和气血，美容保健，祛风散寒，松肌解痉，活血止痛。

二十五、击法

【定义】五指并拢，稍屈曲，着力叩击施术部位的方法。

【要领】应以空拳击之，不可用平掌拍打，严重心脏病患者及体虚者慎用。

【作用】舒风活络，引邪出经，活血散瘀，调和气血，美容保健，消除疲劳。

二十六、抚法

【定义】五指自然伸直着力于施术部位，轻而滑地往返移摩的方法。

【要领】医者沉肩、屈肘、悬腕，指腹平放于施术部位，以腕关节左右自然摆动带动掌指轻滑地往返摩抚，手法要轻而不沉、滑而不滞，使局部感到温和而舒适，以表皮稍有微热为宜，避免红润或灼热发红。

【部位】多用于头面部及腹部。

【作用】温通经络，活血散瘀，镇静安神，美容保健，缓解疼痛。

二十七、合法

【定义】双手掌、指腹从两个相对的不同方向，均匀持续地向同一中心点推运合拢的方法。

【种类】根据施术部位的不同，可分为指腹合法、掌面合法、掌指合法。

【要领】起手较轻，逐渐加力至合拢。双手掌（指）要对称着力，同时运动。

注意：此法与分法的操作手法及作用相反。

【部位】用于头、胸、腹部等。

【作用】保健美容的补益类手法之一，调和脾胃，理气和血，平衡阴阳，扶助正气，通经活络，补心益脾。

二十八、梳法

【定义】以手指或拳背按一定顺序往返梳理或梳搔施术部位的方法。

【种类】可分为爪形梳法、掌指梳法、拳骨梳法等。

1. 爪形梳法

双手五指略屈曲分开如爪状，以指端及指腹着力于头部，从左右耳同时对称梳搔至头顶而交叉往返，或从前额及枕后同时对称梳搔至头顶而交叉。

2. 掌指梳法

双手五指伸直，掌指同时着力于施术部位，持续、缓慢地梳理胸背部、肋间隙。

3. 拳骨梳法

双手屈曲握空拳，用拳骨突部着力于施术部位，同时或交替梳理脊柱两旁等部位。

【要领】五指自然屈伸或握空拳，以指端或骨突部在施术部位同时或交替梳搔，持续往返地梳运。用力要深沉，持续均匀。

【作用】疏经通络，调和气血，舒理肝气，解郁除烦，温通经络，美容保健。

二十九、摇法

【定义】使受术关节做被动环转运动的方法。

【种类】可分为摇肩法、摇腰法。

1. 摇肩法

一手扶受术肩部，另一手握受术腕部或肘关节，用握腕的手导引肩关节，均匀和缓地旋转摆动上臂，并带动整个肩部，在肩关节的正常生理活动范围内进行旋转。

2. 摇腰法

用双手或双臂的牵动，使受术者腰部在充分的牵伸下，在正常生理范围内摇动，操作时应缓慢持续，力量应逐渐加大，切忌暴力。又分为端坐摇腰法（滚床法）、仰卧摇腰法、侧卧摇腰法、俯卧摇腰法和站立摇腰法等。

【部位】肩、腰等关节。

【作用】通经活络，舒筋活血，滑利关节，保健美容，解除粘连。

三十、捋法

【定义】手指、掌略屈曲，置受术的肢体上，快速而急促地反复滑搓，称为捋法。

【要领】一手握受术肢远端，另一手掌指略屈曲，握拿受术肢于手中，手与受术部位贴实，快而急速地反复滑搓，着力应连贯。

注意：操作中不要与肢体相贴过紧，以免损伤皮表。

【部位】用于四肢及项部。

【作用】通经活络，调和气血，松肌解痉，保健美容。

以上介绍了30种常用推拿美容基本手法。在美容美肤实践中，必须以中医基础理论及解剖学知识为指导，加强手法的练习，不断提高手法的连贯性、准确性、灵活性、技巧性、舒适性，力求做到动作要领规范、稳准灵活、刚柔协调。在美容临床中还应辨证施治，因人而异施行不同手法，要根据年龄、体质、肤质的不同酌情施术。如肤质薄嫩、瘦弱、阳气虚、初做者手法力度宜轻；长期做按摩、肤质厚实、肥胖、体质强壮、耐受性大者手法宜稍重；面部皮肤宜轻弹轻按，以防止面部皮肤松弛，减少、延缓或消除皱纹。施术过程中还应随时询问受术者感觉，调节手法的轻重，以获取满意的美容效果。

第五章 针灸推拿美容的原则

针灸推拿美容的原则是指在运用针灸、推拿治疗损美性疾病及保健美容时应遵循的法则。它是在中医学整体观念和辨证论治基本精神指导下，制定出的对治疗多种影响美容的病症以及健体美容美体具有普遍指导意义的规律性法则。因此，掌握了针推美容原则，便可在多种针灸法或推拿按摩手法中，选择适宜的美容方法，以便取得更为理想的美容效果。

第一节 针灸美容的原则

一、整体调整，局部治疗

针灸推拿美容的一大法则是整体观，强调损美性疾病往往是全身整体性疾病的一部分，这一思想贯穿在针灸推拿美容整个过程中。如脾虚湿盛之人，一般面色淡黄晦暗；久病肾虚之人，多面色青黑无华；而黄褐斑、酒齄鼻等也是机体阴阳平衡失调引起的。面容的荣衰与人体脏腑气血经络密切相关，只有脏腑功能正常，经络通畅，气血旺盛，才能青春永驻。宋代的《圣济总录》对此论述颇为精辟，指出："驻颜色，当以益气血为主，倘不知此，徒区区于膏面染髭之术，去道远矣。"这就是说，面容的美化是以气血为根本的，故美容首先从补益调理气血着手，这才是真正的美容方法。如肺经郁热型的酒齄鼻取太渊，面部痤疮取膈俞、血海等，目的都是从整体上调整经络气血，使面部的损美性病症得以消除。

局部治疗是指针对局部症状，取病变局部周围的腧穴进行治疗而言，如面瘫的口眼㖞斜取地仓、颊车，麦粒肿取承泣、四白等。

在针灸美容过程中，整体调整与局部治疗，两者之间又是相辅相成的。即针刺局部的腧穴，除了可作用于局部的病症外，还可以通过经络达到调整机体的目的。如医学研究中已证实，针刺头维、百会、风池治疗脱发时，除了具有增加头部气血运行、养血生发作用外，对全身系统如内分泌、免疫、神经等均有一定的影响。所以，针刺除可改善局部症状外，也可治疗全身性疾病。反之，对全身性疾病的治疗，更有利于局部病变的恢复，如肝气郁结之人，多面色青黑，可取太冲、行间治疗，这既是对肝气郁结、气滞血瘀的病因进行治疗，又可补肝养血、活血化瘀，促使面部气血通畅，面色转为正常。所以，在针灸美容治疗过程中，必须注重整体与局部的关系，将两者有机地结合起来，才能提高疗效。针刺治疗肝郁气滞的面黑，在取肝经太冲、行间的同时，配合局部的颊车、下关、印堂等穴调理局部的气血，才能彻底达到美容的效果。针灸美容要善于掌握局部与整体的关系，以辨证论治的整体观出发，选经配穴，进行治疗，才能取得更好的效果。

二、补虚泻实，平衡阴阳

补虚就是扶助正气，正气是指机体的抗病能力；泻实就是祛除邪气，邪气是指各种致病因素。在疾病的发展过程中，正气不足表现为虚证，治宜补法；邪气亢盛则表现为实证，治宜用泻法。故《灵枢·经脉》篇说："盛则泻之，虚则补之……陷下则灸之，不盛不虚以经取之。"这也是针灸美容应当遵循的原则。如违反了这个原则，犯了虚虚实实之戒，就会造成不良后果。要正确地运用这一原则，除掌握针灸补泻的操作方法外，还要认真研究经穴配伍，才能使机体的阴阳达到平衡。

1. 虚则补之

"虚则补之"、"虚则实之"，指虚证的治疗原则是使用补法。在针灸美容过程中，该法适用于各种慢性虚弱性病症引起的某些损美性疾病以及保健美容方面，如脱发、手足皲裂、早衰皱纹等。从针灸美容方面看，五脏是面部形体美容的根本，气血是面部形体美容的物质基础，所以，针灸美容往往重视滋补五脏气血，以增强体质，提高机体的抗病能力。如常灸关元、足三里，可使五脏强盛，气血充盈，使面部形体肌肤有充足的气血滋养，而起到益面驻颜、健体美形和防治损美性疾病的作用。在针灸方法上，偏于阳虚、气虚则针用补法，加灸；偏于阴虚、血虚则针用补法或平补平泻，血虚也可施灸。若阴阳俱虚，则以灸法为主，常用关元、气海、足三里、膏肓和有关脏腑经脉的背俞穴、原穴，针灸并用，从而达到振奋脏腑机能、促进气血生化、养气益血、美容保健的目的。

2. 实则泻之

《内经》中有"盛则泻之"、"满则泄之"、"邪盛则虚之"等记载，都是泻损邪气的意思，可统称为"实则泻之"。实证的治疗原则是用泻法或点刺放血。

许多损美性疾病大都与风、寒、湿、热等邪气侵袭人体有关。例如，针灸治疗外感风热引起的痤疮、风热之邪客于肌肤引起的扁平疣，应采用泻法，以祛邪除湿或疏风清热。再如，风热外邪客于睑肤之间发生的麦粒肿，则可采用三棱针放血以泻其实。这些都属于“实则泻之”在针灸美容方面的应用。

3. 菀陈则除之

“菀”同“瘀”，有瘀结、瘀滞之意。“陈”即陈旧，引申为时间长久。“菀陈”泛指络脉瘀阻之类的病证；“除”即“清除”，指清除瘀血的刺血疗法；就是说络脉瘀阻、结滞之类的病证，应用清除瘀血的刺血疗法，以活血化瘀，达到美容的目的。某些损美性疾病，如黄褐斑、痤疮、酒齇鼻等，部分与气血停滞有关，在针灸治疗上可采用三棱针点刺出血或点刺出血后加拔火罐，使瘀血消散，经脉通畅，可消除由此而产生的损美性疾病，使面部恢复平滑、光泽。

4. 不盛不虚以经取之

“不盛不虚”并非病症本身无虚实可言，而是脏腑、经络的虚实表现不甚明显，主要是由于脏腑本身的病变未涉及其他脏腑、经脉，属本经自病。治疗应循本经取穴。在针刺手法上以平补平泻为主，平衡阴阳，协调脏腑，从整体上调节人体使之趋于平衡状态，从而达到美容美体的目的。本法适用于虚实不明显或虚实兼并的损美性疾病。如亚健康状态、面部祛皱及某些循经皮肤病等。

此外，由于人们的个体差异，针刺的角度、深浅以及刺激的强度不同，所选用的针灸方法和穴位也不同，故补法和泻法的作用也不同。所以，补虚、泻实的运用，必须根据具体情况作具体分析，不能拘泥于一法一穴而机械地套用。只有正确地应用补虚泻实的原则，才能使机体的阴阳平衡，达到祛病美容的目的。

三、清热温寒，注重表里

清热是指热证用“清”法，温寒是指寒证用“温”法。这与治寒以热、治热以寒的意义是一致的。许多损美性疾病均伴有寒热的变化，如酒齇鼻、痤疮均为热邪所致，面色㿠白或黧黑多与寒邪有关。所以，清热与温寒也是针灸美容的一个重要原则。《灵枢·经脉》篇说：“热则疾之，寒则留之。”《灵枢·九针十二原》说：“刺热者，如以手探汤；刺寒者，如人不欲行。”“疾之”和“如以手探汤”，是指治热病宜浅刺而疾出针；“留之”和“如人不欲行”，是指治寒证宜深刺而留针。

1. 热则疾之

即热性病证的治疗用针刺泻法，或浅刺疾出针或点刺放血，手法宜轻而快，可以不留针，以清热解毒。例如：荨麻疹、皮肤瘙痒等风热性皮肤病，在针刺时可浅刺疾出针，即可达到疏风清热解表的目的。颜面疔疮，除针刺合谷、曲池、委中、灵台等穴外，尚可在委中穴点刺放血，以加强泄热、消肿止痛的作用。

2. 寒则留之

即寒性病证的治疗用深刺久留针，以达温经散寒的目的。因寒性凝滞而主收引，针刺不易得气，故应留针候气；加艾灸更能温经助阳散寒，使阳气得复，寒邪乃散。如面瘫经1周治疗后，可采用深刺久留针的方法，同时配合灸法则效果更佳。

此外，辨别寒热的表里深浅也是针灸美容的一个常用原则。凡热邪在表者，可用三棱针放血，如麦粒肿可用三棱针在耳尖部放血治疗，以清其热；又如急性充血性结膜炎，即中医所谓之“红眼病”，可用三棱针在大椎穴放血治疗，以疏散风热之邪。若热邪在里，即“阴有阳疾”，则采用深刺久留的方法，直到热退为止，如酒齇鼻，可以针刺内庭、三阴交，深刺留针，以清泄脾胃郁热。假使寒邪在表，可以浅刺疾出，如因风寒而致面色苍白，唇无血色，可以针刺关元、百会，以散其表寒；如寒邪在里，则可酌加艾灸以扶正壮阳；如因寒而致面色黧黑，则温灸肾俞、关元、气海等，以温通肾经，祛除虚寒。

总之，清热与温寒是针灸美容的常用原则之一，在具体运用时，需分清表热、里热、表寒、里寒之不同而采用不同的方法和穴位。

四、标本兼治，分清缓急

“标”指疾病的外在表现，“本”指疾病的本质。一般来说，“标”和“本”是一个相对的概念：内为本，外为标；正气为本，邪气为标；病因为本，症状为标；先病为本，后病为标。在针灸美容过程中，要把握标本，以分清缓急。

《素问·标本病候论》说：“知标本者，万举万当，不知标本，是谓妄行。”这里指出了标本在辨证施治中的重要性。应用治标与治本的治疗原则，首先要明确标本的含义，在具体运用时，要缓则治其本，急则治其标或标本兼治。

1. 缓则治本

一般情况下，病在内者治其内，病在外者治其外；正气虚者扶正，邪气盛者祛邪。治其病因，症状自解；治其先病，后病可除。这与“治病必求其本”的道理是一致的。例如：脾胃虚弱的贫血病人，面色苍白，面容憔悴，治疗当以治本调理脾胃为主，脾胃功能健旺，则容颜自然恢复正常。

2. 急则治标

特殊情况下，标与本在病机上往往是相互夹杂的，因此，施治时必须随机应变，即根据本证候的缓急来决定施治的先后步骤。当标病急于本病时，则可先治标，后治本病。例如：平素肝气郁结、肝火亢盛，又复感风热之邪而致目赤肿痛，则应先治目赤肿痛之标病，因这时标病急于本，正所谓“急则治其标”。

3. 标本兼治

当标病与本病处于俱急俱缓的状态时，可采用标本兼治。例如：素体内有郁热，又复生颜面疔疮，应清热以治本，解毒以治标，以清热解毒之法标本兼治，取太冲、行间、疔疮局部穴配合治疗，达到标本兼治的目的。

第二节　推拿美容的原则

一、治病求本

人体是一个完整的有机体，各脏腑组织之间、人体与外界环境之间，既对立又统一，它们在不断地产生矛盾而又解决矛盾的过程中维持着相对的动态平衡，从而保持人体正常的生理活动。只有脏腑阴阳平衡，气血通畅，身体健康，才能容颜不衰、形体健美。反之由于各种原因引起机体的动态平衡遭到破坏，使人体发生疾病，必然反映到面部形体，严重影响体态及容颜的美观。因此，损美性疾病的发生，“必先受之于内，然后发于外”，虽然多属于面部、五官、体表为患，但与整体有着密切关系。在推拿美容过程中要了解损美性疾病产生的根本原因，即其本质之所在，针对其根本的病因病机进行治疗。

上已述及，标本是一个相对的概念，可用以说明某些影响美容病症的病变过程中各种矛盾的主次关系。如从正邪双方来说，正气是本，邪气是标；从病因与症状来说，病因是本，症状是标；从病变部位来说，内脏是本，体表是标；从疾病先后来说，旧病是本，新病是标，原发病是本，继发病是标等等。

任何损美性疾病的发生、发展，总是通过若干体表症状显示出来的，但这些症状只是外在的现象，其本质多是相应脏腑经络功能失调。只有通过综合分析，透过现象看本质，找出原因，确定相应的治疗方法，才能取得好的美容效果。如：肾为先天之本，是藏五脏六腑之精气的场所，在损美性疾病的病因病机中占有重要位置。肾主骨、生髓、养齿，其体在发；临床中若发生牙齿过早松动、脱落，头发早白、斑秃或脱发等损美性病变，采用推拿时就不能只着眼于局部，更应注重补益肾气，可揉按肾俞、太溪等穴以补肾。再如：中医认为面部皱纹是由于气血不足，致使面部皮肤失去濡养而产生的，因此，去皱养颜，除了在面部施以相应的按摩手法外，还应注重气血的调理，加脾俞、胃俞、膈俞、关元等穴揉按，从根本入手，疏通经络气血，达到荣润肌肤、抗衰祛皱的目的。这就是“治病必求其本”的意义所在。

在临床上还应注意到，有些损美性疾病在其发展过程中会出现真实假虚、真虚假实与虚实兼证的情况。如有的慢性荨麻疹者，皮损反复发生红色风团，剧痒难当，似由实邪所致，但往往可见有脾虚之腹胀，食少便溏，舌质淡或胖淡，脉沉细无力等虚证。有的黄褐斑患者，面色淡褐晦暗，久治不愈，月经稀少，似有虚证，但病人往往有急躁易怒，口苦胁痛，月经提前，经血紫暗，舌淡紫红，脉弦细等肝郁气滞之实证。虚实兼证临床上更是多见，如有实证之皮疹发红、肿胀、疼痛、结节红斑、溃疡等症状，又有久治不愈，反复发作，肢体厥冷，舌淡红或淡胖，脉沉细无力等虚证症状。故在推拿按摩中要掌握治病必求其本的原则进行美容治疗。

二、扶正祛邪

扶正祛邪也是推拿美容的一条基本原则。许多损美性疾病的发生，可以说是正气与邪气矛盾双方互相斗争的过程，邪胜则病进，正胜则病退。如六淫外邪，只有在机体正气不足、抗病力下降时，才会侵袭人体而导致疾病。从美容角度看，风邪侵于肌肤可发生皮肤粗糙、皲裂，风湿郁于肌肤可引起湿疹、各种癣疾等；治疗时常用祛风除湿的方法，按摩时取合谷、曲池、风池等穴以祛风，同时揉按关元、足三里等穴补益正气以祛邪。此外，由于后天失调或久病，可致人体颜面色泽发暗，出现"面黑"、"面焦"等，可以说是"正气不足"之故，只有采用"扶正"的方法，才能达到内实而外美的目的。所以在按摩保健、美容养颜的过程中，多采用在脾经、胃经进行循经按摩的方法，以助气血的生化，并按揉关元、气海、足三里等穴以鼓舞人体的正气。

因而按摩治疗损美性疾病或保健美容，就是要扶助正气，祛除邪气，改变正邪双方的力量对比，使之向有利于健康的方向转化。

"邪气盛则实，精气夺则虚"，邪正盛衰决定病变的虚实，补虚泻实是扶正祛邪原则的具体应用。在推拿美容中，也应遵循"虚则补之，实则泻之"的原则，视其具体病症而采用相应的补泻推拿手法。祛邪与扶正，虽然是两种不同的治疗方法，但它们是相互为用、相辅相成的。扶正，使正气加强，有助于抗衰保健和驱除损美性疾病的病邪；而祛邪则阻止了病邪的侵犯、干扰和对正气的损伤，有利于保存和恢复正气。

在推拿美容过程中运用扶正祛邪的原则时，要认真观察和分析正邪互相消长盛衰的情况，根据正邪在矛盾中所占的主次地位，决定或以扶正为主，或以祛邪为主，或是扶正与祛邪并举，或是先扶正后祛邪，或是先祛邪后扶正。在扶正祛邪同时并用时，应以扶正而不留邪、祛邪而不伤正为原则。

三、调理阴阳

损美性疾病的发生，从根本上说是阴阳相对平衡遭到破坏，即阴阳的偏盛偏衰代替了正常的阴阳消长。所以调整阴阳是推拿美容的基本原则之一。

阴阳偏盛，即阴邪或阳邪的过盛有余。阳盛则阴病，阴盛则阳病，一些损美性皮肤病，如颜面疖肿、痤疮、麦粒肿等，多为阳邪过盛，郁滞于肌肤而成；阴邪过盛可导致肥胖、湿疹等。治疗时应采用“损其有余”的方法。

阴阳偏衰，即机体阴或阳的虚损不足，或为阴虚，或为阳虚。阴虚不能制阳，常表现为阴虚阳亢的虚热证，如肾阴不足，而致虚火内扰，出现脑髓、骨骼失养和阴虚内热的证候，表现为头晕目眩，咽干唇燥，面烘耳鸣，骨蒸潮热，颧红盗汗，五心烦热，失眠健忘，腰膝酸软，形体消瘦，经少或经闭或梦交，尿黄便干，舌红少苔少津，脉细数；皮肤表现为面色黧黑，如黄褐斑等；亦可见颧部红斑，指端瘀点，形瘦干黑等。阳虚则不能制阴，多表现为阳虚阴盛的虚寒证，如肾阳不足，而致温煦、气化失权，出现全身功能衰减的虚寒证候，常表现为精神萎靡，面色萎黄、㿠白或黧黑，形寒肢冷，以腰膝以下为甚，耳鸣耳聋，腰膝酸软而痛，宫寒不孕，性欲低下，大便溏薄，小便清长，或尿少而浮肿，舌淡胖，或边有齿痕，苔白滑，脉弱；皮肤色泽灰黑或棕褐，皮损境界不清，或见于慢性瘙痒性皮疹等。

推拿治疗时，阴虚阳亢者，应滋阴以制阳；阳虚致阴寒者，应温阳以制阴。若阴阳两虚，则应阴阳双补。由于阴阳是互相依存的，故在治疗阴阳偏衰的病证时，还应注意“阴中求阳”、“阳中求阴”，也就是在补阴时应佐以温阳，温阳时适当配以滋阴，从而使“阳得阴助而生化无穷，阴得阳升而泉源不竭”。

阴阳是辨证的总纲，疾病的各种病机变化均可用阴阳失调加以概括。表里出入，上下升降，寒热进退，邪正虚实以及营卫气血不和等，无不属于阴阳失调的具体表现，因此，从广义来讲，解表攻里，越上引下，升清降浊，寒热温清，虚实补泻，也皆属于调整阴阳的范畴。

四、三因制宜

三因制宜就是因时、因人、因地制宜，是指推拿治疗损美性疾病要根据季节、地区以及人的体质、年龄等不同，而制定相应的治疗方法。

由于损美性疾病的发生、发展是受多方面因素影响的，如时令、气候、地理环境等，尤其是患者个人的体质因素，对损美性病症的影响更大，因此，在推拿美容过程中，必须把各方面的因素考虑进去，具体情况具体分析，区别对待，酌情施治，才能获得最佳的美容效果。

1. 因时制宜

是指施行推拿按摩美容手法操作时要考虑到时间和季节因素。如亚健康引起的失眠，多属阴不足以制阳，阳亢有余，推拿时如选在夜间或午后（阴时）进行补阴制阳的手法治疗，则较白天或午前（阳时）用同样的手法治疗效果要好。又如夏季天气炎热，病人皮肤多汗而涩滞，手法直接操作容易使皮肤破损，因此治疗时可在病人皮肤表面涂一些保护介质，并注意少用摩擦类手法等。

2. 因地制宜

是指根据地理情况灵活运用推拿美容手法进行治疗。如东南沿海地区多热多湿，应多用清热祛湿手法，而西北地区多风多寒，应多用疏风散寒手法。即治病应考虑地理差异而实施不同的手法。

3. 因人制宜

是指根据病人年龄、性别、体质等不同，而选择不同的推拿美容治疗方法。如体质强壮者，手法刺激量可以相对大一些；而体质虚弱者，手法刺激量应小一些。

附：针灸推拿美容机理的现代研究

一、针灸美容机理的现代研究

（一）增强免疫机能

免疫学的不断发展推动了美容学的发展，尤其是使得影响美容的皮肤病的病因和发病机理等诸多方面得以阐明。免疫是机体识别、清除外来抗原物质和自身变性物质，以维持机体内外环境相对恒定所发生的一系列保护反应，包括细胞免疫和体液免疫。免疫的主要功能是防御传染、自身稳定和免疫监视。机体的免疫反应受神经体液调节，当免疫功能失调时，可产生多种影响美容的疾病。研究表明，针灸对细胞免疫和体液免疫均有促进和调整作用。

1. 对细胞免疫的影响 有人用植物血凝素（PHA）诱发释放白细胞移动抑制因子，证明遗传过敏性皮炎患者的淋巴细胞功能较正常对照者明显减低。系统性红斑狼疮患者能通过PHA－淋巴细胞转移形成试验（LTT）反映出细胞免疫功能低下。另外有人在对158例皮肤病人细胞免疫功能的观察中也发现，遗传过敏性皮炎、寻常性银屑病、系统性红斑狼疮患者中PHA－LTT、EaEt和PHA皮试都有不同程度的低下。在四种不同疣患者中发现，66例患者中有45例Et、Ea降低，与对照组相比存在显著性差异。有报道斑秃病人LTT和自然玫瑰花结形成率（RFC）有不同程度的降低。在白癜风患者中存在着T细胞亚群失衡，表现为抑制细胞毒性T细胞显著升高，OKT^{+4}/OKT^{+8}细胞比率明显降低，当病期超过3年时，这种失衡更为明显。另外在头癣患者中也报道有细胞免疫方面的紊乱和低下。

施行针灸后，可引起机体细胞免疫方面诸多变化。有报道针刺治疗寻常疣，并采用结核菌素试验（OT）、PHA皮试和末梢血淋巴细胞计数方法观察指标，治疗前后比较各项指标均有明显增强。对正常人进行针刺，可使血液中白细胞总数和吞噬功能明显提高，伴有感染和炎症的患者，这种现象尤为突出，而艾灸也表现出同样的效应。针刺亦可影响T细胞的免疫状态。用电针刺激正常人的足三里、阳陵泉、丰隆穴，发现电针后T细胞明显增加，T细胞内脂酶活性在电针后亦明显增加。针刺治疗带状疱疹前后，可引起PHA、SK－SD、OT皮试红晕反应发生显著变化，末梢淋巴细胞增加。穴位注射维生素B_{12}治疗顽固性湿疹亦可引起上述反应。这表明针刺有调整机体免疫网络失衡、增强和健全T细胞功能的作用，为针刺治疗细胞免疫功能失常所致的损美性疾病提供了理论基础。

艾灸也具有针刺样作用，有人用隔药饼灸治疗20例银屑病，发现85%的病人在治疗后PHA皮内试验有不同程度的增强。有人用艾灸治疗带状疱疹时观察到，艾灸可以提高免疫细胞数，加强T淋巴细胞的功能。

2. 对体液免疫的影响 有人报道，在圆形脱发患者血中IgG较正常人明显增多（$P<0.01$）；白癜风病人的IgG、IgA、IgM均明显增高，差异非常显著（$P<0.001$）；银屑病病人的IgG、IgA、IgM也明显增高；湿疹、荨麻疹、药疹等病人IgE含量高于正常对照组（$P<0.025$）。但也有报道部分病人IgG、IgM及总补体较正常人显著降低。

在顽固性痤疮患者中亦显示有免疫方面的紊乱，有人观察了70例患者，其中IgG、IgA、

IgM 升高者有 14 例，降低者有 34 例。在四种不同的疣患者中 IgM、IgA、IgG 有不同程度的增高，其中以 IgM 增高最明显。

另外，现已证明白癜风、斑秃的发病与自身免疫有关。再有银屑病、扁平苔癣、玫瑰糠疹等也与免疫异常有关。

针刺合谷、内关可使正常人血清中的球蛋白含量上升。针刺健康人上巨虚，连续 12 天后血清中 IgG 和 IgA 较针前上升，但 IgM 无变化。用艾灸或灸疗仪照射家兔“百会”、“肾俞”，不仅白细胞和血清总补体含量升高，而且血清免疫球蛋白 IgG 的含量较前明显升高。针灸对患病机体的免疫球蛋白亦有影响，如针刺 85 例寻常疣，其治愈率为 96%，针刺前后体液免疫检查显示，针后 IgM 明显降低，IgG 升高，IgA 与补体 C3 变化不大，提示针刺可增强免疫球蛋白的功能。

（二）改善皮肤微循环

皮肤的生理活动和病理改变与微循环有密切关系。一般以甲皱、患部皮肤和舌尖部作为微循环检查的常用部位。皮肤毛细血管的不同状态反映不同的疾病，血管分布状态不是孤立的，其与周围组织有密切关系。皮肤乳头毛细血管增生时，伴有一定程度的表皮增生，当乳头毛细血管被吸收或营养不良时，表皮常扁平或萎缩。毛细血管袢左右侧病理改变不同时，也显示不同的病，如左侧显示较多的萎缩毛细血管袢时，多伴有表皮萎缩；右侧显示较多的卷曲毛细血管袢时，多伴有表皮增生。

针刺作用于机体后，首先引起血管短暂的即时性收缩反应，然后是较长的扩张反应；在人体和动物身上均看到很多皮肤病循环系统（特别是微循环）的异常及针灸对血管舒缩活动、微循环状态的明显影响。有人在对 10 例冻疮病人进行针刺、温针、电针治疗时发现，患者甲皱微循环变化中管袢数并不减少，毛细血管主要变化为扩张、迂曲、瘀血，血流速度较慢或有停滞共 8 例；针刺取上八邪，得气后留针 15 分钟，每个病人分别进行单纯针刺、温针（2 壮）、电针（频率为 160 次/分）的测定，在恒温条件下进行自身对照；结果针灸后血流速度、指端皮肤温度有明显变化。有人进行针刺治疗寻常疣时，观察了针刺前后微循环的变化，针刺前视野多为淡黄色，表皮突平面结构如蜂窝状，各表皮突中央有一小血管显浅棕色；针刺后立即观察发现，视野较苍白，小血管收缩显得隐约不清，数天后复检，见疣体中心或其他部位有片状出血，多数小血管栓塞显红褐色。另外有人对 60 名斑秃病人脱发区皮肤的微循环状况进行了观察，结果发现斑秃区贫血型微循环象高达 42.8%（健康人仅为 3.9%），甲皱毛细血管的形态亦不规则，扭曲和粒状血流较正常人多，推测斑秃区血管运动神经，特别是血管收缩神经兴奋与斑秃的发病有关。用梅花针治疗本病，可使脑血流增加，被刺部位毛囊和毛乳头周围血管充血，血管数目明显增加。系统性硬皮病甲皱处视野多模糊水肿，血管袢的数目显著减少，血管支明显扩张和弯曲，血流迟缓，大多数病例有出血点；局限性硬皮病视野稍模糊，血管支弯曲较多，其他尚正常；系统性硬皮病患者手背紧绷发硬，伴有色素减退处的皮肤镜下显示为苍白、清晰，有散在点状血管及细、短的袢顶部分可见。有人用隔药饼灸为主治疗硬皮病 21 例，有效 12 例。治疗前甲皱微循环检查 36.8% 管袢顶有瘀血，治疗后减少到 21.7%，前后对照有明显的差异，其中毛细血管袢极度弛张者治疗后基本消失。皮肤病中微循环表现异常的还有系统性红斑狼疮、银屑病、扁平苔癣、神经性皮炎、毛发红糠疹、皮肌炎、多形性红斑、异位性皮炎、慢性荨麻疹等。

（三）调整皮肤活性胺的释放

血管活性胺主要有组胺和5－羟色胺。组胺主要存在于肥大细胞中，可因机械性、化学性及免疫学因素而释放。5－羟色胺主要存在于血小板内，免疫复合物或血小板活化因子可促使血小板释出5－羟色胺等血管活性胺。另外，肥大细胞的颗粒中也含有一定量的5－羟色胺。肥大细胞主要分布于多种瘙痒性皮肤病如异位性皮炎、接触性皮炎的血管周围。可见许多皮肤病的发生与血管活性胺有密切关系。

组胺主要作用于靶细胞的 H_1 和 H_2 受体，H_1 受体主要与平滑肌收缩、毛细血管通透性增加和皮肤瘙痒感有关；H_2 受体与胃酸分泌亢进、心肌收缩增强有关。变态反应由肥大细胞及嗜碱粒细胞中游离出的组胺刺激平滑肌、血管内皮细胞及感染神经末梢等的 H_1 受体而诱发。血小板和肥大细胞释出的5－羟色胺可引起平滑肌收缩及增高血管通透性。

针灸对组胺增加所致的皮肤病有明显的抑制作用；对23例急性荨麻疹病人采用激光针治疗，取曲池、合谷、足三里穴，治疗前血液组胺与正常对照组相比明显升高，经激光针治疗后血组胺含量明显下降。动物实验也证明针灸具有抗组胺作用。有人采用激光照射家兔“足三里”穴，照射7天时，血中组胺含量较治疗前减少。有人用成年白色家兔进行实验，静注3%伊文思蓝溶液，然后向暴露区皮内分别注入生理盐水或不同剂量的组胺，30分钟后观察注射局部情况。皮肤内注入生理盐水处无皮肤蓝染，注入组胺处则有蓝染，蓝染程度与组胺剂量平行，蓝染区平均直径与对数剂量呈线性相关，如在注射组胺前给予盐酸异丙嗪，则其效应显著受抑。电针刺激家兔双侧“章门”、“足三里”穴1小时后，再按上述方法测定，发现同样剂量的组胺引起皮肤蓝染区平均直径比未接受电针的对照组减小17.4%～51.0%。将蓝染区皮肤切下，用甲酰胺提取色素作比色定量，也证实针刺显著抑制组胺致血管通透性升高作用。

总之，针灸对组胺、5－羟色胺及肥大细胞有良好的调整作用，这为针灸治疗影响美容的皮肤病提供了理论基础。

此外，有研究表明，针灸肺俞、脾俞、肾俞可提高超氧化物歧化酶（SOD）活性，使丙二醛（MDA）含量显著下降，阻断氧自由基（OFR）促使产生脂质过氧化物（LPO）的链式反应，从而改善机体的代谢状态，达到美颜的功效。

（四）调节垂体－肾上腺皮质功能

肾上腺皮质激素是有效的抗炎和免疫抑制剂，广泛应用于皮肤病的治疗，挽救了许多严重皮肤病患者的生命。但此类药物的大量长期应用可产生严重的毒副作用，严重者可致死。为了发挥激素之长，克服其副作用之短，充分发挥中西医结合之优势，许多针灸学者在临床和实验中发现针灸对下丘脑－垂体－肾上腺皮质系统的功能有良好的调整作用。

针灸可以调整肾上腺皮质激素水平。有人观察了针刺关元等穴对肾上腺皮质功能的影响，分甲、乙两组进行实验：甲组温针关元、气海；乙组电针秩边、环中。结果：甲组温针4小时后，嗜酸粒细胞平均下降至原值的82.3%，24小时后为68.6%；24小时尿17－羟皮质类固醇总量增加0.391～1.854mg。乙组4小时后，嗜酸粒细胞上升至原值的145.4%，24小时尿17－羟皮质类固醇总量减少0.399～8.38mg；实验说明温针关元、气海能提高垂体－肾上腺皮质系统的功能；电针秩边、环中能降低垂体－肾上腺皮质系统的功能，也证实腧穴存在一定的特异性。进一步研究发现电针刺激强弱不同亦产生不同的作用，有研究表明家兔在电针强刺激后血浆皮质醇含量明显升高，弱刺激组则有下降趋势。有人采用徐疾补泻手法针刺正常人和十二指肠溃疡病人足三里穴，观察针刺前后血浆总皮质醇的变化。结果发现：正常人针后30分钟皮质醇增加68.0%，病人为27.4%。针感传导与血浆皮质醇水平变化亦有一定关系，1级针感传导的血浆皮质醇水平所占比例最高，2级、3级针感传导则逐级次之。

针灸还可拮抗激素所致的肾上腺皮质功能减退，减轻肾上腺皮质的萎缩，并对肾上腺皮质有一定的保护作用。有人选择健康雌性大白鼠，每日注射氢化可的松30mg/kg体重，连续注射9日，使肾上腺萎缩，皮质功能减退。用弱电针刺激双侧“肾俞”穴，每次15分钟，针10次后，肾上腺重量及血浆皮质激素含量均显著高于模型对照组。用地塞米松6.8mg/kg腹腔注射，4小时后大鼠血浆皮质醇含量显著降低；电针15分钟后，皮质醇水平显著升高。还观察到注射地塞米松后大鼠间脑5－HT、5－HIAA含量明显降低；电针15分钟后又有明显恢复。认为中枢5－HT系统可能参与针刺对垂体－肾上腺皮质系统的调整作用。

另外，针刺有与氢化可的松相似的抑制炎症局部增生、减少炎症渗出的抗炎作用。用Selye法制造急性肉芽囊炎症，针刺组在囊的两侧根部与脊柱平行，分别插入2根毫针，深达0.5cm，每日1次，每次90分钟，每隔15分钟捻转1次；对照组不给任何药物刺激。结果：针刺组的囊壁外形逐渐缩小，到第9天完全消失，对照组缩小极慢；针刺组的渗出量为2.1ml，对照组为5.1ml；显微镜下可见对照组肉芽组织囊壁增厚，结缔组织增生明显，并有大量白细胞浸润，而针刺组上述变化较轻。针灸还可以控制和缩小炎症灶坏死面积，延缓或防止坏死的发生，可以促进局部炎性渗出物的吸收，减少水肿。

总之，针灸对垂体－肾上腺系统有促进和调整作用，这已从形态学上得到了证实，这也为针灸治疗炎症性、变态反应性损美性皮肤病展示了可喜的前景。针灸对肾上腺皮质激素的影响是多环节、多方面的，这有待于进一步深入研究。

二、推拿美容机理的现代研究

目前，关于推拿美容作用机理的研究还不够深入，尤其有关推拿美容方面的专门研究和报道甚少。现就推拿对人体某些系统的作用及实验研究加以介绍，以期引起今后对推拿美容机理方面研究的重视。

（一）对皮肤的作用

直接接触皮肤的摩擦类手法，可以清除局部衰亡的上皮，改善皮肤的呼吸，有利于汗腺和皮脂的分泌，并使皮肤内产生一种类组胺物质，这种物质能活跃皮肤的血管和神经，使皮肤的血管扩张，改善皮肤的营养，增强皮肤深层细胞的生活能力，从而使皮肤变得光泽美丽而富于弹性，对多种面部的损美性病症有良好的治疗作用，达到养颜、防衰、除皱、除掉污秽斑点的目的。同时，由于皮肤血管的扩张，皮肤单位面积通过的血液循环量增加，从而皮肤的温度也会相应地升高，使面部皮肤变得红润细腻。

（二）对肌肉的作用

推拿可增强肌肉的张力和弹性，使其收缩机能和肌力增强，因而有利于肌肉耐力的增强和工作能力的提高。如对疲乏的肌肉推拿5分钟后，它的工作能力要比原来提高3～7倍。

有人将猴子的坐骨神经切断，致使其腓肠肌萎缩，然后做推拿对照，结果推拿组与未推拿组的肌肉恢复有明显的差异，推拿组肌肉恢复较好。在实践中，有人通过对一些因外伤所致的“废用性”肌肉萎缩病例的治疗观察，发现推拿不仅能防止或减轻肌肉萎缩，并且能使肌肉恢复原有的形态和功能，这也是推拿治疗诸如面瘫等损美性病症的机理所在。

另外，研究表明，用轻微的推拿（摩擦、推按、揉捏等），或用力的推拿（捶击、切击、拍击），能很快消除紧张的体操活动后引起的肌肉水肿、僵硬、紧缩和疼痛。推拿能使肌肉中闭塞的毛细血管开放，因而被推拿的肌肉群能获得更多的血液供应，增强肌肉的潜在能力。

（三）对周围血管的作用

推拿手法可引起部分细胞蛋白质分解，产生组胺和类组胺物质，加上手法的机械能转化为热能的综合作用，可促使毛细血管扩张，增加局部皮肤和肌肉的营养供应，使肌萎缩得以改善，并能促进损害组织的修复；手法的持续挤压，可增强血液循环和淋巴循环，加速水肿和病变产物的吸收，促进肿胀、痉挛消除。有人在狗的粗大淋巴管内插入套管，看到推拿后比推拿前淋巴液流动增快 7 倍；在家兔的两侧膝关节内注射墨汁，并推拿一侧膝关节，发现经推拿的一侧膝关节内的墨汁消失，未经推拿的一侧膝关节内墨汁依然大部分存在。

适当的被动活动可增加肌肉的伸展性，促使被牵拉的肌肉放松，而肌肉的放松可大大改善肌肉血液循环。经测定肌肉放松时的血液流量比肌肉紧张时要提高 10 多倍。推拿还可使局部组织温度升高，肌肉的黏滞性减少。由于推拿后肌肉放松，肌肉黏滞性减少，可引起周围血管扩张，循环阻力降低，从而减轻心脏负担，降低血压。

按压某些穴位（多在血管循行部位），可使血管中的血流暂时隔绝。根据血流动力学的原理，在按压处的近心端，由于心脏的压力和血管壁的弹性，局部压力急骤增高，急骤放松压迫，则血流向远端骤然流去，利用这短暂的血流冲击力可起到活血祛瘀、改善肢体循环的作用。

（四）对神经系统的作用

推拿治疗亚健康状态失眠的病人，患者常常在推拿过程中处于迷糊入睡状态，部分患者甚至可不时发出鼾声。在推拿治疗亚健康状态而嗜睡的病人时，推拿后病人则常感头清目明，精力充沛。这种现象是和推拿手法对神经系统产生的抑制与兴奋作用分不开的。不同的推拿手法对神经系统的作用也不同。其中提弹、叩砸起兴奋作用，而另一些手法如表面抚摩、深度按摩则起抑制作用。即使同一手法，若运用的方式不同（如手法缓急、用力轻重、时间长短等），其作用也截然不同。一般来说，缓慢而轻的推拿手法有镇静作用；急速而重的手法则起兴奋作用；短时间的手法可改善皮层的机能，并通过植物性反射，调整疲劳肌肉的适应性和营养供求状况；长时间的手法则起相反效果。

（五）对消化和代谢的作用

推拿能通过反射机制，活跃消化系统和腺分泌系统，增强胃肠的蠕动，从而改善消化机能，这也是推拿减肥的机理。有人做过推拿对胃运动影响的观察，实验对象为健康成人 14 名，其中 2 名作为对照组。实验时对两侧胃俞、脾俞、足三里等穴进行推拿，每穴位 15 分钟，同时进行推拿前与各部位推拿后的胃运动观察。实验结果表明：推拿胃俞与脾俞穴后大多引起胃运动增强，推拿足三里穴则大多引起胃运动抑制。值得提出的是，在胃运动增强时，推拿后往往使胃运动减弱；而当胃运动减弱时，推拿后则增强。推拿的双向良性调节作用，正是推拿美容的机理所在。

各论

诊治与保健美容

第六章　常见损美性疾病的治疗

本章主要在中医整体观念、经络学说与辨证论治理论指导下，分部位介绍发生于颜面部、毛发部及其四肢形体等部位常见损美性疾病的针灸推拿治疗原则、具体方法和预防调理。

第一节　颜面部常见损美性疾病

一、黄褐斑

黄褐斑是好发于中青年女性面部与皮肤平齐的浅褐色或黄褐色色素沉着斑片，常呈对称性分布，形状不规则，无明显自觉症状，夏季加深，冬季变浅。俗称“肝斑”、“蝴蝶斑”，相当于中医学“黧黑斑”、“面尘”范畴，由于发生于面部，且较难褪去，与面部正常肤色形成鲜明对比，影响患者的容貌美与人们的审美心理。

【病因病机】

暴怒伤肝，思虑伤脾，惊恐伤肾而使气机紊乱，气血悖逆，难以上荣于面而生黄褐斑；或饮食不节，劳伤脾土，脾失健运，气血不能上荣于面；或因房事过度，久伤阴精，水亏不能制火，虚火上炎，燥结于颜面成斑。

西医学认为本病与内分泌变化、妇科疾病、化妆品、日光、营养及遗传等因素有关。

【临床表现】

面颊部对称性浅褐色或深褐色斑片，形状不一；也可发生于口周、前额、眉弓、颞部等处。可互相融合呈现蝴蝶形或不规则形，边界清楚，表面光滑无鳞屑，也无明显痛痒等自觉症状。病程缓慢，受紫外线照射后颜色加深，故常夏季加深，冬季减轻。好发于中青年女性。

【鉴别诊断】

1. 雀斑

有家族史，多发生于青少年。针帽至米粒大小黄褐色或淡黑色斑点，无自觉症状。

2. 瑞尔黑变病

与长期接触硫氢化合物造成慢性中毒有关。好发于前额、颞、颧、耳后和颈侧。皮损为灰紫或紫褐色，边界不鲜明，初起呈网点状分布，后可融合成片，色素斑上常有粉尘状细小鳞屑。

【辨证论治】

1. 毫针疗法

（1）肝郁气滞型

主症　面部皮损多呈栗皮色斑片，大小不定，边缘不整，边界清，似地图状或蝴蝶状，大多对称分布。伴有胸闷不舒，烦躁易怒，女子月经不调，经前色素加深，两乳作胀。舌红苔薄黄，脉弦。

治则　疏肝理气，解郁消斑。

处方　太冲、三阴交、足三里、肝俞、阳陵泉、行间。女子月经不调者加关元、血海；经前乳房胀痛者加期门。

方义　太冲属肝经原穴，与行间、肝俞相配，能疏肝解郁；三阴交滋阴养血；足三里健脾和胃，养血活血；阳陵泉为胆经合穴，有疏肝解郁、活血通络作用。

操作　每次选取3～5穴，平补平泻，留针10～20分钟。每日1次，10次为1疗程。

（2）脾虚血弱型

主症　面色萎黄，浅褐色斑片如尘土，边界不甚清楚，多见于前额、口周。

伴神疲体倦，腹胀纳差。舌淡苔白腻，脉沉细。

治则　健脾益气，养血化斑。

处方　中脘、足三里、脾俞。腹胀纳差加梁门、水分；痰饮内停加丰隆。

方义　中脘、足三里、脾俞均能健脾和胃，养血化斑。

操作　每次选2～4穴，用补法，留针20分钟，必要时可加用艾灸。每日1次，7次为1疗程。

（3）肾水不足型

主症　面部皮损呈灰黑色斑片，大小不等，边缘清楚，对称分布。伴月经量少，头晕耳鸣，腰膝酸软。舌红少苔，脉细数。

治则　滋阴补肾，祛风化斑。

处方　三阴交、肾俞、曲池。伴五心烦热者加太冲、蠡沟；伴不孕者加命门、关元。

方义　肾俞配三阴交有较强的滋补肾阴作用；曲池清热祛风，活血祛斑。

操作　用捻转补法刺入1寸，得气后留针20分钟。每日1次，10次为1疗程。

2. 其他疗法

（1）耳穴疗法

处方　肺、肝、肾、内分泌、面颊。

操作　用胶布贴王不留行籽于耳穴，每天早晚各按压1次，每穴按3分钟，5天换1次。

（2）刺络拔罐疗法

处方　①大椎、身柱；②至阳、命门。

操作　两组穴位交替使用。局部常规消毒后，捏起皮肤，用皮肤针中等强度叩刺，至微微出血，然后用火罐吸拔10分钟，须拔出血液2ml左右。隔日1次。

（3）穴位埋线疗法

处方　①肺俞、曲池、足三里；②风门、三阴交、阳陵泉。

操作　先用甲紫液定穴位，常规局部消毒后，将羊肠线穿入埋线针内，用注线法刺入穴位约1寸左右，得气后注线于穴位处，用消毒棉签压迫止血后，贴上创可贴。肺俞及风门应向脊柱方向斜刺。24小时禁沾水。两组穴位交替使用，15天埋线1次，3～6次为1疗程。

3. 推拿疗法

（1）先用掌根从上而下按揉放松背腰部肌群；次用肘尖点揉足太阳膀胱经之大杼、肺俞、心俞、脾俞、胃俞、肾俞等穴位，以食指按压足小趾之束骨穴；再自上而下直推督脉，推擦夹脊数遍。

（2）点按迎香、颊车、睛明、鱼腰、四白、太阳等穴，使面部肌群放松。用五点梅花指轻轻敲打面部，着重敲打黄褐斑患处，直至发热、发红为度。后再用梅花指敲打头顶百会穴。

（3）以手掌自上而下沿足部的足阳明胃经推而擦之，并着重按揉足三里穴，以胀麻为度。

手法推拿后，嘱患者饮开水500ml以加强机体新陈代谢。（苏彦林、李应伟，《按摩与导引》，2002年第5期）

【预防与调理】

1. 生活起居有规律，保证足够睡眠。防止紫外线过度照射。
2. 注意合理膳食，多吃水果蔬菜，荤素搭配，忌食辛辣煎炸食品及酒类。
3. 树立信心，坚持治疗，积极寻找并治疗原发病。
4. 调整心态，舒畅情绪。
5. 可选用一些具有祛斑美容作用的化妆品。

二、雀斑

雀斑是好发于颜面部、呈淡褐色或深褐色圆形或卵圆形散在小斑点，边界清楚，不痛不痒，不高出皮肤。日晒后增多，色加深，常有家族史。女性多见。本病虽不影响健康，但直接影响容貌美。

【病因病机】

阴虚内热，火邪上炎或日晒热毒内蕴，郁结于面部所致。

西医学认为与遗传及日光有关。

【临床表现】

淡褐色或深褐色，不高出皮肤表面，如芝麻大小圆形或卵圆形斑点，多见于面部，尤以鼻部及两颧为多，对称分布。斑点数目不定，少则几个，多则数百，散在性点状分布而不融合。无任何自觉症状。皮损夏秋季加深，冬春季则变淡，青春发育期明显增多；部分与月经周期有关。

【鉴别诊断】

雀斑样痣

为褐色或黑色圆形色素斑点，不隆起或稍高出皮面。可分布于身体任何部位的皮肤或黏膜，无自觉症状。皮疹于出生时即有或在儿童期出现，也可发生于任何年龄，日晒后并不加重。

【辨证论治】

1. 毫针疗法

（1）阴虚火旺型

主症　有家族史，自幼发病，斑点较深，形似芝麻，数目较多。

治则　滋阴补肾。

处方　三阴交、曲池、足三里。伴腰痛、腰酸者加肾俞、命门；伴体倦乏力者加脾俞。

方义　三阴交为肝、脾、肾三阴经交汇之处，能调和气血，滋阴养血；曲池调和阳明经气，美白祛斑；足三里是胃经合穴，健脾和胃，养血活血。

操作　中等刺激，平补平泻，留针15～20分钟。每日或隔日1次，10次为1疗程。

（2）热邪外袭型

主症　日晒后发病或加重，无家族史，斑点淡褐色，稀疏散在。

治则　疏风清热。

处方　大椎、血海、膈俞。面部潮红者加合谷、曲池。

方义　大椎可清泄诸阳之热；血海凉血清热；膈俞为八会穴之一，清热利湿。

操作　平补平泻，留针15～20分钟。每日或隔日1次，10次为1疗程。

2. 其他疗法

（1）火针疗法

处方　雀斑局部。

操作　患者仰卧，雀斑局部常规消毒，根据雀斑大小选择用平头火针或尖头火针，在酒精灯上烧至发红，对准雀斑快速点灼至发白即可。注意不要过深，治疗后局部暴露干燥，禁碰水及剥痂，约7～10天自然脱痂，色素随痂脱落。另应根据患者面部雀斑的多少、面积的大小，分期分批点刺治疗。一般分2～3次治疗，中间隔15～30天。

（2）艾灸疗法

处方　曲池、大椎、三阴交。

操作　点燃艾条一端，对准穴位，距皮肤约2～3cm进行熏熨至局部有温热感。每处灸15～20分钟，至皮肤有红晕为度。隔日1次，10次为1疗程。

作用　疏通经络，祛风清热。

（3）耳穴疗法

处方　内分泌、神门、颊。

操作　用王不留行籽或 2mm 长揿针，按压或刺入耳穴后用橡皮胶布固定。每 5 日 1 次，5 次为 1 疗程。

3. 推拿疗法

手法同黄褐斑。

【预防与调理】

1. 避免日光照射，夏秋季节应使用帽子、遮阳伞及防晒霜等。
2. 可以适当选用祛斑霜，防止雀斑加重。
3. 泛发性较重雀斑可酌情同时内服逍遥丸、六味地黄丸及维生素 C 等。

三、粉刺

粉刺是常见于青春期的毛囊皮脂腺慢性炎症性疾病。主要以炎性丘疹、脓疱、结节、囊肿及瘢痕等多种皮肤损害为特征。好发于面部、胸部、背部等皮脂腺丰富的部位。由于反复发作影响容貌美，可导致患者审美心理障碍，如自卑、不愿与人交往等等。俗称"青春痘"，相当于西医的痤疮。

【病因病机】

肺经郁热，外感风热，导致上冲头面，熏蒸肌肤；或饮食不节，嗜食辛辣油腻食品，脾胃运化失常，肠胃湿热内蕴，上攻头面，溢于肌表而发粉刺。病久可因风热、湿热之邪久郁经络而致瘀热痰互结，使皮疹复杂深重。

西医学认为本病多与青春期雄激素分泌旺盛，皮脂腺分泌过多，毛囊口过度角化及痤疮丙酸杆菌大量繁殖有关。

【临床表现】

皮损为多样性，有丘疹、脓疱、结节、囊肿、皮脂溢出，开放性及闭合性粉刺，严重者皮肤可留有色素沉着与瘢痕。主要发生在面部，尤以额、鼻、双颊及颏等部位为多，也可见于胸背部。好发于青春期男女。

【鉴别诊断】

1. 酒齄鼻

多于中年时期发病，好发于鼻部或面中部。初期以红斑、肿胀为主，中期以毛细血管扩张为主，后期可形成鼻赘物。常有家族史。

2. 颜面播散性粟粒性狼疮

好发于成年人，皮损呈暗红色或棕褐色半球型扁平丘疹或小结节，常分布于下眼睑、鼻唇沟，玻片压诊可见苹果酱色改变。无明显自觉症状。

【辨证论治】

1. 毫针疗法

（1）肺经风热型

主症　面色潮红油腻，丘疹色红，有痒痛感。唇色偏红，口干，便结。舌红苔薄黄，脉浮数。

治则　宣肺清热，凉血解毒。

处方　肺俞、风池、曲池、合谷、膈俞、血海。热盛加大椎；大便黏滞加天枢，大便干加支沟。

方义　肺俞配曲池、风池、合谷可清宣肺热；血海配膈俞可凉血清热。

操作　进针得气后施提插捻转泻法，留针20分钟。每日1次，10次为1疗程。

（2）肠胃湿热型

主症　局部皮疹红肿、脓疱、疼痛。口鼻偏干，尿黄便秘。舌红苔黄腻，脉滑数。

治则　清热化湿，通腑泄热。

处方　下关、颊车、攒竹、曲池、合谷、足三里、内庭。食少纳呆加中脘、三阴交；便秘口干加天枢、大肠俞。

方义　下关、颊车、攒竹清热散结消肿；曲池配合谷散阳明风热；足三里配内庭调理肠胃湿热。

操作　用泻法，得气后留针20分钟。每日1次，10次为1疗程。

（3）痰热郁结型

主症　面部皮损以红色或暗红色结节、囊肿和凹凸不平的疤痕为主或伴有小脓疱、粉刺和色素沉着。舌红苔黄腻，脉滑数。

治则　清热化痰，散结消肿。

处方　曲池、丰隆、阳陵泉。色素沉着可加肺俞。

方义　曲池散风清热，丰隆化痰散结，阳陵泉通络活血散结。

操作　用泻法，得气后留针20分钟。每日1次，10次为1疗程。

2. 其他疗法

（1）放血疗法

处方　耳背部近耳轮处明显的血管。

操作　选择耳背部明显的血管一根，按揉至充血后，常规消毒，固定住耳廓，将三棱针对准静脉血管快速刺入，出血5～10滴后，用消毒干棉球压迫止血，贴上创可贴。1 次为 1 疗程，未愈者隔 1 周后，另选一根血管放血。

（2）针挑疗法

处方　背部两侧膀胱经的反应点（小丘疹、小红点及小结节）。

操作　局部常规消毒，用三棱针刺破反应点的皮肤，将皮下白色纤维样物逐一挑断，至挑尽为止。用消毒干棉球压迫止血后，创可贴外敷。24 小时禁沾水，避免感染。每次挑刺 1～3 处，1 周挑刺 1 次，5 次为 1 疗程。

（3）刺络拔罐疗法

处方　大椎、肺俞、膈俞。

操作　先用三棱针点刺大椎穴放血，用毫针刺肺俞、膈俞后，再用大号玻璃火罐，以闪火法迅速按在穴位上，留罐 10～15 分钟。每日 1 次，10 次为 1 疗程。

（4）穴位注射疗法

处方　曲池、足三里。

操作　常规消毒后，抽取患者肘静脉血 3ml，迅速注入双侧曲池或足三里穴。1 周 1 次，4 次为 1 疗程。

（5）穴位埋线疗法

处方　大椎、肺俞、曲池、血海。

操作　首先用甲紫液定位，常规消毒后，用注线法将羊肠线注入穴位。大椎穴捏起皮肤与脊椎平行刺，肺俞斜向脊椎方向刺，用创可贴贴敷。24 小时禁沾水。15 天 1 次，3 次为 1 疗程。

3. 推拿疗法

先按揉头维、太阳、丝竹空、地仓、颊车、迎香、翳风穴各半分钟。用掌根按揉前臂外侧三阳经路线 5 遍。

（1）肺经风热型　用双掌推背部足太阳膀胱经；用拇指沿膀胱经，由昆仑按压至承扶穴，再由大杼按压至小肠俞；最后按揉风池、大椎、肺俞、曲池、合谷穴各半分钟。

（2）肠胃湿热型　用手掌沿解溪至髀关推、按、揉胃经；再在腹部顺时针方向摩腹 36 次；最后点按中脘、天枢、足三里、梁丘、脾俞、胃俞、大肠俞各半分钟。

有的粉刺呈周期样变化，在月经期加重，多属冲任不调型，治用手掌按揉下肢三阴经，往返 5 遍；点按三阴交、血海、气海、关元、肝俞、肾俞各半分钟。

足部可按摩肾上腺、肾、输尿管、膀胱、胃肠、肝、脾、甲状腺、甲状旁腺、垂体、生殖腺等反射区。

注意：粉刺红肿化脓的炎症期不宜推拿按摩局部病变部位。

【预防与调理】

1. 禁食辛辣、煎炸、油腻食品，少食甜食，适当增加新鲜水果蔬菜。
2. 生活规律，保证充足睡眠。保持精神和情绪稳定。
3. 保持良好的排便习惯。
4. 面部油腻明显者常用洗面奶洗脸，保持面部清洁。
5. 可适当用控油消炎的护肤品。

四、酒齄鼻

酒齄鼻是好发于中年人鼻部及面中部，以红斑、丘疹、毛细血管扩张，甚则鼻头增大变厚、表面隆起、状如赘瘤为主要特征的慢性皮肤病。由于病变发于面中鼻部，呈紫红肥大似赘瘤状，破坏了面部比例、对称与和谐美感，给患者带来沉重的心理压力。酒齄鼻俗称“红鼻子”，古人认为本病与饮酒有关，故称之。

【病因病机】

肺经阳气偏盛，郁而化热，上泛于鼻；或肺胃素体积热，复又嗜食辛辣，生热化火，火热循经熏蒸，致鼻部潮红肿胀；或风寒外袭，皮肤血行不畅，血瘀脉络致鼻部先红后紫，甚如瘤状。

西医学认为与嗜酒、食辛辣食品、高温、内分泌失调、胃肠功能紊乱有关。

【临床表现】

初起鼻部及面中部暂时性红斑，在进食热饮、酒及辛辣食物，或紧张激动时面部潮红；反复发作后逐渐转化成持久性红斑；逐渐鼻尖、鼻翼及两颊出现细丝样红色毛细血管扩张，伴毛囊扩大，皮脂溢出。偶伴有丘疹、脓疱、结节。严重者数年后可出现鼻尖、鼻翼肥大，形成表面凹凸不平的鼻赘。本病好发于中壮年人，稍有痒感。

【鉴别诊断】

粉刺

好发于青春期男女，皮损可累及背部及上胸，可见白头或黑头粉刺。不伴鼻部症状及毛细血管扩张。

【辨证论治】

1. 毫针疗法

（1）肺胃热盛型

主症　鼻部及鼻周潮红，压之褪色，油腻光亮，遇热则红更甚。口唇干燥，尿赤便秘。舌红苔薄黄，脉滑数。

治则　清泄肺胃之热，佐以凉血。

处方　印堂、迎香、地仓、承浆、颧髎、曲池。热盛者加大椎、合谷。

方义　印堂、迎香、地仓、承浆、颧髎均为面部美容穴，有清热凉血活血作用；曲池能清泄阳明之热。

操作　各穴轻轻捻转，留针 20～30 分钟，出针放血 3～5 滴。2 日针刺 1 次，10 次为 1 疗程。

（2）血瘀脉络型

主症　鼻部暗红或紫红，逐渐肥厚变大，或结节增生出现鼻赘。伴有毛细血管扩张，毛孔扩大。舌红伴瘀斑，苔薄，脉沉缓。

治则　活血化瘀通络。

处方　素髎、合谷、鼻局部脉络显露处、阳陵泉。肝气郁结加肝俞、太冲。

方义　素髎、鼻局部脉络处放血泄热，合谷宣肺清热，阳陵泉活血通络。

操作　素髎、络脉显露处挑刺出血，2 天挑治 1 次。其余穴位用捻转手法，间歇行针 30 分钟，每日 1 次，10 次为 1 疗程。

2. 其他疗法

（1）耳穴疗法

处方　鼻、肺、内分泌。

操作　用细毫针浅刺，手法宜强刺激，留针 15～20 分钟，间歇行针。隔日 1 次，10 次为 1 疗程。

（2）穴位注射疗法

处方　迎香。

操作　用 0.25% 的普鲁卡因注射液 1ml，在两侧迎香穴各注入 0.5ml，每周 2 次，10 次为 1 疗程。效果不明显时可加印堂穴。注意普鲁卡因注射液过敏者禁用。

（3）放血疗法

处方　鼻环穴（在鼻翼半月形纹的中间）。

操作　碘酒和酒精常规消毒后，用三棱针对准穴位刺入 0.1～0.2 寸深，拔针后挤压针孔周围使之出血 3～5 滴，用消毒棉球按压针孔。1 周 2 次。

3. 推拿疗法

肺胃热盛型可参照粉刺的全身推拿手法进行治疗。但是病变局部不宜施用推拿手法。

【预防与调理】

1. 查找并去除发病的原因。
2. 忌食辛辣的食品、酒，少饮浓茶。
3. 多食蔬菜、瓜果，保持大便畅通。
4. 注意清洁卫生，常用洗面奶及温水洗涤面部。
5. 禁长期外用皮质激素制剂。可外用抑制皮脂分泌制剂，如5%硫黄霜等。

五、白癜风

白癜风属于中医“白驳风”范畴，是一种常见的后天性色素脱失性皮肤病。常发生在面、颈、手、背等部位，有遗传倾向。发生在暴露部位的白癜风由于与正常肤色形成较大反差，严重影响容貌美和形体美，给患者造成较重的心理负担。

【病因病机】

七情所伤，肝郁气滞，致气机不畅；或外感风邪，令肌肤气血不和，血不养肤所致；或先天精血不足、久病失养、疲劳过度致肝肾亏虚，营卫失去畅达，肌肤失养而致白癜风。

西医学认为本病原因尚不十分清楚，但与自身免疫、神经精神、遗传等因素有密切关系。

【临床表现】

皮损呈浅白色或乳白色圆形或椭圆形斑片，边界清楚，不高出皮肤，表面光滑，有时周围可见着色较深的色素带。一般无明显自觉症状。

【鉴别诊断】

1. 单纯糠疹

多发于儿童面部，为大小不等圆形或椭圆形、边界不太清楚的浅色斑。一般皮损上均附着有灰白色糠状鳞屑。

2. 花斑癣

好发于中青年颈、前胸、后背等多汗部位。皮疹为边界清楚的圆形或不规则形无炎症性淡褐色斑或色素减退斑，表面可附有细小鳞屑，真菌检查阳性。夏发冬愈。

【辨证论治】

1. 毫针疗法

（1）肝郁气滞型

主症　白斑淡红，常随情绪波动扩大甚至泛发全身。女性多见，伴心烦不安，两胁胀满，月经不调。舌红苔薄黄，脉滑数。

治则　疏肝解郁，活血化瘀。

处方　膻中、期门、太冲、肺俞、肝俞、局部阿是穴。伴少寐心烦加通里、内关；月经不调伴血块者加归来、气海、足三里。

方义　肺俞、膻中配期门宣肺通络，肝俞配太冲疏肝活血养血。局部阿是穴活血化瘀。

操作　膻中、期门、太冲均行泻法。针膻中穴时针尖向下平刺 0.5 寸；期门穴用 0.5 寸针，针尖向下平刺入 0.1 寸，用提插捻转法。肺俞、肝俞穴用补法，针尖向脊椎，刺入 0.5 寸。局部白癜风用围刺法。

（2）肝肾阴虚型

主症　白斑边缘整齐清楚。常伴毛发变白，肢倦乏力，腰膝酸软，五心烦热。舌红苔少，脉沉细。

治则　滋补肝肾，养血祛风。

处方　肝俞、肾俞、脾俞、三阴交、足三里、阿是穴。头晕耳鸣者加风池、听宫；烦热盗汗者加阴郄。

方义　肝俞、肾俞、三阴交滋补肝肾，益先天之本；脾俞、足三里调理脾胃，补后天之本。

操作　肝俞、肾俞、脾俞、三阴交、足三里均采用补法。针肝俞穴时针尖朝下，不要深刺，宜在 0.5 寸范围以内。皮损局部用围刺法，留针 30 分钟。

2. 其他疗法

（1）艾灸疗法

处方　阿是穴。

操作　点燃艾条，对准白斑，以患者能耐受为最佳距离。范围大的白斑，可由外向内一圈一圈缩小灸治范围。前 8 次均需灸至白斑高度充血呈粉红色，每日 1 次；以后可灸至深红色或接近患者正常肤色。一般灸 30 次左右可转成正常或接近正常肤色。此法适用于局限型白癜风。

（2）耳穴疗法

处方　交感、内分泌、神门、肺、肾上腺等。

操作　每次选3个穴位，采用单耳埋针，双耳交替，每周轮换。

（3）梅花针疗法

处方　局部病变处、腰骶部或相应之脊柱处。

操作　中等度叩刺，至皮肤微渗血、充血明显即可。每日1次，15次为1疗程。

（4）自血疗法

处方　局部白斑处。

操作　局部常规消毒，抽取肘静脉血2ml，迅速注入白斑皮肤浅层，针尖在皮下转换几个方向，至皮损处呈青紫色为止。每周2次，10次为1疗程。

（5）刺络拔罐疗法

处方　局部白斑处。

操作　常规消毒后，用三棱针点刺，继以火罐吸拔，留罐5分钟。每周1次。

（6）火针疗法

处方　局部白斑处。

操作　将火针置于酒精灯上烧至微红后，迅速点刺白斑处皮肤，针尖约刺入皮肤1mm，反复操作至$1cm^2$内点刺10针左右。每周1次。注意针后禁沾水3天，以防止继发感染。

（7）穴位埋线疗法

处方　取曲池、阳陵泉为主穴。可配膈俞、肺俞、脾俞、肾俞、膻中、关元、外关、三阴交以及白斑处。

操作　每次选4穴。用甲紫液定好穴位，常规消毒后，将穿好药物羊肠线的埋线针以注线法刺入，推入线体，退出针头，用消毒干棉签压迫针眼，创可贴贴敷。24小时禁沾水。一般15天1次，3次为1疗程。对病史短、发展快、泛发型的青少年疗效较佳。

【预防与调理】

1. 树立信心，保持乐观情绪，避免七情内伤。

2. 适度日晒，以利于促进黑色素的形成，白斑消失。

3. 禁食辛辣、油腻食品，少食海鲜。多食富含酪氨酸与微量元素食物，如猪肝、蛋、肉、黑芝麻、核桃、花生、葡萄干等等。

4. 日常生活中可用铜餐具来补充铜离子。因部分白癜风患者体内含铜量显著低下。

5. 避免过量服用维生素C及各种含硫基药物（如胱氨酸、半胱氨酸等）。

6. 衣着宜宽大，避免穿紧身衣摩擦引起同形反应。

六、颜面再发性皮炎

颜面再发性皮炎相当于中医学“粉花疮”范畴，是反复发生于中青年女性面部的一种轻度红斑鳞屑性皮炎。春秋季易发。由于影响容貌美，有些患者为了快速去除症状，常在脸上长期外搽激素制剂而导致出现激素依赖性皮炎（只要停用激素就会出现急性或亚急性皮炎伴瘙痒、灼痛），患者不得不长期依赖使用皮质激素才能减轻痛苦。但随着病情发展会越来越重，甚至发生不可逆转的皮肤损害，如萎缩、色素沉着等等，影响正常的工作和生活。

【病因病机】

素体热盛加外感风热，两热相搏，蕴阻肌肤，上蒸于面部所致；或风热反复侵袭面部，日久血郁血燥，肌肤失养，生风化燥于面部所致。

西医学认为与化妆品、花粉、尘埃粘附于面，及日光、温热、卵巢功能障碍、习惯性便秘、消化功能障碍等刺激有关。

【临床表现】

突然发病，皮损为局限性潮红斑片，轻度肿胀，自觉瘙痒，表面可附有细小糠状鳞屑，一般无丘疹、水疱，也无苔癣化；好发于眼睑周围、两面颊及耳前，严重者可累及全面部。约 1 周至 10 天左右消退，但可再发，反复发作可有色素沉着。春秋季多见于 20 ~ 40 岁左右女性。一般多有过敏体质及接触史。

【鉴别诊断】

1. 面部湿疹

红色丘疹、水疱、渗出、苔癣化倾向，呈多形性损害。自觉剧痒。

2. 接触性皮炎

潮红、肿胀明显，密集的丘疹、水疱边界清楚。有明显接触史，与季节无关。

【辨证论治】

1. 毫针疗法

（1）风盛血热型

主症　面部斑片潮红肿胀，边界尚清，上附细小鳞屑，自觉瘙痒。口干而苦，便干尿赤。舌红苔薄黄，脉浮数。

治则 祛风清热，凉血止痒。

处方 曲池、合谷、血海、太溪、三阴交、肺俞。便秘加下巨虚、支沟；面部潮红明显加颊车、风池。

方义 曲池配合谷清泄阳明之热；肺俞宣肺清热；血海配三阴交凉血清热；太溪清肾经虚火。

操作 捻转进针，中等度刺激，有针感后留针30分钟，行捻转提插手法3~4次。每日1次，5次为1疗程。症状好转改为隔日1次，直至症状消失。

（2）风热血燥型

主症 面部潮红肿胀，斑片反复发作，皮肤干燥脱屑。手心发热，口唇干燥。舌红苔薄黄，脉细数。

治则 祛风养血润燥。

处方 风池、曲池、风市、血海、脾俞、膈俞。五心烦热者加三阴交、肾俞。

方义 风池配曲池清热；血海配风市凉血通络；脾俞配膈俞健脾胃，养气血。

操作 捻转进针，中等度刺激，脾俞用补法，有针感后留针30分钟。每日1次，10次为1疗程。症状好转后改为隔日1次。

2. 其他疗法

（1）耳穴疗法

处方 面颊、肺、脾、肾上腺、皮质下。

操作 毫针刺，中等刺激，留针30分钟；或用揿针埋藏3天。两耳交替。

（2）放血疗法

处方 耳尖或屏尖。

操作 先用手指按揉耳尖或屏尖至充血，常规消毒后用三棱针点刺，挤压周围使之出血5~7滴。每次取一侧耳穴，每周2次，5次为1疗程。

（3）粗针疗法

处方 大椎、陶道、身柱。

操作 在与患者充分沟通情况下，选一穴用甲紫液定位，常规消毒，双手持粗针沿督脉的真皮深层及皮下组织间进针，缓缓深入至针身全部进入，仅留针柄在外，用橡皮胶固定。根据患者耐受情况，一般留针4~6小时。每周2次，6次为1疗程。此法对反复发作者效佳。但要注意掌握解剖知识，严格消毒，预防感染，避免误伤大血管及晕针。

（4）穴位埋线疗法

处方 大椎、肺俞、血海、曲池。

操作　用甲紫液定位后，常规消毒，埋线针穿线后用注线法注入穴位。大椎穴应捏起皮肤，与脊柱平行刺入，肺俞应斜向脊柱方向刺入。24 小时禁沾水。15 天 1 次，3 次为 1 疗程。对反复发作者效佳。

【预防与调理】

1. 不滥用化妆品，适合自己的护肤品不要随意更换。
2. 注意避免日晒，外出回家后勤用清水洗脸。
3. 禁食刺激性食物及海鲜发物。
4. 忌长期在面部外搽皮质激素制剂。

七、面部毛细血管扩张症

面部毛细血管扩张症相当于中医学“面红”范畴，是指面部出现持续不退的红血丝或紫红色斑状、点状、纵横交错网状的损害。无明显自觉症状。由于大多发生于颧颊部，与正常面部皮肤有较大反差，影响容貌美，属于损美性皮肤病。

【病因病机】

素体血分有热，外感风热之邪，如频繁风吹日晒，两邪搏击，火热循经上冲于面，致脉络充盈；或素体气虚，风寒之邪客于肌肤，致面部皮肤血行不畅，脉络阻塞，瘀血停滞于浮络、孙络，日久而致。

西医学认为与遗传、寒冷及高温刺激、长期大量外用激素类制剂和换肤等因素有关。

【临床表现】

颧颊部多见，严重者可泛发全脸，呈粗细不等的淡红色、鲜红色或紫红色的毛细血管扩张，甚则出现网状损害，压之不褪色。一般无明显自觉症状，偶有灼热感或刺痛感。病程缓慢，一旦形成较难退去。

【鉴别诊断】

颜面再发性皮炎

春秋季易发，面部出现潮红斑片，上附细小鳞屑，压之能褪色。有灼热瘙痒感，易反复发作。愈后面部皮肤正常。

【辨证论治】

1. 毫针疗法

（1）风热血热型

主症　面部皮肤潮红，显露毛细血管扩张，呈鲜红色或深红色，相互交织呈网络状。舌红苔薄黄，脉浮数。

治则　祛风清热凉血。

处方　曲池、合谷、血海、太溪、三阴交、颊车、下关。面部潮红明显者加大椎、肺俞。

方义　曲池配合谷清泄阳明之热；三阴交配血海凉血清热；太溪补肾育阴潜阳；颊车配下关为局部取穴，针感直达病所，清热祛风凉血。

操作　中等刺激，每日1次，10次为1疗程。症状好转后改为隔日1次。

（2）血瘀脉络型

主症　面部皮肤紫红，病程较长；血管扩张明显，色紫暗。伴月经不调、血块。舌质紫暗，有瘀斑、瘀点，脉弦细涩。

治则　活血祛瘀通络。

处方　百会、阳陵泉、曲池。月经不调者加关元、三阴交、肾俞。

方义　百会宣发清阳，配阳陵泉通络活血；曲池清阳明经热。

操作　中等刺激，每日1次，10次为1疗程。症状好转后改为隔日1次。

2. 其他疗法

（1）火针疗法

处方　毛细血管扩张局部。

操作　常规消毒后，取最细的尖头火针在酒精灯上烧至发红，沿每一条扩张的毛细血管寸寸点断，中间约间隔0.5cm左右，红丝很快消失。注意不可点得太深以防瘢痕；5天禁沾水，以预防继发感染。40天后可重复再点灼。

（2）穴位注射疗法

处方　曲池、血海。

操作　常规消毒后，取生地注射液2ml注射入穴位。1周2次，6次为1疗程。

（3）耳穴疗法

处方　神门、交感、面颊、肺。

操作　每次每耳取2穴，留针30分钟，间歇行针以加强刺激。隔日1次，10次为1疗程。

【预防与调理】

1. 禁食酒及辛辣刺激食品。
2. 注意面部皮肤保养，尽量避免风吹日晒及高温刺激。
3. 避免长期外用皮质激素制剂。

八、面瘫（附：面肌痉挛）

面瘫，是以一侧面颊筋肉弛缓、口眼向一侧歪斜为主要症状的损美性疾病。中医称为“口眼㖞斜”、“口僻”、“风牵㖞斜”、“风起㖞偏”、“风引㖞斜”、“唇睑相邀”等。本节仅讨论不伴有半身不遂、神志不清等症状的单纯性面瘫，相当于现代医学的面神经麻痹和周围性面神经炎。

【病因病机】

本病的形成与正虚、风、痰、瘀密切相关，多因正气不足，或因劳倦、七情等所伤，络脉空虚，风邪乘虚而入，气血痹阻；或因素体痰盛，风邪入内与痰搏结，风痰互结，流窜络脉，上扰面部，面部脉络失荣；或血瘀阻脉络，气血运行不畅，痰瘀交结为患。

西医学认为可能与风寒、病毒感染或自身免疫反应有关。

【临床表现】

突然发病，多发生于成年人单侧面部。初起可有耳后、耳下及面部疼痛，常在睡眠醒来时，发现一侧面部板滞、麻木、瘫痪，不能作蹙额、皱眉、露齿、鼓腮等动作，口角向健侧歪斜，漱口漏水，进餐时食物常常停滞于病侧齿颊之间，病侧额纹和鼻唇沟变浅或消失，眼睑闭合不全，迎风流泪。严重时还可出现患侧舌前2/3味觉减退或消失、听觉过敏或面肌跳动，可有泪液、唾液减少；偶见“鳄鱼泪”现象，即咀嚼食物时，伴有病侧流泪。不伴有半身不遂症状。

风寒证多有面部受凉因素，如迎风睡眠，电风扇、空调对着一侧面部吹风过久等。一般无外感表证。风热证往往继发于感冒发热、中耳炎、牙龈肿痛之后，伴有耳内、乳突轻微作痛。

【鉴别诊断】

中风

多有半身不遂症状，亦伴有口舌㖞斜，但患侧额纹尚存在，而闭眼、皱眉等均无障碍，以中老年人多见，由大脑或脑干的病变引起。

【辨证论治】

1. 毫针疗法

治则 急性期以祛风通络为主，恢复期则通经活血祛瘀。

处方 取局部鱼腰、攒竹、阳白、四白，地仓、人中、迎香、承浆，下关、颊车、牵正等穴；循经远取风池、翳风、合谷、太冲等诸穴。

方义 风中经络，经脉失养，故取局部腧穴疏调局部经气，翳风疏风散寒；“面口合谷收”，故循经远取合谷。

操作 按照局部为主、各部兼顾的原则，搭配成2～3组，每组4～6个穴位，轮换使用。局部选患侧穴位，针以浅刺、斜刺或进入皮内后平刺透穴等方式刺入，平补平泻，得气后留针30分钟，亦可加电针仪或温灸。隔日1次，10次为1疗程。

2. 其他疗法

（1）皮肤针疗法

处方 阳白、太阳、四白、牵正等。

操作 用皮肤针叩刺至轻微出血，用小罐吸拔5～10分钟。隔日1次，10次为1疗程。此法宜用于恢复期及其后遗症。

（2）灸法

处方 印堂穴、局部阿是穴。

操作 雀啄灸局部阿是穴，以皮肤红晕为度。或用鲜生姜敷灸：先用三棱针点刺印堂穴出血，再取捣如泥糊状蚕豆大鲜姜泥一团，敷贴于印堂穴上，约10～15分钟，有发热感时即可去掉姜泥。3日1次，10次为1疗程。

（3）电灸法

处方 取穴同毫针疗法。

操作 用电灸器灸熏20分钟，被灸穴位皮温约40℃，以患者自感舒适为宜。每日1～2次，10日为1疗程。

（4）隔物灸法

处方 下关、颊车。

操作 将花生米大的艾绒柱团，置于中心穿数孔的姜片上，先灸患侧下关，然后由下关至颊车穴反复移动，移动时姜片不能离开皮肤，每片姜灸3壮。每日1次，7日为1疗程。

（5）耳穴疗法

处方 患侧耳背近耳轮处。

操作 放血约0.5～1ml，消毒伤口，盖敷料固定。不愈者可间隔1周，选另一血管放血。

(6) 穴位注射疗法

处方　翳风、听宫。

操作　局部消毒后，以2%利多卡因注射液局部浸润麻醉，然后抽取复方大青叶注射液4ml，刺入皮下2～3mm，回抽无血时注入药液，每穴注入2ml。隔日1次，5次为1疗程，疗程之间休息2天。

3. 推拿疗法

(1) 点揉阳白、攒竹、丝竹空、迎香、口禾髎、下关、颊车、翳风、风池、合谷、足三里等穴，每穴2分钟，每日或隔日1次。

(2) 单手手掌轻轻上下来回或向四周旋转摩患侧面部5～10分钟，以面部微红或有热感为度。再以棉球蘸红花油轻拭数遍，稍候待干，再进行健侧按摩，搓揉3～5分钟。

(3) 以手掌抚面，或手指捏住口角、眼角的肌肤向外牵拉。

【预防与调理】

1. 保持心情愉快，避免精神紧张。
2. 坚持文体活动，保证适当睡眠及休息。
3. 夏季夜卧勿直对面部久开电扇或空调。
4. 治疗期间注意保暖，避免面部再受风寒，同时做面部按摩和热敷。
5. 防止眼部继发感染，可用眼罩或眼药水滴眼，每日2～3次。

附：面肌痉挛

面肌痉挛系指以一侧面部肌肉阵发性不自主、不规则地抽搐为主要症状的疾病。多发生于中老年人，尤以妇女多见。中医学称之为“眼睑瞬动”、“筋惕肉瞬”、“面瞬”、“面风”等。

【病因病机】

正气不足，气血亏虚，或年老体衰，肝肾阴亏，筋脉失养，内风、内火上扰面部所致。其病位在面部经筋，与肝、脾、胃、肾有关。

西医学对本病的发病原因尚不清楚，一般认为可能为面神经、高级神经活动障碍，皮质兴奋性增高所致。

【临床表现】

多中年起病，女性居多。开始时多为一侧眼轮匝肌间歇性阵发轻微抽搐，以后同侧面部特别是口角出现抽动，严重时病侧眼睑缩小，鼻唇沟加深，口角呙斜，在紧闭患侧眼睛时，出现口角和鼻翼一起向上、向外牵引的相连动作。精神紧张、疲劳、自主运动等可诱发或使之加重，安静时缓解，入睡后症状消失。多数为一侧发病，极少数病人可先一侧发病而后累及对侧。一般抽搐时面痛，入睡后抽搐停止。长期持续痉挛可使病侧肌力减弱或产生轻度肌肉萎缩。

【辨证论治】

1. 毫针疗法

治则　濡养经筋，熄风止痉。

处方　局部阿是穴、攒竹、四白、颧髎、地仓、风池、合谷、太冲。气血不足加百会、气海、足三里；脾虚湿盛加中脘、阴陵泉、丰隆、三阴交；肝肾阴虚加三阴交、太溪；心烦失眠加神门、安眠、心俞、肾俞。

方义　阿是穴、攒竹、四白、颧髎、地仓可疏通局部气血；配合谷健运脾胃，益气血生化之源，荣养经脉；配风池疏风解痉；配太冲清利肝胆，熄风止痉。

操作　每次选用3～5穴，阿是穴选用患处的中心部位，四肢穴位用催气、行气手法使针感向病所传导，面部穴位用1.5寸长毫针沿皮浅刺，施以补法或平补平泻法，留针40分钟。隔日1次，20次为1疗程。

2. 其他疗法

（1）穴位注射疗法

处方　阳白、太阳、四白、下关、翳风、地仓（患侧）、合谷（健侧）、颧髎（患侧）。

操作　每次选2个穴位，常规消毒后，抽取当归寄生注射液4ml，刺入穴位，得气后回抽无血，将药液缓缓注入穴中，每穴注入2ml，起针后局部按摩，以利于药物吸收。每日1次，10次为1疗程，疗程间休息4天。

（2）电针疗法

处方　翳风、下关、牵正，配健侧合谷、风池、三阴交、太冲。面颊抽搐加颧髎、迎香；口角抽搐加地仓、颊车；眼睑抽搐加太阳、四白、阳白、鱼腰。随症各穴均取患侧，交替使用。

操作　进针得气后，接电针治疗仪，采用连续波、小电流强度、高频率每秒70～90次，通电20～30分钟。每日1～2次，7次为1疗程，疗程间休息2～3天。

（3）皮肤针疗法

处方　五脏背俞穴、相应夹脊穴、手足阳明经。

操作　用皮肤针轻叩，使局部有红晕。隔日 1 次，10 次为 1 疗程。

3. 推拿疗法

同面瘫。

【预防与调理】

1. 保持心情舒畅，避免紧张、愤怒、激动等不良情绪。
2. 注意生活有规律，保证睡眠，劳逸适度。
3. 避免风寒和感冒，注意休息，增加饮食营养。

九、麦粒肿

麦粒肿又称为“针眼”、“偷针”、“偷针窝”、“胞生痰核”、“色珍珠”，是指胞睑边缘或胞睑内生有形如麦粒的小疖肿，红肿疼痛，易成脓破溃的眼科常见病。因发病部位在眼睑，对容貌美影响较大。

【病因病机】

外感风热之邪，客于胞睑，伤津灼液，气血壅阻凝滞结聚，发为疮疖；或过食辛辣，或脾胃素有积热，脾胃热毒蕴积上攻于胞睑，气血凝滞而发。

西医学认为本病是眼睑腺体化脓性炎症。凡睫毛所属皮脂腺的化脓性炎症为外麦粒肿，而睑板腺的化脓性炎症则为内麦粒肿。

【临床表现】

外麦粒肿初起时红肿范围较弥散，有硬节，疼痛剧烈，睑缘甚至白睛浮肿，状若鱼泡，甚者拒按，垂头疼痛加剧，部分患者耳前可触及压痛肿核。轻者数日内自行消散；重者 2～3 日后，局部出现黄白色脓点，脓成溃破后排出，疼痛顿时减轻，1～2 天内诸症逐渐消退。

内麦粒肿的肿胀较局限，有硬节、疼痛和压痛，胞睑内面可见限局性充血、肿胀，2～3 日后形成脓点，色泽变黄，可向内溃破，溃破后疼痛减轻。脓点不溃，吸收欠佳，遗留肿核者，称为胞生痰核。

发病重者均可出现发热、恶寒的全身症状。

本病需与眼睑脓肿和急性泪腺炎鉴别。

【辨证论治】

1. 毫针疗法

(1) 外感风热型

主症 初起眼睑痛痒不适，轻微红肿，继而局部有硬结，形如麦粒。可伴恶风发热、头痛、咳嗽等。苔薄黄，脉浮数。

治则 疏风清热解毒。

处方 合谷、外关、风池。如肿核在外眦部加丝竹空、瞳子髎；在内眦上方加睛明、攒竹；在上睑中部加阳白、鱼腰；在下睑边缘两眦间加承泣、四白、内庭穴；发热恶寒加曲池、大椎。

方义 局部取穴为主，以疏调局部经气；配曲池、大椎疏风清热解毒。

操作 合谷、外关、风池直刺，用泻法。刺眼眶内的腧穴时，应轻轻将眼球推向另一侧，紧靠眼眶边进针，直刺0.3～0.5寸，不宜提插捻转。

(2) 脾胃热毒蕴积型

主症 眼睑红肿疼痛，有黄白色脓点，或见目睛壅肿，耳前有肿核压痛。口臭，耳热便秘，小便黄赤。苔黄腻，脉滑数。

治则 清热解毒通腑。

处方 承泣、合谷、内庭、曲池、上巨虚。随症配穴参照外感风热型。便秘加天枢、大横；口臭加大陵。

方义 局部取穴以疏调局部经气，配阳明经穴清热解毒通腑。

操作 针承泣时以左手拇指向上轻推眼球，紧靠眶缘缓慢直刺0.5～1寸，不宜提插。合谷、内庭、曲池、上巨虚穴，均用泻法。

(3) 脾虚湿热型

主症 针眼频发。面色少华，疲乏无力，口渴，日晡潮热，便秘尿黄。舌质淡，苔薄黄，脉细数。

治则 健脾益气，养阴清热。

处方 阴陵泉、三阴交、足三里、曲池。局部配穴参照上两型。潮热、口渴加合谷、照海；便秘加天枢、支沟。

方义 取足太阴脾经和足阳明胃经穴位为主，以健脾益气，养阴清热。

操作 先针阴陵泉、三阴交、足三里，补法；后针曲池，用平补平泻法。

2. 其他疗法

(1) 耳穴疗法

处方 眼、肝、脾、肾上腺、耳尖。

操作 毫针针刺，以耳充血微红有发热感为度，留针30分钟。病轻者每日

1 次，重者每日 2 次，再针时换对侧耳。反复发作者改用耳针埋针或王不留行籽贴压，每 3 ~5 日更换 1 次。

（2） 三棱针疗法

①点刺放血：取患侧太阳、双侧合谷，伴发热者加曲池、大杼。用三棱针点刺，挤出血数滴；每日 1 次，3 次为 1 疗程。

②在肩胛区第 1 ~7 胸椎两侧寻找皮疹，用三棱针点刺，挤出黏液或血液，用干棉球拭去，反复挤拭 3 ~5 次，而后挑断疹点处皮下的纤维组织。

（3） 拔罐疗法

处方　大椎、患侧太阳。

操作　先用三棱针点刺上穴，使出血少许，再拔罐，留罐 5 ~10 分钟。一般 1 次治疗即可痊愈。

（4） 皮肤针疗法

处方　风池、合谷、背部反应点、夹脊穴及膀胱经在背部的第 1、2 侧线。

操作　重刺激背部反应点，叩出少量血液；其余施以中度刺激。

【预防与调理】

1. 平时养成良好的用眼卫生习惯，不用脏手或不清洁的手帕揉眼、擦眼。发生眼疾及时就医治疗。

2. 养成良好的饮食习惯，平时多吃水果蔬菜，少食肥甘厚腻辛辣之品。

3. 患处脓成，切忌挤压，以免疔疮走黄，引发变证。

第二节　毛发部常见损美性疾病

一、斑秃

斑秃中医称油风，是一种以头发突然呈斑状脱落为主要症状的常见损美性疾病。其特点是头发突然成片脱落，常在无意中发现，脱发区表面光滑，其脱落处如钱币或指肚大小，患处不痛不痒。俗称“鬼剃头”。严重者整个头皮头发全部脱落，称为全秃；最严重的可以表现为全身毛发均脱落，称为普秃。

【病因病机】

肝肾不足，精不化血，精血亏虚，则发无生长之源，故肝肾不足是本病的主要原因。过食辛辣肥甘，或情志抑郁化火，损耗阴血，血热生风，风热随气上窜于巅顶；或外伤等因素导致经脉阻塞，发失滋养；或久病、过劳、产后，气血亏虚，发失所养均可致脱发。

西医学认为本病可能与高级神经中枢功能障碍、自身免疫、强烈的精神刺激、过度疲劳等有关；内分泌障碍、过敏体质、病灶感染、肠道寄生虫等，也可能成为致病因素。

【临床表现】

头发突然迅速斑片状脱落，呈独立的局限性圆形或椭圆形，边缘清晰，直径1～2cm或者更大，数目一个到数个，可相互连接成片；脱发区皮肤光滑而亮，无显著萎缩，仍有毛孔可见，其周围头发易拔除，严重者睫毛、眉毛等均可脱落。一般无自觉症状，少数可出现局部头皮微痒或麻木感等，患者常在无意中发现。可发生于任何年龄，以青壮年多见。

恢复过程一般是先有细小软白的毛发长出，有时可随长随脱，渐渐变粗变黑恢复正常。少数患者经半年至1年左右可以自愈。

【鉴别诊断】

1. 假性斑秃

是一种炎症性疤痕性脱发，常继发于头皮红斑狼疮、扁平苔癣等炎症性皮肤病。秃发部位皮肤萎缩、变薄，毛囊口不明显，秃发区境界清楚，但边缘不甚规则。

2. 头皮限局性硬皮病

皮损区一般为条带形，常似刀砍状，局部头皮变硬，表面有光泽。

【辨证论治】

1. 毫针疗法

（1）血热生风型

主症　突然大把脱发，发病急，进展快。伴有不同程度的头皮瘙痒，头屑增多，头部烘热，心烦急躁，头晕，失眠，甚则眉毛、胡须脱落。舌红苔薄黄，脉弦数。

治则　凉血熄风，佐以养阴。

处方　斑秃区局部、太阳、风池、三阴交、生发穴（风池与风府连线的中点）。头部烘热加曲池；心烦易怒加内关。

方义　局部围刺疏通气血；生发穴凉血生发；太阳、风池清血热祛风邪；三阴交养阴清热。

操作　局部平补平泻，三阴交用补法，其余穴位用泻法。每日1次，留针30分钟，10次为1疗程。

（2）肝郁血瘀型

主症　头发斑片状脱落，呈圆形或椭圆形，甚至全部脱光。常伴烦躁易怒，头痛、胸胁疼痛，喜叹息，失眠。舌有瘀斑或紫暗，脉弦紧或实。

治则　疏肝解郁，活血祛瘀。

处方　斑秃区局部、膈俞、三阴交、血海、行间。肝郁加太冲；血虚加足三里。

方义　局部围刺疏通气血；膈俞、三阴交活血生发；行间疏肝理气，气行则血行，配血海行气活血。

操作　局部平补平泻，足三里用补法，其余穴位用泻法。每日1次，留针30分钟，10次为1疗程。

（3）气血两虚型

主症　病后或久病脱发，脱发逐渐加重，范围由小到大；脱发区能见到少数参差不齐的残存头发，但轻触即脱，头皮松软光亮。伴神疲乏力，面色㿠白，头晕眼花，心悸气短，懒言失眠。舌淡苔薄白，脉细无力。

治则　气血双补。

处方　斑秃区局部、百会、上星、膈俞、足三里。心悸加内关；少寐加神门。

方义　局部围刺疏通气血；百会、上星既能益气升阳又能疏通局部气血；配膈俞补血；足三里补脾胃，以使气血化源充足。

操作　局部及上星、百会平补平泻，膈俞、足三里用补法。每日1次，留针30分钟，10次为1疗程。

（4）肝肾阴虚型

主症　病程长久，或有家族史。平素头发焦黄或花白，发病时头发均匀大片脱落，甚则全部脱落或兼眉毛、阴毛等脱落。常伴头昏目眩，失眠耳鸣，遗精滑泄。舌淡苔剥脱，脉细。

治则　补益肝肾。

处方　斑秃区局部、肝俞、肾俞、照海、关元、足三里。头晕耳鸣加悬钟、太溪。

方义　局部围刺疏通气血；肝俞、肾俞、照海补益肝肾之阴；关元补肝肾、益精血；足三里补脾胃，以使血液化源充足。

操作　局部平补平泻，其余穴位均用补法。每日1次，留针30分钟，10次为1疗程。

2. 其他疗法

（1）十字交叉沿皮平刺法

操作 一毫针以水平方向平刺于脱发区皮损之下，另一毫针方向与其方向垂直，二针皆通过斑秃区之中心，得气后留针20分钟。每日1次，20次为1疗程。适于脱发区面积较小者。

脱发面积较大者，采用“四面对刺法”：在脱发区之上、下、左、右各平刺一毫针，针尖均刺向斑秃中心，留针20分钟，同时可配合艾条温灸。

（2）皮肤针疗法

处方 阿是穴、太渊、内关、脊柱两侧的阳性反应点、反应区。

操作 常规消毒，用梅花针由边缘向中心螺旋状均匀叩刺脱发区，密刺，至皮肤潮红为止；然后再从不脱发区向脱发区中心做向心性叩刺20～30次。叩刺穴位的范围约0.5～1cm^{2}大小。同时，从上至下叩刺腰背部及脊柱两侧，往返2次，至皮肤潮红或有点状出血为止。或以手法检查脊柱两侧条索状、结节状或有酸痛感的阳性反应点，在这些部位做重点叩刺。隔日1次，15次为1疗程。

（3）壮医药线点灸法

处方 莲花（斑秃区）为主穴。配双侧肾俞、脾俞、足三里、神门、劳宫。

操作 用2号药线，在灯火上点燃形成圆珠状炭火直接灼灸。每日1次，10次为1疗程。

（4）耳穴疗法

处方 肾、肺、交感、内分泌、肾上腺、神门。

操作 每次选用2～3穴，常规消毒，探刺得气，留针20～30分钟，每隔5～10分钟捻转一次。隔日针1次，10次为1疗程。

（5）划耳疗法

处方 对耳轮下脚、内分泌区。

操作 每次选取一个部位，双侧，常规消毒，用尖手术刀割破，切口长2～3mm，以不割破耳软骨为限，割后以消毒纱布包扎。每周2次，8次为1疗程。

（6）穴位注射疗法

处方 头维、百会、风池、通天。

操作 取双侧穴，每穴注射ATP注射液5～10mg。隔日1次，10次为1疗程。

（7）梅花针加灸法 将斑秃周围毛发剃掉，局部消毒。用梅花针叩刺，使之微渗出血，用老生姜擦至灼热感，然后用艾条灸，温度以能忍受为度，约灸2～3分钟。每日1次，连续治疗。

（8）电针加水针法

处方　局部、督脉、风池、肾俞、膈俞、三阴交。

操作　用电梅花针叩斑秃局部和风池穴，至微红或微出血为度；由上至下叩脊柱正中，各椎体间横叩刺三下；每次叩打 10～15 分钟，每日 1 次或隔日 1 次，14 天为 1 疗程，疗程间隔 7～10 天。在间隔期间，用当归或丹参注射液穴位注射（肾俞、膈俞、三阴交），每次 2～3 穴，每穴 1～2ml。隔日 1 次，10 次为 1 疗程，一般需 1～4 个疗程。

3. 推拿疗法

（1）风池颈背按摩法　左手托患者前额，右手拇、食指按揉风池或风池穴下二横指的颈背两侧皮下肌腱或皮下结节处，每日 1 次，重按 1～2 分钟，以病人感到酸痛、全身发热、前额出汗为度，坚持治疗 1～2 个月。

（2）头部按摩法　先用手指轻叩脱发区头皮，再做梳头动作按摩全头皮肤，并按揉太阳、鱼腰、攒竹、丝竹空、睛明、四白、印堂、百会、四神聪、头维、生发穴、上星、风池、安眠等穴位。每天 1 次，每次 30 分钟。

（3）穴位按摩法　指压百会、印堂和双侧风池、肩三针、内关、曲池、合谷、足三里、解溪、三阴交、涌泉等穴。每穴 2～3 分钟，均匀用力，以病人感觉全身发热、酸麻胀感明显为度。每日 1 次，每次 30 分钟。

【预防与调理】

1. 保持心情舒畅，解除精神负担，增强治病信心。

2. 不要用碱性过强的肥皂洗发，少用电吹风。可每日自己用力按摩局部数次，至患处发红发热。

3. 如局部用药出现水疱等反应，应暂停数日，以防感染，产生瘢痕。

4. 饮食多样化，克服偏食的不良习惯，少食辛辣油腻食物，适当增强营养，补充维生素及微量元素。

二、脂溢性脱发

脂溢性脱发中医称为“发蛀脱发”，是以渐进性脱发为特征的一种较难治愈的损美性疾病，又称“蛀发癣”。其特点是脱发部位主要在前额和头顶部，表现为前额发际线逐渐后退，同时头顶部头发脱落、稀少、细软，以男性为多见，又称为男性型秃发、雄性激素性秃发。发于女性者，称为女性脱发，通常表现为顶部头发稀疏，一般并不完全脱落，前额部发际线亦不后退。病程进展缓慢，日久则难以恢复。多有家族史。

【病因病机】

素体血热生风，或热病后邪恋营分，或五志过极化火伤营，或过服、滥用温补药，均可致血热，阴血不能上达巅顶营养毛发，毛根干涸而脱发；或平素嗜食膏粱厚味，脾胃运化失调，湿热内生上熏巅顶，侵蚀发根；或劳伤肝肾，精血亏虚，发失所养，均可致毛发渐进性脱落。

西医学认为与雄性激素分泌过多，或病区头皮毛囊单位的雄性激素受体密集、皮脂腺分泌亢进等有关；此外，消化功能紊乱、神经功能障碍、细菌感染、饮食及头发的护理不当（如梳头过分用力、化学漂发、卷发、烫发、吹发）等也是常见原因。脑力劳动、睡眠质量下降对本病的发生也有一定的影响。

【临床表现】

头发均匀脱落，患者多在梳头或用手挠头时发现头发大批脱落，最后头发稀疏。初起多有不同程度的皮脂溢出、脱屑、头皮瘙痒，头发干燥变细、缺乏光泽或油腻发亮，少数患者表现为头发黄、干枯脱落。脱发多从额部两侧开始，逐渐向上扩展，终而头顶部头发大部分或全部脱落，脱发处皮肤光滑或遗留少许毳毛，但很少累及颞部和枕部头发。一般无自觉症状，少数可出现局部头皮微痒或麻木感等，可伴有皮脂溢出或白屑风、面游风。本病多发生于青壮年男性，亦可见于部分女性，往往有家族史，病程发展缓慢，预后较差。

临床有两种类型：一为头皮油性分泌物较厚，瘙痒，头发油腻发亮，稀疏而细；常由湿热上蒸而致。一为头发干燥，稀疏纤细，头屑多，呈大量的灰白色糠秕状鳞屑脱落；多属血热风燥、肝肾阴虚，或气血亏虚。

【鉴别诊断】

斑秃

头发突然斑状脱落，脱发区呈圆形、椭圆形或不规则形，边界清楚，皮肤光滑而亮，其周围头发易被拔除，一般无自觉症状。

【辨证论治】

1. 毫针疗法

（1）血热风燥型

主症　头发干燥，略焦黄，稀疏脱落，搔之则有白屑叠飞，落之又生，自觉头部烘热，头皮燥痒。舌红，苔薄黄微燥。

治则　凉血消风。

处方　百会、四神聪、生发穴（风池与风府连线的中点）为主穴，配翳风、上星、太阳、风池、鱼腰、丝竹空。两鬓脱发者加头维；睡眠不佳配安眠、翳明；头皮烘热配血海、三阴交；头皮瘙痒配大椎。

方义　主穴疏通局部气血，祛风养血生发，利于毛发生长。配穴翳风、风池疏散风邪，太阳、上星、鱼腰、丝竹空清热凉血。

操作　每次选 5 ~ 7 穴，交替使用，随症加减，每次留针 30 分钟。每日或隔日针刺 1 次，10 次为 1 疗程。局部用平补平泻法，其他穴位用泻法。

（2）脾胃湿热型

主症　平素恣食肥甘厚味，头发稀疏脱落，头皮光亮潮红，状如油擦，甚则数根头发彼此粘连一起，鳞屑油腻呈橘黄色，固着很紧，难以涤除。口干口苦，纳差。舌红苔黄腻，脉滑数。

治则　清热除湿。

处方　主穴同上。配足三里、阴陵泉、丰隆、解溪。伴肝肾阴虚加肝俞、肾俞；瘙痒明显加大椎；油脂多加上星。

方义　主穴同上。配穴健脾清热祛痰湿。

操作　每次选 5 ~ 7 穴，交替使用，随症加减，每次留针 30 分钟。每日或隔日针刺 1 次，10 次为 1 疗程。局部用平补平泻法，足三里、肝俞、肾俞用补法，其他穴位用泻法。

（3）肝肾不足型

主症　头发稀疏脱落日久，脱发处头皮光滑或遗留少数稀疏细软短发。伴眩晕失眠，记忆力差，腰膝酸软，夜尿频多。舌淡红苔少，脉沉细。偏阴虚火旺者，伴口苦，烦热，梦多。舌红苔少，脉细数。

治则　补益肝肾，养发生发。

处方　主穴同上。配肝俞、肾俞、三阴交、太溪。伴眩晕失眠者加安眠。

方义　主穴同上。配穴滋补肝肾，滋阴降火。

操作　每次选 5 ~ 7 穴，交替使用，随症加减，每次留针 30 分钟。每日或隔日针刺 1 次，10 次为 1 疗程。局部用平补平泻法，肝俞、肾俞、三阴交、太溪用补法，其他穴位用泻法。

2. 其他疗法

（1）梅花针疗法　用梅花针在脱发局部呈纵横网状样叩刺，每日或隔日 1 次，虚证轻叩，实证重叩，10 次为 1 疗程。

（2）头三针疗法

处方　防老穴（位于百会穴后 1 寸）、健脑穴（位于风池穴下 5 寸，取双侧）。

操作 防老穴针尖刺向前方，沿皮刺，进针1分。健脑穴针尖斜向下方，进针2分。两鬓脱发加头维，头皮瘙痒加大椎，油脂分泌多加上星。每日或隔日针1次，每次留针15~30分钟，10次为1疗程。

（3）穴位注射疗法

处方 足三里、曲池。

操作 复方丹参注射液4ml穴位注射，3日1次，10次为1疗程。

（4）刺络拔罐疗法

处方 大椎。

操作 局部消毒后用三棱针点刺6~8针，然后拔火罐放血，适用于实证、热证。

（5）耳穴疗法

处方 交感、皮质下、脑干、内分泌、脾、内生殖器。

操作 每次选2~3个穴，均双侧，毫针刺，隔日1次，10次为1疗程。也可用王不留行籽贴压耳穴处，每次选取3~5个穴，嘱患者每日自行按压2次，每穴按压1分钟。3天换另一侧，10次为1疗程，疗程间休息10天。

3. 推拿疗法

患者取坐位，医者左手扶持患者前额部，用右手拇指、食指按摩患者双侧风池穴，至微微汗出为度。每日1~2次，10次为1疗程。

【预防与调理】

1. 治疗期间嘱患者每日早晚自行按摩头皮。
2. 保持心情开朗舒畅，情绪稳定，不要过度用脑、熬夜。
3. 饮食以清淡而富有营养为好，限制膏粱厚味，禁食辛辣炙煿及葱、蒜、酒、虾、羊肉等，禁止吸烟，多吃蔬菜水果，保持大便通畅。
4. 讲究头发卫生，3~5天用温水或洗头方洗涤头发一次，但不要因为头皮瘙痒或头发油腻而频繁洗涤，这样只能适得其反。
5. 不要用碱性强的肥皂洗涤头发，可用含有硫黄的祛脂止痒药皂。
6. 常做头皮按摩和梳头整发，以助疏通血脉，改善头皮血液循环，加强头发的营养吸收及新陈代谢。

三、妇女多毛症

妇女多毛症，是一种以女性局部或全身毛发异常增多为主要症状的损美性疾病，中医称异毛恶发。在《诸病源候论》中对多毛症曾有所论述：“若风邪乘其经络，血气改变，则异毛恶发妄生也，则需以药敷，令不胜也。”由于在常人无明显毛发处生长过多的毛发，会对容貌美、形体美及审美心理产生不良影响。

【病因病机】

素禀多毛之体，乃先天禀赋不足，肾精亏虚，虚火妄炎所致；或热病伤阴，津液亏乏，风邪乘其经络；或阴虚之体，于天癸到来之时，阴血不足，变生内热，冲任失调，致气血违和，而致异毛恶发妄生；或因饮食失节，阳明内热，挟冲脉上逆唇口，致异毛妄生。

西医学认为，本病主要分为先天性和获得性两大类：先天性为基因突变的遗传性疾病；获得性由体内雄激素水平增高或毛囊对雄激素的反应能力增强所致，多始发于青春期。

女性若粗毛分布广泛，且有发展趋势，或伴有男性表现，应进一步检查治疗原发病。反之可泰然处之。

【临床表现】

女性除掌跖、唇红、乳头、大阴唇内侧外，均能见到体毛过度而异常地分布与生长；在口唇长胡须为其典型症状。可同时伴有肥胖或乳腺发育延迟、进行性月经减少至最后无月经、性欲减退或消失、不育，亦可伴有或没有明显的内分泌失调症状。

【鉴别诊断】

1. 先天性全身多毛症

出生时婴儿全身硬毛，面部长毛特别明显。可有家族史，甚至有数代遗传。

2. 后天性全身多毛症

多数在青春期始发，除掌跖、唇红、乳头、阴蒂外，全身均可见到毛发异常生长。一般均伴发内分泌功能障碍性疾病。

3. 痣样多毛症

在色痣表面出现长而粗的硬毛或颜色改变的毛发。

4. 医源性多毛症

由于长期使用皮质类固醇激素、睾丸酮、青霉素、链霉素、苯妥英钠等药物所致。

【辨证论治】

1. 毫针疗法

(1) 阳明胃热型

主症　多毛始于青春期，面部的上唇生须，胸腹、颈前等处毛浓黑而密。伴有唇红、口干、大便秘结、小便短黄。舌红苔少，脉洪数。

治则　清热养阴。

处方　合谷、列缺、足三里、膈俞为主穴；配厉兑、内庭、上巨虚。便秘加支沟、腹结。上肢、面部多毛取合谷、曲池、内关、列缺、肺俞、胃俞；胸背部多毛取肺俞、胃俞、肾俞、膈俞；下肢多毛取足三里、三阴交、肾俞、太冲。

方义　合谷、列缺清肺经热；足三里、膈俞健运脾胃，清热凉血；厉兑、内庭、上巨虚清胃热。

操作　合谷、列缺、上巨虚用泻法，足三里、膈俞平补平泻，厉兑、内庭用三棱针点刺放血。随症配穴用泻法。留针30分钟，隔日1次，10次为1疗程。

(2) 肾精亏损型

主症　出生后即可见全身性硬毛，面如猫脸或猴面，牙齿发育正常。多伴有家族史，历代不绝。舌红或裂纹，苔少，脉虚细数。

治则　滋阴补肾，清降虚火。

处方　肝俞、肾俞、心俞、三阴交、太冲、太溪。随症配穴同上。

方义　肾俞、太溪滋补肾阴，清降虚火；肝俞、心俞、三阴交、太冲调理冲任。

操作　肾俞、太溪以及随症配穴用泻法，肝俞、心俞、三阴交、太冲平补平泻。留针30分钟，隔日1次，10次为1疗程。

(3) 阴津耗伤型

主症　热病之后，或青春期后，出现多毛症状，多见于女性上唇、颊旁和颌部，亦见于服用皮质类固醇激素、苯妥英钠等药物之后。伴口干、便秘溲赤。舌红，苔少或净，脉细数。

治则　养阴生津，通络。

处方及操作　同肾精亏损型。

2. 其他疗法

耳穴疗法

处方　肝、肾、脾、肺、内分泌、皮质下、肾上腺、子宫。

操作　每次取4～5穴，针刺或压籽，隔日1次，两耳轮换，10次为1疗程。

【预防与调理】

1. 忌食辛辣厚味、肥甘酒酪，常食鲜嫩多汁的水果和蔬菜。
2. 改正常用手拔毛的不良习惯，以避免刺激使病情加重。
3. 后天获得性多毛症应全面检查，明确诊断，积极治疗原发病。
4. 不滥用药物，尤其是外用皮质类固醇激素药物。
5. 非疾病原因引起的多毛，对身体无害，从美容角度考虑，以外治为主，并考虑使用各种脱毛法。

第三节　四肢形体常见损美性疾病

一、肥胖症

机体摄食过多，而消耗能量的体力活动减少，使摄入的能量超过消耗的能量，过多的能量在体内转变为脂肪大量蓄积起来，使脂肪组织的量异常增加，超过理想体重20%者，称为肥胖症。中医古籍多称之为“肉人”、“肥人”、“脂人”、“膏人”、“肥贵人”等。

肥胖是机体脂肪含量过多或分布异常造成的一种病态表现。西医学将肥胖分为两大类：无明显内分泌－代谢病因者称为单纯性肥胖；由明显内分泌－代谢病因所引起者称为继发性肥胖，又称症状性肥胖。本节仅讨论单纯性肥胖。

肥胖症目前已成为世界范围的流行病，它不仅使体态臃肿，影响形体容貌美观，而且与糖尿病、高血压、冠心病、高脂血症等30余种疾病有着潜在性关联，危害很大。如何防治肥胖已成为国内外医学界所面临的一个重大课题。

【病因病机】

饮食不节，过食肥甘厚味损伤脾胃，运化失司，湿浊痰热聚集体内；或缺乏运动，“久卧伤气，久坐伤肉”，伤气则气虚，伤肉则脾虚，脾虚气弱运化无力，转输失调，膏脂内聚，发为肥胖；或情志所伤，五志过极，影响脾肺肝肾功能，均可使水湿贮而为痰，痰湿聚集体内而肥胖；或年老体衰，肾气虚衰，不能化气行水，湿浊内聚，而致肥胖。

西医学认为肥胖的发生与遗传、内分泌、代谢、神经精神、饮食以及活动等因素密切相关。

【临床表现】

单纯性肥胖症的临床典型表现是形体逐渐肥胖，体围和体重增加。诊断要点主要是根据体重和腰围及腰臀围比。

1. 体重标准：超过理想体重10%为超重，超过20%为肥胖。计算公式有两种：

①理想体重（kg）＝身高（cm）－105（cm）

②男性理想体重（kg）＝［身高（cm）－100］×0.9

女性理想体重（kg）＝［身高（cm）－100］×0.85

2. 近年主张用体脂指数（又称体重指数，body mass index，BMI）作为衡量指标。

①计算公式：BMI＝体重（kg）/身高（m^2）

②诊断标准：WHO指出：BMI≥25为超重，BMI≥30为肥胖。亚太地区：BMI≥23为超重，BMI≥25为肥胖。

3. 体脂的分布特征，可用腰围及腰臀围比（WHR）衡量。WHO规定亚太地区：

①腰围：男性≥90cm（2尺7寸），女性≥80cm（2尺4寸），即为肥胖。

②腰/臀围比：男性＞0.9，女性＞0.85，即定为中心型肥胖（又名内脏型肥胖）。

【辨证论治】

1. 毫针疗法

（1）脾虚痰湿型

主症　体肥臃肿，肢体困重，倦怠乏力，脘腹胀满，纳差食少，胸闷气短，大便溏薄，舌淡苔腻，脉缓或濡细。

治则　健脾益气，化痰利湿。

处方　脾俞、中脘、足三里、气海、水分、丰隆、阴陵泉。

方义　脾俞、中脘、足三里、气海补益脾胃，调理脾胃气机；水分分清别浊，阴陵泉为脾经合穴，二穴均可化湿利水；丰隆为治痰要穴，调理中气，降逆化痰。

操作　毫针刺，用补法，每次留针30分钟。每日1次，10次为1疗程。

（2）胃热湿阻型

主症　形体肥胖，多食善饥，口渴喜饮，腹胀中满，肢体困重，口臭痰多，溲黄便秘。舌红苔黄腻，脉滑数。

治则　清胃泄热，利湿消脂。

处方　曲池、合谷、天枢、内庭、足三里、上巨虚、阴陵泉。

方义　曲池、天枢清泄阳明热邪，疏导阳明经气，通调肠胃；合谷、内庭泄热导滞；足三里“合治内腑”，调理脾胃；上巨虚疏通腑气，行气消滞，改善胃肠功能；阴陵泉清热利湿，使湿热经小便排出。

操作　毫针刺，用泻法，每次留针 20～30 分钟。每日 1 次，10 次为 1 疗程。

(3) 气滞血瘀型

主症　形体肥胖，情绪抑郁，烦躁易怒，失眠健忘，胸胁胀满，痛有定处，妇女月经不调，色黑有块，或闭经。舌质紫暗或瘀点瘀斑，脉弦。

治则　疏肝理气，活血化瘀。

处方　肝俞、期门、太冲、内关、血海、三阴交。

方义　肝俞、期门舒达肝气，行气解郁；太冲清肝解郁；内关理气宽胸；三阴交舒肝行气活血；血海为治血要穴，养血活血。

操作　毫针刺，用泻法，每次留针 20～30 分钟。每日 1 次，10 次为 1 疗程。

(4) 脾肾阳虚型

主症　形体肥胖，神疲乏力，少气懒言，面目、肢体浮肿，畏寒肢冷，腰膝酸软，腹胀纳呆，尿频便溏。舌淡苔薄白，脉沉细。

治则　健脾益肾，温阳利水。

处方　脾俞、肾俞、胃俞、关元、中脘、水分、阴陵泉。

方义　脾俞、肾俞温补脾肾，以温阳利水；胃俞配中脘，俞募相配，脾阳得复，健运有权；关元补元阳，利气化；水分、阴陵泉利水化湿。

操作　毫针刺，用补法，每次留针 30 分钟。每日 1 次，10 次为 1 疗程。

(5) 肝肾阴虚型

主症　形体肥胖，口干舌燥，头晕目眩，腰膝酸软，潮热盗汗，遗精，失眠，月经稀薄，或闭经。舌淡红苔薄，脉细数。

治则　调补肝肾，滋阴泻火。

处方　肝俞、肾俞、照海、太溪、三阴交。月经不调、痛经、闭经加地机、太冲；失眠多梦、健忘加神门。

方义　肝俞、肾俞滋养肝肾；照海与肾俞相配，补肾益精，培元固本；三阴交为脾、肝、肾三阴经之交会，补肝益肾。

操作　毫针刺，用补法，每次留针 30 分钟。每日 1 次，10 次为 1 疗程。

以上诸证在毫针治疗时均可加肥胖局部的腧穴或阿是穴。

2. 其他疗法

（1）耳穴疗法

处方　内分泌、丘脑、脾、胃、饥点。脾虚痰湿加肺、小肠、膀胱、交感；胃热湿阻加神门、大肠、肺、皮质下；气滞血瘀加肝、胆、肾、丘脑；脾肾阳虚加肾、肝、膀胱、皮质下、输尿管；肝肾阴虚加肝、肾、饥点。

操作　毫针刺；或用王不留行籽贴压，每餐前30分钟按压耳穴5～10分钟。10次为1疗程。

（2）穴位埋线疗法

处方　脐周8穴（水分、阴交、外陵、天枢、滑肉门）为主穴。胃肠腑热加曲池；痰湿内蕴加足三里、中脘；脾胃气虚加脾俞、胃俞、足三里；脾肾阳虚加中脘、关元、肾俞；便秘加天枢；汗多加肺俞；月经不调加血海。

操作　用甲紫液定位后，常规消毒，埋线针穿线后用注线法注入穴位。背部俞穴应斜向脊柱方向刺入。24小时禁沾水，以预防继发感染。15天1次，3次为1疗程。

（3）艾灸疗法

处方　阳池、三焦俞、足三里、中极、关元；配地机、命门、三阴交、大椎、天枢、丰隆、太溪、肺俞。

操作　每次选主穴及配穴各2个，用隔姜灸法，每穴灸7壮；或用雀啄法或旋转法，距离穴位的高度及穴区皮肤温度以患者能忍受为度。每天1次，1个月为1疗程。适用于虚证和痰湿盛者。

3. 推拿疗法

推拿按摩治疗单纯性肥胖症的方法很多，大多采用循经推拿和辨证分型相结合。

（1）基本手法　患者仰卧放松，术者以双掌按揉腹部数次，从左到右反复提捏脂肪较集中的上腹、脐、下腹等部位。再以双掌和掌根按揉腹部4～5分钟，手法以泻法为主。然后以一指禅手法点按揉中脘、关元、子宫、天枢（双侧），以及内庭、上巨虚、下巨虚、脾俞、大肠俞等穴。

（2）辨证分型手法

①脾虚痰湿型：以手掌按摩下肢内侧脾经循行路线3～5遍；拇指点按太白、三阴交、地机、丰隆、阳陵泉、足三里穴；再以双手重叠于腹部顺时针方向做摩法；然后用一指禅手法点揉中脘、天枢、气海、内关，以及背部的脾俞、胃俞、三焦俞等重要穴位。

②胃热湿阻型：双掌重叠摩腹，用一指禅手法点按中府、中脘、天枢穴；再按揉足三里、梁丘、支沟，以及背部的脾俞、胃俞、大肠俞等穴位。

③气滞血瘀型：以双掌分推两肋，按揉期门、章门穴；再用一指禅手法点按三阴交、太冲、照海、太溪、阳陵泉，以及背部的督俞、膈俞、气海俞、脾俞、肝俞、胆俞、肺俞等重点穴位；最后用双掌自上而下推按膀胱经循行路线3～5遍。

④脾肾阳虚型：以双掌由下向上按摩下肢内侧阴经循行路线3～5遍，用一指禅手法点按太溪、照海、三阴交、足三里，及背部的脾俞、肾俞、三焦俞等穴位；摩擦气海、关元穴。

⑤肝肾阴虚型：以双手掌由下向上按摩下肢内侧阴经循行路线3～5遍，用一指禅手法点按肝俞、肾俞、照海、太溪、三阴交等重要穴位。

（3）*循经推拿*　除了上述辨证分型治疗外，还需配合循经推拿减肥套路手法：顺序是先按摩颈背、臀部，再按摩胸腹部，后按摩四肢，对沿经腧穴施以揉、按、捶、拨、点等法为主，按摩部位要分轻重，按摩时间每次一般为1个小时。每日或隔日按摩1次，20次为1疗程，疗程之间休息5天。

【预防与调理】

1. 改变多吃少动的不良生活习惯，避免肥胖的发生。
2. 针对肥胖进行科学的、有规律的治疗。
3. 合理的平衡饮食：应摄入足够量的维生素和纤维，对高能量、高脂肪、高营养食品的摄入要有所限制。不吃或少吃零食。
4. 合理的体育锻炼，应以有氧运动为主，如慢跑、游泳、阻力自行车，也可选球类运动和体操，长期坚持以保持体重的稳定。

二、扁平疣

扁平疣中医称之为“扁瘊”，是由病毒引起的皮肤良性赘生物，其状扁平如芝麻、绿豆或黄豆大小，颜色近似正常皮肤，有时呈深浅不一的棕褐色，分布疏散或密集，数目由几个至数百个不等，有时因搔抓等自我接种而排列成线状。好发于面部、手背、前臂、颈项部，尤以面部额、颊、下巴等处最多。因好发于青年男女，故亦称青年扁平疣。除了进展期有时瘙痒外，大多病人无任何自觉症状，但丘疹遍布形体和面部，严重影响形体美和容貌美，是较常见的损美性疾病。

【病因病机】

饮食不节，脾失健运，内生湿热，郁于肌肤，复外感风热，客于肌肤，气血凝滞而发；或肝火内动，气血不和，肌肤失养而生。

西医学认为本病致病源为人类乳头瘤病毒，多通过直接接触而传染，免疫功能缺陷或偏低的人易感染发病。

【临床表现】

皮损为正常皮色或淡红、淡褐色扁平丘疹，米粒大小到绿豆大，圆形或多角形，表面光滑，境界清楚。皮疹数目一般较多，常散在或密集分布，可见因搔抓后皮疹沿抓痕呈串珠样排列的自体接种现象。一般无自觉症状，病程慢性，可自行消退，消退前瘙痒明显，愈后不留痕迹。好发于青少年颜面、手背及前臂等处，起病较突然。

【辨证论治】

1. 毫针疗法

（1）风热搏结型

主症　疣体局部呈淡红色，偶有瘙痒感。

治则　祛风清热，理血通络。

处方　风池、曲池、合谷、足三里、血海。可根据疣所在部位酌加腧穴，但应以阳明、少阳经穴为主。

方义　风池、曲池、合谷针而泻之，以散风清热；针泻血海则可凉血化瘀；足三里益气活血；针疣体所在部位附近穴位，意在疏通局部的经气，活血散结。

操作　毫针刺，以泻法为主，留针30分钟，每5分钟运针1次。

（2）肝郁气滞型

主症　疣体局部呈淡褐色；可伴急躁易怒。

治则　疏肝理气，活血化瘀。

处方　行间、侠溪、中渚、血海、阿是穴。可根据疣所在部位循经取穴和取阿是穴。

方义　行间为肝经之荥穴，侠溪为胆经之荥穴，合而用之可疏肝利胆、理气活血；中渚为三焦经的输穴，针之以疏通三焦之经气；血海滋阴活血养血，以利疣体消散。

操作　毫针刺，用泻法，留针30分钟。

2. 其他疗法

（1）艾灸疗法

处方　局部皮损部位。

操作　艾炷或艾条重灸疣体，每次约10～15分钟，灸至疣体及基底部和周围皮肤潮红，勿烫伤皮肤。每日1次，10天为1疗程。

（2）耳穴疗法

处方　肺、神门、内分泌、皮质下、肾上腺、大肠、皮损部对应耳穴。

操作　每次取 2～3 穴，常规消毒，毫针刺法，得气后留针 20～30 分钟，隔日 1 次，10 次为 1 疗程。也可用王不留行籽贴压穴位或埋针。

（3）穴位注射疗法

处方　曲池、足三里、血海、三阴交。

操作　用板蓝根注射液穴位注射，每日 1～2 次，每穴注入 1～2ml。

（4）火针疗法

处方　阿是穴。

操作　用火针对准疣体速刺，不可过深。针刺后 3 天内患处勿沾水，以防感染，1 周内脱落而愈。也可寻找疣体较大的母疣，先用火针刺疣根部四周，再在疣中心加刺 1 针，1 周后原发母疣自行枯萎脱落，后起的疣群也逐渐消失。一般针刺 1 次即可治愈。

【预防与调理】

1. 避免用手搔抓患处，以免病毒流窜，疣体扩散。

2. 在治疗中不要用伤害身体健康的内服药，或过度伤害、刺激皮肤的外用药。

3. 治疗过程中，如突然瘙痒，基底部红肿，损害突然增大，损害趋于不稳定等，是皮疹消退期前的预兆，此时应坚持治疗，否则前功尽弃。

三、寻常疣（附：黑痣）

寻常疣，是指发生在皮肤浅表的良性赘生物，皮损为高于皮面的坚实丘疹，表面粗糙。好发于手背、手指，多见于青年。中医称为“疣目”、“瘊子”、“疣子”、“千日疮”等。

【病因病机】

风邪搏于肌肤，引起气血凝滞，筋脉失养而成；或肝虚血燥，血不养筋，筋气不荣所致。也可由皮肤外伤感受病毒或因搔抓而自身传播接触而发。

西医学认为，本病由人类乳头瘤病毒所引起，通过直接接触或针头、刷子等污染物而传染，在免疫功能低下时容易发病。外伤也是引起疣病毒感染的一个很重要因素。

【临床表现】

皮损初起为针头大小的扁平角质隆起，渐渐增大如豌豆或者更大，呈圆形或椭圆形乳头状突起，表面粗糙不平，颜色呈浅白、灰、淡黄或褐、浅灰等，数目不定，一个至数个，或是本来只有一个“母疣”，以后逐渐增多，往往散列在手背或手指上，也可发于其他部位，甚至在鼻孔、舌面、耳道内或唇内侧，或无任何自觉症状。疣也常发于甲缘，在甲板下蔓延，有时长得很大而引起疼痛，并易发生裂口，常有继发性感染。

【辨证论治】

1. 毫针疗法

主症　疣体色暗，表面粗糙，高低不平，偶有痒感，舌苔薄白，脉弦。

治则　滋阴润燥、祛风。

处方　肺俞、曲池、血海、行间、疣体局部。伴肝气不舒，胁胀者加期门、膻中；伴风盛者加太阳、攒竹、合谷。

方义　曲池补益阳明经气；行间疏肝解郁，理气活血；血海滋阴养血，气血旺盛则肌肤容润，疣疹自消；针疣体局部意在破坏供应疣体的营养血管，断绝疣体的血液供应，从而使疣体枯萎脱落。

操作　平补平泻，留针 20 分钟。局部用围刺法。

2. 其他疗法

（1）毫针围刺疗法

处方　母疣体（多发疣中最先发或体积最大者）。

操作　取 26～28 号 0.5～1 寸之毫针，左手捏紧母疣基底部，以减轻针刺疼痛，快速进针至疣基底，用重力快速提插捻转 30 次，然后提针至疣面与皮肤表面交接处，针尖在疣内绕一周扩大针孔，迅速出针，放血 1～2 滴，最后用干棉球压迫止血即可。隔日针刺 1 次。另取疣所在部位邻近穴位 1～2 个。

（2）艾灸疗法

处方　疣体、疣所在经络邻近穴。

操作　将艾炷置于疣体顶部，大小与疣相同，点燃艾炷，燃烧完毕，可听到疣组织的爆裂声，灸 1～2 壮后，顶端焦黑即可。如怕痛或疣体较大者，可在灸前于疣体以 1% 普鲁卡因注射局麻。治 3～5 次后，疣体多可松动，以镊子夹住疣体，将其拔除，再用消毒的手术刀片轻轻刮净基底，并在创口上涂擦甲紫或其他消毒药膏，外用纱布包扎。

(3) 耳穴疗法

处方　皮质下、内分泌、枕、肾上腺、肺、相应发病区。

操作　每次选3～4穴，常规消毒耳廓，用毫针强刺激，留针30分钟，每日1次，10次为1疗程。或用皮肤针埋针法、王不留行压籽法，嘱每日自行按压3次，每3天换1次。

(4) 穴位注射法

处方　外关、曲池、足三里、疣体根部。

操作　每次取2穴，常规消毒，用注射器抽取板蓝根注射液或生理盐水，用5号牙科针头刺入穴位，得气回抽无血后将药液缓缓注入，每次注入0.5～2ml，交替取穴，每日或隔日1次。

3. 推拿疗法

(1) 推疣法　适用于头小蒂大，并明显高出皮面的疣。在疣的根部用棉棒与皮肤平行或呈30°角，向前推进，用力不可过猛，即可将疣体推掉，然后涂碘酊，压迫止血包扎。

(2) 搓疣法　取祛疣粉少许，放在疣体顶上，然后用拇指揉搓，边揉搓边加药粉，直至疣体完全脱落。

【预防与调理】

1. 皮肤部位避免摩擦和撞击，以防出血后继发感染。
2. 疣部避免手抓，以防止沿抓痕再新生皮疹。

附：黑痣

黑痣，在中医文献中又称为“黑子”或“黑子痣”。这里主要指的是面部黑痣，仅限于由痣细胞构成的含有黑色素的痣。色素痣几乎每人都有，只是多寡而已。它可以发生于身体的任何部位和年龄。

西医学认为本病为真皮细胞的良性肿瘤。

【病因病机】

先天禀赋不足，肾中浊气结滞，阳气收束，坚而不散；或风邪搏于血气变化而生；或因孙络之血滞于卫分，阳气束结而成。

【临床表现】

黑痣外观不同其名称亦各异。仅有色素增加而无其他变化者称为斑痣；群集或分散的褐色小斑点，为雀斑样痣；针头或豆大的深黑色扁平隆起，间有毛发者，称为毛痣；毛发多而面积广者称为兽皮样痣；大片分布者称为层形痣。

根据病理特征不同，黑痣可分为3种。皮内痣发生于真皮组织，表现为半球形隆起或乳头样损害，呈深浅不同的褐色，表面可有毛发，多见于头顶部位；交界痣发生于表皮与真皮之间，一般外表光滑无毛，也可稍高起，掌跖及生殖器部位的色素痣常属这一类；具有上述两种病理特征的称混合痣，外观类似交界痣，但稍高起。

【辨证论治】

1. 毫针疗法

主症 初起患处生有圆形斑点，小若针尖，大如粟粒，其色棕褐或黑褐，渐可长大，形如霉点，或似赤豆，其表面可有极少白屑。

治则 升清降浊。

处方 气海、关元、三阴交、曲池。

方义 气海、关元为强壮保健之要穴，培补先天之元气；三阴交为肝、脾、肾三经之交会穴，不但可滋补肝肾，同时可补脾健胃，补后天以助先天；曲池可驱散阳明之风邪，有利于黑痣的消退。

操作 平补平泻，留针30分钟。每日1次，连续10次为1疗程。

2. 其他针法

（1）灸法

处方 支正。

操作 温和灸或雀啄灸，每日1次，每次30分钟，坚持治疗。

（2）火针疗法

处方 痣区。

操作 常规消毒，选用24～26号的适宜针具，用酒精灯将针尖烧红后，迅速刺入痣中心；并根据痣的大小，由痣的中心逐渐向边缘点刺，均为烧1次针刺1针，不可以用退火的钢针硬刺。进针深度以不伤正常组织为度，以免遗留瘢痕或色素沉着；痣与皮肤相平者，进针不宜深过皮下；痣高过皮肤者，进针可稍深；如凸起大痣，则以左手持镊子夹起痣的根部，右手持针使针尖与针身前端平行烧红渐白，快速地沿镊子底部如拉锯式取下，再按前法点刺。术后创面大者，用消毒纱布包扎，小者不必处理。1周内勿接触水，以防感染。结痂后待其自行脱落，不可用手抠掉。痣应一次性处理干净。

【预防与调理】

1. 黑痣有恶变的可能，所以尽量不要搔抓或刺激局部，以免诱发黑痣恶变。

2. 怀疑有恶变倾向的黑痣，应及时切除。取下痣后，要留取标本送活检，以便及时确诊，及时处理。

3. 慎用药物腐蚀等非彻底治疗方法，以免遗留斑痕或刺激色素痣，增加恶变性的可能。

四、腋臭

腋臭是腋下汗出具有特殊臭味的一种皮肤病。本病夏季或汗出时更为明显，常见于青春期，女性多见，轻重不一，老年后可逐渐减轻或消失。本病对健康无损害，但其味难闻常涉及四周，严重影响气质美和风度美，故患者就医较为迫切。中医文献亦称“狐臭”、“体气”、“腋漏”、“腋气”等。西医称本病为“局限性臭汗症”。

【病因病机】

多禀赋于先天，或过食辛辣炙煿、油腻酒酪、肥甘厚味等，湿热内蕴，酿成秽浊之气，熏蒸于体肤，秽浊之气从腋下溢出而发成本病。

西医学认为本病多与细菌分解、大汗腺分泌物及遗传有关。由于大汗腺在青春期内受内分泌的影响，故本病多在青春期开始，至老年后逐渐减轻或消失。

【临床表现】

腋下汗出时有特殊臭味，甚至无汗时也有特殊臭味。常伴有多汗及油耳等症状。90% 以上患者外耳道内充满油腻之耵聍。女性患者在孕期、经期前后、情绪波动、多汗及进食刺激性饮食后，症状可更加显著。

【辨证论治】

1. 毫针疗法

主症　狐臭的轻重不一，有些人很轻，别人不宜察觉，也有些奇臭难闻。

治则　升清降浊，清利湿热。

处方　极泉、支沟、行间、太冲、肩井、肩髃。

方义　针极泉透肩髃可疏通经络，使汗孔疏泄得畅；肩井配太冲，既为表里配穴又为远近配穴，可清利肝胆，利湿化浊；配支沟通调水道，使湿热秽浊得泻。诸穴相配共达排汗除臭之功。

操作　用重刺激泻法，可加电针，每次 4 ~ 5 分钟。每日 1 次，10 次为 1 疗程。

2. 其他疗法

（1）针刺配合艾灸疗法

处方　极泉。

操作　常规消毒后，用 28 号毫针在腋动脉外侧直刺 1～2cm，操作时勿损伤腋动脉，用强刺激泻法，留针 20 分钟，中间运针 2～3 次；起针后，艾条悬灸极泉穴 5～10 分钟，以局部潮红为度。每日 1 次，5 次为 1 疗程。

（2）灸法

处方　腋下汗腺部位。

操作　剃净腋毛，用水调和淀粉成糊状，敷于腋下，6～7 日后，腋下淀粉表面出现一黑点如针孔大小者，即为大汗腺所在部位，用小艾炷放于黑点上直接施灸，每次 3～4 壮，每周 1 次。

（3）火针疗法

处方　腋下汗腺处。

操作　剃净腋毛，常规消毒后，用 1% 盐酸普鲁卡因局麻，用粗火针在酒精灯上烧红至发亮，对准毛囊和汗腺，以 45°角迅速刺入毛囊和汗腺的基底部，穿过上下囊带，立即出针，然后连续围刺毛囊及汗腺 5～10 分钟后，手持棉球在针孔周围挤压，将囊内臭液和少许血挤出后，用抗生素软膏涂于针孔上，用敷料包扎好，以防感染。

（4）穴位注射疗法

处方　腋下汗腺部。

操作　常规消毒，将注射器刺入汗腺部，提插得气后，回抽无血，注入 70% 酒精约 0.5～1ml；注意针刺不宜过深，以免损伤神经和血管，但过浅会使皮肤坏死。一般注射 1 次即可痊愈。若 1 次不能根治，隔 6～12 个月后再注射 1 次。

【预防与调理】

1. 注意个人卫生，勤洗澡或擦洗局部，勤换内衣。汗出后更应及时擦洗，外扑爽身粉，保持局部干燥。
2. 应戒烟酒，少食或忌食葱、蒜、辣椒等辛辣刺激性食物。
3. 严重者可以考虑手术切除或剥离。

五、湿疹

湿疹是由多种内外因素引起的、具有明显渗出倾向的浅层真皮及表皮炎症。皮疹呈多形性对称分布，易渗出，瘙痒剧烈。急性期以丘疱疹为主，慢性期常以苔癣样变为主，易反复发作。男女老幼皆可罹患。中医称“浸淫疮”、“血风疮”或“粟疮”；发于婴儿者称“奶癣”。

【病因病机】

与风、湿、热邪郁阻肌肤有关。因嗜食辛辣鱼腥或肥甘厚腻之品，伤及脾胃，致脾失健运，湿热内生，兼外感风热之邪，内外相搏，风、湿、热邪浸淫肌肤发为本病；或脾胃虚弱，湿邪内生，脾为湿困，肌肤失养，或久病体虚，耗伤阴血，血虚则化燥生风，肌肤失于濡养，发为本病。

西医学认为，本病是过敏性疾病，属迟发性变态反应。与吸入物质、摄入食物、病灶感染、内分泌及代谢障碍等有关；外界因素如寒冷、湿热、油漆、毛织品等刺激亦可致病。

【临床表现】

根据皮损表现可将湿疹分为急性、亚急性和慢性三期。急性和慢性湿疹有明显的特征，亚急性期则为急性期缓解或是向慢性期过渡的表现。

1. 急性期

起病急，皮疹为密集的粟粒样丘疹、疱疹、水疱，常融合成片，对称分布，境界不清；瘙痒剧烈或有灼热感，夜间尤甚，常因搔抓形成点状糜烂面，有明显的浆液性渗出；伴感染时可见脓疱和脓痂。

2. 亚急性期

为急性湿疹迁延而来，皮损以小丘疹、鳞屑和结痂为主，并有少数疱疹、水疱和糜烂，有剧烈瘙痒感。

3. 慢性期

对称性患部皮肤肥厚，表面粗糙，上敷少许鳞屑，呈苔癣样变，有色素沉着或部分色素减退区，瘙痒感明显，有抓痕等。此因湿疹反复发作不愈，迁延而成；或自开始即呈现慢性湿疹。病情时轻时重，延续数月或更久。好发于手、足、关节、股部、乳房等处。

【辨证论治】

1. 毫针疗法

（1）湿热型

主症　发病急，以红色丘疹为主，也可出现水疱，常泛发全身，瘙痒明显，抓破后易出血，渗液较多。可伴腹痛、便秘或腹泻，小便短赤，身热头痛。舌红苔薄或黄腻，脉浮数或滑数。

治则 清泄湿热。

处方 陶道、曲池、肺俞、神门、阴陵泉。渗出多加水分；腹泻加足三里。

方义 肺主皮毛，肺俞可宣肺利肤；陶道疏风清热；曲池泻阳明之火；神门宁神以止痒；阴陵泉健脾以化湿。

操作 针刺用泻法，中等刺激，每次留针 20～30 分钟。每日 1 次，10 次为 1 疗程。

（2）血燥型

主症 病程长，反复发作，皮损颜色黯褐，粗糙肥厚，脱屑，瘙痒，或有抓痕、血痂。舌淡苔薄白，脉沉细或沉缓。

治则 养血润燥。

处方 足三里、三阴交、大都、郄门、阿是穴。心烦不安加神门；瘙痒明显加风市。

方义 湿疹缠绵日久，营血亏虚，不能濡润皮肤，故取足三里、三阴交补脾健中；大都是足太阴的荥穴，能清热化湿；郄门是手厥阴的郄穴，可清营止痒；阿是穴可调局部气血。

操作 用三棱针轻轻叩刺阿是穴，至皮肤微红或出小血珠为度；经穴针刺用补法，中等刺激，每次留针 20～30 分钟。每日 1 次，10 次为 1 疗程。

2. 其他疗法

（1）艾灸疗法 用艾条熏灸局部阿是穴至皮肤出现红晕为止，每次 10～30 分钟，10 次为 1 疗程。

（2）耳穴疗法

处方 肺、神门、肾上腺、皮损部位对应耳穴。兼虚证者加肝、皮质下。

操作 常规消毒，毫针刺，得气后留针 30 分钟，隔日治疗 1 次，10 次为 1 疗程。也可采用埋针或压丸法，每周 2 次，两耳交替。

（3）皮肤针疗法

处方 夹脊、足太阳膀胱经第 1 侧线。

操作 用梅花针由上至下轻轻叩打，以皮肤出现红晕为度。

（4）穴位注射疗法

处方 曲池、足三里、血海、三阴交。

操作 每次选两穴（双侧），用当归注射液 2ml、维生素 B_{12} 注射液 1ml（0.1mg/ml），混合后注射，每穴注射药液 0.5～1ml。隔日 1 次，5 次为 1 疗程，疗程间休息 3 天。

【预防与调理】

1. 保持皮肤清洁，避免搔抓患处，不用热水洗烫或肥皂等刺激性强的洗涤用品。

2. 避免外界刺激及接触过敏物，不宜穿尼龙、化纤的内衣和袜子。

3. 饮食以清淡为宜。忌食鱼、虾、螃蟹等海鲜及辛辣刺激性食物，少饮咖啡、酒等。

4. 保持情志畅达，消除紧张情绪，防止过度劳累。

六、皮肤瘙痒症

皮肤瘙痒症是一种自觉皮肤瘙痒而无原发皮肤损害的病症。其临床表现为最初瘙痒仅局限于一处，进而扩展至身体大部或全部；瘙痒阵起，夜间尤甚，饮酒、情绪、气候等均可使病情加重。由于剧烈搔抓、摩擦及不适当刺激，往往引起抓痕、血痂、湿疹样变、苔癣样变及色素沉着等继发性损害。中医称“痒风”、“风瘙痒”、“血风疮”、“爪风疮”等。

【病因病机】

体弱或年老气血亏损，卫外不固，风易乘袭；或血虚则风从内生，肌肤失于濡养，腠理不能密固，风盛则燥而瘙痒；或平素失于调摄，茶酒、辛辣和温补太过，或心情烦扰，五志化火，血热内蕴，热盛生风，则风盛而作痒。此外，饮食劳倦过度或久病体虚，中阳受阻，湿邪内停，复受风邪，或居地潮湿，坐卧湿地，湿邪外侵，均能致痒。

西医学认为，局限性瘙痒多与局部的摩擦刺激、细菌、寄生虫或神经官能症有关；全身性瘙痒多与糖尿病、肝胆病、尿毒症、恶性肿瘤等慢性病有关。亦可与工作环境、气候变化、饮食、药物过敏有关。

【临床表现】

只有皮肤瘙痒，而无原发皮疹。最初瘙痒仅限一处，进而蔓延扩大。瘙痒时发时止，入夜尤甚。诊断时应详问病史，了解发病经过有无原发皮疹，是否有其他内在疾患。

【辨证论治】

1. 毫针疗法

（1）血虚风燥型

主症　皮肤干燥、脱屑，冬春发病，瘙痒昼轻夜重，心烦不寐，手足心热。舌质偏淡，舌体胖，苔薄白，脉细无力。

治则　养血润燥，疏风止痒。

处方　膈俞、脾俞、肾俞、风池、曲池、三阴交、血海。心烦失眠加神门、内关。

方义　膈俞为血之会，能养血活血，正所谓“治风先治血，血行风自灭”；配血海以助活血养血之功；脾俞、肾俞益气补血；三阴交调补肝、脾、肾三经，补益气血，养血润燥；风池、曲池可祛风活络止痒。

操作　膈俞、脾俞、肾俞、三阴交均用补法；风池、曲池、血海用泻法。留针20分钟。

（2）血热风燥型

主症　皮肤焮热瘙痒，遇热加重，口干心烦，夏季多发。舌尖红或舌绛，苔薄黄，脉弦滑数。

治则　凉血清热，消风止痒。

处方　风池、大椎、血海、风府、曲池、足三里。

方义　大椎为清热的要穴；血海配足三里益气补血活血，血行风自灭也；取风池、风府、曲池意在祛风散热而止痒。诸穴合用共奏其效。

操作　足三里用平补平泻法，余穴均用泻法，留针20分钟。

（3）风湿蕴阻型

主症　皮损粗糙肥厚，久治不愈，继发感染或苔癣样变。舌胖暗，苔白或腻，脉缓。

治则　祛风除湿，润肤止痒。

处方　风池、曲池、风市、合谷、血海、足三里、三阴交。

方义　风池、风市为祛风的要穴，风祛则痒自止；曲池、合谷疏调阳明经气；血海、足三里、三阴交相配重在调补气血，活血祛风。

操作　足三里、三阴交用平补平泻法，余穴均用泻法，中等刺激，留针20分钟。

2. 其他疗法

（1）耳穴疗法

处方　神门、交感、肾上腺、内分泌、肺、肝、胆、胃。

操作　每次选 2～3 穴，较强刺激，留针 20～30 分钟，3～5 天 1 次，10 次为 1 疗程。亦可用埋针或压丸法。

（2）穴位注射疗法

处方　曲池。

操作　采用 0.25% 的普鲁卡因 5ml，每日 1 次。

【预防与调理】

1. 忌食海鲜及辛辣刺激之食物，多食新鲜蔬菜和水果。
2. 尽量避免用力搔抓，以防抓破后引起继发感染。
3. 内衣要宽松、柔软、舒适，以棉或丝织品为佳，尽量不穿化纤类及毛织品。
4. 勿用热水洗烫，不要用碱性较强的肥皂洗浴。

七、慢性疲劳综合征

慢性疲劳综合征（chronic fatigue syndrom，CFS）是由于长时间地极度紧张或精神负担过重，使人面容憔悴、形体疲惫、记忆力减退、注意力不集中、失眠、头痛头晕、易出差错和精神抑郁等，严重时身体极度虚弱可进入“过劳死”的预备军。但也有部分患者的症状会原因不明地自动消失。中医学属于“百合病”、“脏躁”、“郁证”与“虚劳”的范畴。

【病因病机】

劳役过度，肺劳损气，脾劳损食，心劳损神，肝劳损血，肾劳损精。心主神明，心劳损神即是长期紧张、忧思过度、阴阳失调、神气亏虚之证候，即中医学常指的“神劳”病证。从狭义来讲，神劳与慢性疲劳综合征最为相似。或饮食不节或思虑过度，损伤脾胃，致脾失健运，则清阳不升，气血生化乏源，四肢肌肉失养，故可见四肢酸痛无力、头晕头痛、食欲不振、腹胀腹泻等；或情志不畅，所欲不得，致肝郁气滞，疏泄失职，可见眩晕、头痛、耳鸣、肢麻或筋挛拘急；或禀赋不足，劳倦过度，房事不节，久病失养，耗伤肾精，可见头晕耳鸣、腰膝酸软等。

西医学认为本病可能与病毒感染、多种应激反应等因素有关，是诸多原因作用机体而导致神经－内分泌－免疫系统紊乱的结果。

【临床表现】

持续或反复出现的原因不明的严重疲劳，病史不少于 6 个月，且目前患者职业能力、接受教育能力、个人生活及社会活动能力较患病前明显下降，休息后不能缓解。同时可伴有记忆力或注意力下降、咽痛、颈部僵直或腋窝淋巴结肿大、肌肉疼痛、多发性关节痛、反复头痛、睡眠质量不佳及醒后不轻松、劳累后肌痛。

【鉴别诊断】

CFS 的诊断是一个排除性诊断，应在确信排除了其他疾病的基础上进行，不能以病史、体格检查或实验室检查作为特异性诊断依据。应排除下述慢性疲劳：①有原发病的原因可以解释的慢性疲劳；②临床诊断明确，但在现有医学条件下治疗困难的一些疾病持续存在而引起的慢性疲劳。

慢性疲劳综合征与亚健康状态都以疲劳为主要症状，需要鉴别。亚健康状态是指人体介于健康与疾病之间的边缘状态，它包括一系列的症状如疲劳、失眠、思维涣散、头痛等，在症状上与 CFS 有一定的交叉，但亚健康状态严格意义上讲只是身体状态的表现，不是一种特定的疾病，没有严格的诊断标准，所包含的症状也较为广泛，很多症状如胃脘不适、肩颈僵硬等是 CFS 诊断标准中没有的。而 CFS 是一种具体的疾病，有严格的诊断与鉴别诊断标准，因此在临床中不能将两者混淆。

【辨证论治】

1. 毫针疗法

（1）肝郁气滞型

主症　面容憔悴，面色青黄，神情抑郁，胸胁作胀，嗳气叹息，月经不调。舌苔薄白，脉弦。

治则　疏肝解郁，理气行滞。

处方　肝俞、太冲、期门、阳陵泉。口苦及不思饮食者加中脘、足三里。

方义　肝俞、期门为俞募配穴，太冲为肝之原穴，阳陵泉为胆之下合穴，均可疏泄肝气，使气血通畅。

操作　毫针刺，诸穴皆用泻法。得气后留针 20 分钟。

（2）心脾气虚型

主症　面容憔悴，面色萎黄，忧思多虑，失眠多梦，肢倦神疲乏力，头昏心悸，食欲不振。舌淡，脉弱。

治则　健脾益气，养心安神。

处方　心俞、脾俞、三阴交、神门。多梦者加魄户；健忘者加志室、百会。

方义　脾俞、三阴交健脾益气养血；心俞、神门养心安神。

操作　毫针刺，诸穴皆用补法。得气后留针20分钟。

(3) 心虚胆怯型

主症　面容憔悴，面色苍白，心悸易惊，胆怯不寐，心神不宁。舌淡，脉弱。

治则　养心安神，镇惊定志。

处方　心俞、胆俞、神门、大陵、丘墟。神疲体倦者加百会、足三里。

方义　心俞、大陵、神门养心安神，胆俞、丘墟益胆镇惊。

操作　毫针刺，诸穴皆用补法。得气后留针20分钟。

(4) 肝肾两虚型

主症　面容憔悴，面色晦暗，头昏耳鸣，失眠多梦，烦热盗汗，腰膝酸软，月经不调，阳痿遗精。舌红苔少，脉细数。

治则　滋补肝肾。

处方　肝俞、肾俞、三阴交、太溪。多汗者加膏肓。

方义　肝俞、肾俞补益肝肾。太溪为足少阴肾经原穴，配三阴交以调补三阴之不足。

操作　毫针刺，诸穴皆用补法。得气后留针20分钟。

(5) 痰扰心神型

主症　面色潮红，心烦易怒，失眠多梦，胸闷痰多。舌红，苔黄腻，脉弦滑。

治则　化痰散结，行气解郁。

处方　阴陵泉、丰隆、心俞、神门。便秘者加天枢、上巨虚。

方义　阴陵泉、丰隆化痰和中，心俞、神门宁心安神。

操作　毫针刺，阴陵泉、丰隆用泻法，心俞、神门用补法。得气后留针20分钟。

2. 其他疗法

(1) 耳穴疗法

处方　皮质下、交感、内分泌、心、神门、枕、耳尖。

操作　毫针强刺激。或用揿针埋藏，或王不留行籽贴压，于睡前按压以加强刺激。

(2) 艾灸疗法　沿背部督脉和足太阳膀胱经的循行线从上至下施以艾灸，以振奋阳气、调节神志、激发脏腑气机、调整脏腑功能、鼓舞气血运行，从而可以解除以疲劳为主的CFS的诸多症状。

(3) 穴位贴敷疗法　选用人参、黄芪、当归、地黄等药敷贴神阙穴，使药力迅速渗透至体内，以调节脏腑气血，益气升阳，滋阴养血，扶正祛邪，起到改善机体免疫功能、抗应激、抗疲劳和镇静的作用，从而对 CFS 产生治疗作用。

（4）拔罐疗法　用背部走罐疗法，以激发脏腑气机，调节脏腑功能，鼓舞气血运行；加之拔罐疗法可造成局部皮肤潮红、充血、轻微皮下瘀血，皮下瘀血的吸收、清除过程可激发人体的免疫功能，增强人体的抗疲劳能力。

3. 推拿疗法

（1）分型论治

1）肝郁气滞型：①以大鱼际轻揉头面部 1～3 分钟，指抹与掌抹面部各 5～8 次，于两颞侧用扫散法，两拇指振颤与轻抹眼球 1 分钟，干洗头与轻叩头交替共 1 分钟，并轻扯其发根 1～3 遍，鸣天鼓（医者双掌罩住两耳，以食指快速弹之）20 次。②从天突至膻中以小鱼际来回擦至透热为度，并指振膻中、章门、期门等穴，以双手挟持两胁从上向下搓摩与推揉 5～6 遍。③分推腹阴阳 5～8 遍，两手交替从上向下推抹腹部 20 次左右，于耻骨联合及前阴附近施以拨揉法（以拇指揉 3～5 圈，拨 1 次，每处 5～8 次），在患者能忍受的范围内至局部灼热为佳。④沿脊柱两侧施以㨰法、揉法 1～3 分钟，点揉肝俞、胆俞、厥阴俞、气海俞等穴，每穴 10～20 下，于脊柱胸段（多能找到偏歪棘突）运用扩胸扳法以整复。

2）心脾气虚型：①以一指禅从印堂上推至神庭，两侧分推至太阳各 3～5 遍，以拇、食指相对捏拿眉毛 3～5 下，手掌大鱼际揉面部 1～3 分钟，轻摩百会 30 圈，拿五经 3～5 遍，拿风池 20 下。②用一指禅从上脘至关元往返 3～5 遍，揉按气海、关元、天枢、中脘等穴各 20 下，以全掌揉小腹至热，并从下向上振按 1～3 遍。③以双掌重叠置左胸部，随呼吸节律性振按 20 下左右。④捏脊并点揉脾俞、胃俞、心俞及至阳、督俞等穴，振叩脊柱 3～5 遍，并直擦以透热为度。

3）肝肾两虚型：①双掌重叠振按百会 20 下，再分别振两肩井 20 下，两手相对分别振颤头两侧及前后各 20 下，按揉目上眶至昏昏欲睡，一指禅“∞”字推眼眶 5～6 圈。②揉、㨰、拿腰部约 3～5 分钟，双掌从上至下推脊柱两侧 5～6 遍，依次点按肝俞、胸 12～骶 1 夹脊穴、膀胱经第 1 侧线经穴及八髎穴，从上至下振揉脊柱 3～5 遍，于腰部行踩跷法三轻一重，10 次左右，横擦腰骶以透热为度。③搓摩胁肋以透热为度。④全掌揉运小腹（丹田）以透热为度。⑤轻擦手脚心并点按劳宫与涌泉。

4）痰湿困阻型（痰扰心神型）：①开天门 24 次，推坎宫 64 次，振脑门 3～5 次，双风灌耳 8～10 次。②从上到下拿颈夹脊 3～8 遍，拿肩井 1～3 分钟，扣拨天突，以恶心欲吐或见咳为佳。③揉、推、振叩、推抹其腰背部，以透热为度。④于腹部运用挪法、荡法、拿法和挤碾法 5～8 分钟，以一指禅由中脘下推关元 5～10 遍，顺时针运腹 300 圈，点按天枢 1 分钟。⑤扣拨双阴陵泉、三阴

交、丰隆、足三里等穴，每穴20下。（谢慧君等，《四川中医》，2004年第6期）

（2）自我保健推拿法

1）头面颈项部：①搓擦手掌至热后用双手掌摩拭面部，以面部觉热为度。②以食指或中指按揉人中穴至酸胀为度，两手中指腹或小鱼际摩擦鼻梁两侧至发热为度。③两手拇指分别按压左右太阳穴，余指弯曲，用食指中节桡侧缘自额中向两旁抹约30次。④双手拇、食两指挟持两耳上下搓摩拭擦。⑤用两掌心分别紧按左右耳门，双手中指叩击脑后枕部，叩击时闻及耳中轰鸣。⑥两手以微屈十指端自头额向脑后梳至后发际。⑦双手十指分开以指端叩击头部，动作连续不断。⑧双手中指端分别按揉左右风池穴。⑨双手掌摩擦颈项部至觉热为度，左右交替。

2）胸腹部：①双手摩擦至热，右手擦左胸部，左手擦右胸部。②手掌按顺时针方向摩腹部，或左右双掌叠放在腹部做顺时针或逆时针方向摩动，约5分钟。③手掌大鱼际掌根按揉胃脘处。④一手掌或双掌叠放于脐部摩动，约5～10分钟。⑤双手掌大鱼际部或掌根分别按揉天枢穴约5分钟，手掌摩脐下小腹部。

3）肩腰背部：①双手握拳，用拳之虎口上下捶击腰背部5遍，再沿脊柱旁上下摩擦约30次至局部发热。②手握拳反置背后，用大拇指掌指关节突起处按揉第3腰椎旁之腰眼穴。③双手掌按摩腰部两旁（精门）。④双手小鱼际上下摩擦腰骶部。

4）上肢部：①五指与其余四指对称用力从上至下拿捏上肢肌肉数遍。②拇指或掌根反复按揉肩关节周围多次，以局部酸胀为度。③以手握拳之尺侧自上而下依次捶击上肢。④双手食指交叉而握，同时旋转、摇动腕关节约15遍。⑤两手相互摩擦，使手掌、手背、手指搓摩至发热，再用手掌摩擦上肢至发热。

5）下肢部：①手掌摩擦下肢，再用双手掌根部叩击下肢两侧。②双下肢伸直，用双手按揉膝盖，并以拇指用力按揉膝关节周围。③坐而屈膝，拇指端按揉足三里穴至有酸胀感，约30次。④一足搁于另一侧大腿上，用拇指按揉三阴交，两侧交替进行；再用手掌小鱼际侧擦足掌心涌泉穴。（刘宏，《中国临床康复》，2004年第33期）

【预防及调理】

1. 注意劳逸结合，生活中学会自我调节、减轻心理压力。
2. 养成良好的生活习惯，生活节奏要有规律，按时作息。
3. 注意补充营养，饮食有节。
4. 调畅情志。
5. 加强体育锻炼。

第七章　美容常用针灸推拿保健方法

针灸推拿保健美容是指在中医学理论与人体美学理论的指导下，采用针灸推拿手段或方法，调节脏腑经络气血阴阳平衡，以预防疾病，增进健康，延缓机体的衰老，修复和塑造形体美或掩饰人体的损美性生理缺陷，达到使形体、颜面五官、须发、爪甲等自然健美的目的。

第一节　颜面部保健美容

颜面部保健美容，即是通过针灸推拿的各种方法，以改善面部肌肉、皮肤的血液循环，加速新陈代谢，润泽美白颜面皮肤，达到"红颜长驻"之目的。中医学认为，面部颜色是血液盛衰和运行情况的反映，属血、属阴；面部皮肤光泽是脏腑精气外荣的表现，属气、属阳。

中医学对针推养颜早有认识，在《灵枢》中说："足太阳之上，血之盛则美眉，眉有毫毛；血少气少则恶眉……血少气多则面多肉；血气和则美色"；"十二经脉，三百六十五络，其血气皆上于面走空窍"；指出人体毛发、颜面皮肤与脏腑、经络、气血津液有密切关系。晋代的《针灸甲乙经》中还记载有针刺下廉穴，可治疗颜面不华；针刺曲池穴，可用于颜面干燥等。隋代的《诸病源候论》云："摩手令热以摩面，从上下二七止，去汗气，令面有光。"明代的《红炉点雪》中说："颜色憔悴，良由心思过度，劳碌不谨。每清晨静坐，神气冲溢，自内而外，两手搓面五七次，复以漱津涂面，搓拂数次，行之半月皮肤光泽，容颜悦泽。"《千金翼方》记载："清旦初以左右手手摩交耳，从头上挽两耳又引发，则面气通流。"唐代《备急千金要方》云："太冲，主面尘黑"；"天突、天窗，主面皮热"。研究证明，经常摩浴面部，能刺激面部毛细血管，使之时时保持扩张的状态，则经络通畅，血液也时时充盈于面部，面部皮肤得到荣润，而使面部皮肤光泽。

颜面部针推美容方法主要包括保健悦颜、祛皱、祛眼袋、瘦脸及肤色异常等治疗内容。

一、悦颜

悦泽容颜（简称悦颜）是指应用针灸推拿方法使面容光泽红润，肤嫩细腻，美观悦目。

【病因病机】

中医学认为面部肤质肤色损美性异常改变的主要原因有：

1. 外邪侵袭

人的面部终年暴露于外，常处于较恶劣环境中，易受六淫外邪之侵袭，不仅会使人面部皮肤变得粗糙枯槁，还易变生各种损美性皮肤疾患。正如《望诊遵经》指出："形容枯槁，面貌黧黑，受酷热严寒之因……身体柔脆，肌肤肥白，缘处深闺广厦之间。"

2. 年老体衰

肌肤的颜色、润泽和人的年龄有密切关系。随着年龄的增加、脏腑功能的衰减，人体组织器官逐渐老化，脏腑、经络、气血津液失调，而致肝肾虚损，肌肤失去濡养而枯槁无泽。如《望诊遵经》所言："方其少也，血气盛，肌肉滑，气道通，营卫之行速。及其老也，血气衰，肌肉枯，气道涩，营卫之行迟。夫是故老者之色多憔悴，少者之色多润泽也。"

3. 气血津液亏虚

肌肤赖气血津液濡养，气血津液亏虚，则肌肤晦暗不泽。面色是血液盛衰和运行情况的反映。气之盛衰，决定着肌肤的光泽与否。皮肤的润泽，则是津液滋养的结果。如果气血津液亏虚，则皮肤必然枯槁涩粗。正如宋代《圣济总录》中所说："虚损之人，荣血不足，津液涸少，不能充养，肌肉枯槁，髭发黄瘁，手足多寒，面颜少色。"

4. 肺脾气虚

肺主气，司呼吸，在体合皮；脾主运化，在体主肉。二者皆属太阴，肺脾二脏在气的生成和津液的输布代谢方面发挥着重要作用。肺脾气虚时，气及津液的生成、敷布均受到影响，则肌肤失养，枯槁不泽。如《望诊遵经》所说："皮肤润泽者，太阴气盛，皮毛枯槁者，太阴气衰。"晋代《脉经》云："太阴者，行气温皮毛者也。诸气膹郁，肠胃干涸，皮肤皴揭……嗌干面尘肉脱色恶……"

5. 脉络瘀阻

各种原因引起的脉络瘀阻，均可影响血液和津液的正常输布，使面部失于濡养而气色晦暗。《难经·二十四难》曰："脉不通则血不流，血不流则色泽去，故面色黑如黧。"

6. 情志过极

可致五脏功能失调，气机紊乱，则气血悖逆，不能上荣于面，而使面颜失泽。《望诊遵经》云："悲则气消于内，故五脏皆摇，色泽减。"

7. 饮食内伤

营养摄入不足或饮食失调时，肌肤失津失养，也可出现肤质肤色的异常。

西医学认为，正常皮肤的颜色取决于血红蛋白（氧化和还原状态）、胡萝卜素和黑色素的含量，其中黑色素是主要决定因素。随着人年龄的增长，机体的各种机能下降，皮肤也随着机体同步衰老。且皮肤位于机体的最外层，更易受到外源性刺激因素的影响。皮肤的老化是内源性和外源性因素共同作用的结果。

【辨证论治】

1. 毫针疗法

治则 补益气血，活血通络。以足阳明胃经、足太阴脾经穴为主。

处方 血海、足三里、三阴交。肝肾不足加肝俞、肾俞、太溪；脾虚湿热加阴陵泉、脾俞；肝郁气滞加太冲、行间；脉络瘀阻加膈俞、气海；胃肠积热加内庭、行间。

方义 血海、足三里分别为脾胃经穴，能益生化之源，补益气血。三阴交为肝脾肾三经之交会穴，可以健脾益气，调补肝肾，肝脾肾经血充盈，颜面得以濡养，肤色自然光亮润泽。

操作 主穴用补法。肝肾不足者可灸。配穴按虚补实泻法操作。得气后留针 20 分钟，隔日 1 次，15 次为 1 疗程。

2. 其他疗法

（1）隔姜灸法

处方 神阙穴。

操作 置小艾炷或中艾炷于 0.2 ~0.4cm 厚的鲜姜片上（用针穿刺数孔）点燃施灸，每次 3 ~5 壮，以局部温热舒适、皮肤红晕为度。隔日 1 次。

（2）悬灸法

处方 颧髎、颊车、下关、阳白、印堂、曲池。

操作 悬灸，每次选 1 ~2 个穴位，各灸 10 分钟，经常使用可温经通络、行气活血、悦泽容颜、减皱祛皱。

3. 推拿疗法

（1）面部美容按摩基本方法　有两种：一是仪器按摩，应用电动按摩器接触皮肤，利用高频振动来刺激面部皮肤，促进皮肤的血液循环，如各种电动按摩器、超声波美容仪等。二是人工按摩，采用多种按摩手法根据具体情况及按摩部位的不同，灵活地对面部皮肤穴位进行按摩；其原则是沿肌纤维走向或循经络穴位进行面部按摩。本节主要介绍人工手法按摩。

1）额部：按摩应由眉至发际纵向按摩。①双手四指并拢，交替由眉至发际抹数遍。②中指、无名指指腹沿印堂→发际→太阳穴的线路按抹，分别点按印堂、神庭、头临泣、头维、太阳等穴。此法可预防或减少额纹的产生，并可疏通气血，健脑提神。

2）眼部：沿眼轮匝肌做环形按摩。双手中指、无名指并拢顺着眉头至眉毛方向沿眼眶做环形按摩，依次点按攒竹、鱼腰、丝竹空、瞳子髎、太阳、承泣、睛明等穴，太阳穴可单独揉按。此法可以预防或减轻“黑眼圈”、“眼袋”及鱼尾纹的产生。

3）面颊部：由内向外、由下向上螺旋形按摩。中指、无名指并拢，用指腹在面颊分三条线路向内向上打小圈揉按。①从迎香穴经面颊至上关穴。②由地仓穴经面颊至听宫穴。③由承浆穴沿下颌经面颊至翳风穴。轻揉点按颊车、上关、下关、颧髎、迎香和地仓等6穴。

4）鼻口部：①双手中指、无名指并拢由下往上伸展鼻梁数遍。②用中指上下推抹鼻翼两侧、揉鼻尖，点按迎香穴。口轮匝肌为环状纤维，以中指、无名指的指腹沿口周做环形按摩，点按地仓、人中、承浆。

5）下颌和颈部：通过按摩可预防下颌松弛产生双下巴以及颈部皮肤松弛产生皱纹。故按摩下颌可用双手拇指、食指分别轻捏下颌至耳根，或五指并拢双掌交替由对侧耳根抹到同侧耳根，点按翳风穴。按摩颈部可用全掌着力，由颈部抹至下颌数遍。

注意事项：按摩前一定要先做面部清洁，最好在淋浴或蒸汽喷雾后、毛孔扩张时进行按摩；坚持按摩方向与肌肉走向一致、与皮肤皱纹方向垂直的按摩原则；在按摩过程中，要给予足够的按摩膏或按摩油，以减少皮肤的摩擦。下列情况不适合做面部按摩：严重过敏性皮肤、毛细血管扩张或破裂、皮肤急性炎症、皮肤外伤、严重痤疮、传染性皮肤病（如扁平疣、脓疱疮等）以及严重发作的心血管疾病、气喘病、骨关节肿大、腺体肿大者。（陈根华，《中国美容医学》，2000年第9期）

（2）全身循经推拿法　在采用上述面部美容推拿按摩手法的同时，应配合背部、下肢部的推拿。背部主要沿膀胱经第1侧线推拿，先自上而下，再自下而上，各推揉3～5次；下肢由上而下擦足阳明胃经3～5次，叩击3～5次，再由下至上擦足三阴经3～5次，叩击3～5次，点按足三里、三阴交各1分钟。

【预防与调理】

1. 尽量避免日光直接照射。

2. 镁、铜等微量元素的缺乏可引起肤色肤质的异常，应合理膳食，忌偏食。

3. 应少摄入富含酪氨酸的食物（如马铃薯、红薯等），多摄入富含维生素C的食物（如酸枣、鲜枣、番茄、刺梨、柑橘、新鲜绿叶蔬菜等）和富含维生素E的食物（如卷心菜、菜花、芝麻油、芝麻、葵花子、菜子油、葵花子油等）。

二、祛皱

祛皱，是指以针灸推拿方法，消除或减少面部及颈部的皱纹。皱纹是皮肤老化最初的征兆；皱纹进一步发展，则会形成皱襞，即皮肤上较深的皱褶。皱襞形成后便不易消除。正常人25岁以后，皮肤生成胶原蛋白的速度减慢，皮肤的生命力开始衰退，皮肤内的皮脂和水分减少，皮肤开始变得干燥起皱，皱纹首先出现在前额部，30～40岁时不断增多并逐渐加深加重，几乎与此同时在外眼角部出现鱼尾纹，接着围绕上下眼睑出现皱纹，向口周蔓延，并随着年龄进一步增长，到50岁以后，由口至腭部的深度皱纹出现，以后皱纹遍及到全身。

【病因病机】

1. 外邪侵淫

面部皮肤暴露在外，常遭受风吹日晒雨淋，如果不注意保养，使皮肤过多暴露于恶劣环境中，外邪侵淫，损伤皮肤，可发生皱纹。

2. 年老体衰

皮肤是机体组织的一部分，当机体衰老时，皮肤也不可避免地同时老化，从而出现皱纹。

3. 脾胃虚弱

胃主受纳，脾主运化，在体合肉。脾胃为气血生化之源、后天之本。四肢百骸、脏腑经络，以至筋肉皮毛等组织都依赖于脾胃功能正常以化生气血津液来濡养。若脾胃虚弱，运化失健，水谷精微不能化生气血，则面部肌肤失去气血濡养而早衰，出现皱纹。

4. 饮食所伤

过饥则摄食不足，生化乏源，气血津液得不到足够的补充而衰少，使面部肌肤失养而早衰，出现皱纹。此外，五味与五脏各有其亲和性，如长期偏嗜某种食物，会使与之相应内脏功能偏盛，久之可损伤其他脏腑，从而影响气血运行，致面部肌肤失养。如《素问 · 五脏生成》篇所述："多食苦，则皮槁"，"多食酸，则肉胝胎而唇揭"，直接导致皮肤的早衰。

5. 劳逸损伤

形神过劳，如劳神过度，思虑太过，则劳伤心脾，耗伤心血，损伤脾气，使肌肤失去气血濡养，过早出现皱纹；而长时期的劳力过度，也会损伤机体之气，积劳成疾，神疲消瘦，也将使皱纹过早出现。但是，过度安逸则人体气血运行不畅，甚至引起气滞血瘀，影响肌肤营养、吸收，而导致皱纹出现。此外，脾主四肢，四肢少动则脾运不健，化生气血减少，使面部失养出现皱纹。

6. 情志内伤

长期情志不畅，肝失疏泄致气机郁滞，血行不畅，脉络瘀阻于上，使面部肌肤失于濡养而生皱纹。

西医学认为皱纹发生是一个漫长、复杂的过程，与多种多样内外因素有关，如皮肤缺水及皮下组织减少，胶原蛋白变性与弹性蛋白降解，自然老化（如皮肤生理功能减退），地心引力作用，阳光中紫外线照射使皮肤发生光老化、光损伤，面部表情肌过多收缩等。

【辨证论治】

1. 毫针疗法

治则　健脾益胃，补益气血，防皱除皱。以足太阴脾经、足厥阴肝经、足少阴肾经穴为主。

主穴　丝竹空、攒竹、太阳、迎香、颊车、翳风、合谷、曲池、足三里。肝肾亏虚加肾俞、肝俞；肝郁气滞加太冲；脾胃虚弱加建里、中脘。

方义　丝竹空、攒竹、太阳、迎香、颊车、翳风疏通局部经络，行气活血。合谷、曲池振奋经气，改善面部血液循环。足三里调脾胃，益生化之源。一近一远，经络通于前，血液盈于后，使面部得到荣润，推迟皱纹的出现或使已有的皱纹减少或消失。

操作　针用补法或平补平泻，不灸，得气后留针 20 分钟。隔日 1 次，15 次为 1 疗程。

2. 推拿疗法

（1）*局部防皱祛皱法*　先用两手掌大、小鱼际由下向上轻揉面部，使皮肤逐渐发热后，根据面部经络穴位的分布进行按摩，方法如下：

①额部：双手拇指相叠，重按轻起按压印堂 6 遍，从印堂直线推按到神庭 9 遍，力度因人而异。再用双手美容指（食指、中指、无名指）依次分别从两侧

攒竹、鱼腰、阳白、丝竹空、太阳、瞳子髎等穴，直线推按至发际6遍。然后指腹平行于颊部从下向上打圈（攒竹、鱼腰、丝竹空、瞳子髎、太阳）共9遍。

②眼部：双手中指依次按压攒竹、鱼腰、阳白、丝竹空、瞳子髎、承泣、球后、四白、睛明，重按轻起，连续6遍。再双手美容指并拢叠压，绕眼部环形肌分别作倒八字抹、轻抹双眼睑、交替拖抹眼袋，各15遍后，指腹分别轻弹眼袋部位1分钟。然后左右手美容指并拢分别交替沿鱼尾纹及其垂直方向，轻柔推摩15遍。

③鼻部：双手重按轻起分别点按迎香9次，向上按至鼻通、睛明，然后下滑至迎香，从鼻翼至鼻根部来回轻抹1分钟。然后两手五指交叉，左右拇指交替从上往下抹鼻梁2分钟，再从下向上抹9遍。

④颧颊部：拇指按压人中，然后两手分别揉按迎香、颧髎、巨髎、颊车、下关、听宫、翳风。

⑤唇部：左手拇指按承浆穴，两手拇指分别按地仓穴，各10遍。再用两手美容指绕唇轮匝肌由内向外环形按摩10遍。

⑥下颌及颈部：点按承浆、廉泉6遍，双手指从下颌部推按至耳垂下，反复按6遍，再从下至上轻抹颈部皮肤6遍，最后双手四指并拢从上至下顺着颈淋巴走向由内向外作淋巴排毒9遍。

⑦耳部：两手分别揉捏两侧眼周穴和所有耳穴，再用双手中指分别按压耳门、听会、听宫，最后用中指分别插入两侧耳孔，上拔6遍。（胥秀琴，《按摩与导引》，2001年第3期）

（2）其他方法　双手搓热，以掌面由下颏摩至神庭，至脸微热，然后按压皱纹周围的穴位。同时配合以下肢部的推拿：由上而下擦足阳明胃经3~5次，叩击3~5次，由下至上擦足三阴经3~5次，叩击3~5次，点按足三里、三阴交各1分钟。按摩时应以皱纹周围的穴位为重点。

【预防及调理】

1. 养成良好的生活习惯。避免面部表情过度夸张，如挤眉弄眼、愁眉苦脸。戒烟，避免熬夜。

2. 适量运动，劳逸结合。

三、祛眼袋

眼袋是指上、下眼睑组织膨大突出，眼睑皮肤松弛下垂，形似袋状，临床上以下眼睑膨出者多见。它是面部老化的特征之一。本病多见于40岁以后的中老年人，少数年轻人若出现眼袋，多半是因过度劳累或遗传所致。

【病因病机】

1. 脾虚气弱

脾主运化，主统血，在体合肌肉，按五轮学说，睑为肉轮，为脾所主，脾健则运化、统血功能正常，肌肉得养，而睑无所废。若脾气虚弱，筋脉弛缓，肉轮虚肿则可发本病。

2. 心脾两虚

心主血，脾在志为思。思虑过度，暗耗心血，损伤脾脏，影响气血生化，则气血亏耗或生化不足，气血运化无力，致胞睑虚肿。

3. 脾肾两虚

先天禀赋不足或年老体衰，脾肾两虚，以致胞睑松弛虚肿。

西医学认为眼袋的形成与皮肤老化松弛、眼轮匝肌的张力减退、眶膈筋膜的退行性改变和眶下缘周围骨退行性变或发育不良使眶脂膨出有关。

【临床表现】

双下睑皮肤松弛，下眼圈肌肉肥厚并松弛，眶内脂肪突出。

【辨证论治】

1. 毫针疗法

（1）脾气虚弱型

主症　上睑下垂，四肢倦怠，嗜卧，不思饮食。舌淡苔白，脉细弱。

治则　健脾益气，补中举陷。

处方　三阴交、足三里、脾俞、气海、攒竹、丝竹空、阳白。伴脱肛、胃下垂等，加百会、气海俞。

方义　三阴交、足三里、脾俞、气海健运脾胃，补养气血。配眼周的攒竹、丝竹空、阳白以调和局部气血。

操作　诸穴皆用补法，得气后留针20分钟。隔日1次，15次为1疗程。瞳子髎、球后、四白均用平补平泻手法。眼区穴宜轻捻缓进，不留针，退针时至皮下疾出，随即予棉球按压1分钟。

（2）心脾两虚型

主症　上、下眼睑组织膨大突出，形似袋状。平日忧思多虑，失眠多梦，神疲乏力，头昏心悸，食欲不振。舌淡，脉弱。

治则　健脾益气，养心安神。

处方　心俞、脾俞、三阴交、神门、瞳子髎、球后、四白。多梦者加魄户；

健忘者加志室、百会。

方义　脾俞、三阴交健脾益气养血，心俞、神门养心安神。配眼周的瞳子髎、球后、四白以调和局部气血。

操作　诸穴皆用补法。瞳子髎、球后、四白操作同上。得气后留针 20 分钟，隔日 1 次，15 次为 1 疗程。

（3）脾肾气虚型

主症　眼睑膨大突出，心悸易惊，胆怯不寐，心神不宁。舌淡，脉弱。

治则　健脾益气，行气消肿。以足太阴脾经穴为主。

处方　脾俞、足三里、三阴交、瞳子髎、球后、四白。不寐加神门、心俞；脾胃虚弱加建里、中脘。

方义　三阴交、足三里及脾俞健运脾胃，补养气血。配眼周的瞳子髎、球后、四白以调和局部气血。

操作　脾俞、足三里、三阴交均用补法，瞳子髎、球后、四白操作同上。得气后留针 20 分钟，隔日 1 次，15 次为 1 疗程。

2. 推拿疗法

采用上述面部美容推拿的常规手法。重点按摩眼周的穴位，同时由上而下推拿下肢部的足阳明胃经 3～5 次，叩击 3～5 次，由下至上擦足三阴经 3～5 次，叩击 3～5 次，点按足三里、三阴交各 1 分钟。

【预防及调理】

养成良好的生活习惯，按时作息，保证充足的睡眠。

四、瘦脸

从审美角度看，椭圆形的脸型是最美的，“瘦脸”顾名思义就是让过圆过胖的脸部瘦一点，以达到最佳的审美要求。但严格说来，它与瘦身不一样，它不以减少皮下脂肪为主要诉求，而是以排除滞留脸部软组织的多余间液，激活细胞的代谢及紧实局部肌肉来获得功效。瘦脸主要是以淋巴引流（排除多余水分）与肌肉紧实为主。瘦脸包括瘦下巴。

【辨证论治】

1. 毫针疗法

治则　疏通经络，行气消滞。以足太阴脾经、足阳明胃经穴为主。

处方　太阳、承浆、颊车、迎香、颧髎、地仓、阿是穴。远端可加用足三里、三阴交、阴陵泉。有双下巴者可加用廉泉。

方义　局部的穴位疏通经络，行气消滞。足三里调理脾胃，改善胃肠功能。三阴交、阴陵泉利水减肥。

操作　针用泻法或平补平泻法，不灸。下巴阿是穴以美容针挂针。得气后留针 20 分钟，隔日 1 次，15 次为 1 疗程。

2. 推拿疗法

（1）按摩瘦脸疗法

操作　①两手握虚拳，从太阳穴到颊车附近，来回轻轻敲打，反复进行 5 ~ 10 分钟。②用双手食指、中指、无名指，从地仓到太阳穴的部位，轻轻按摩、划圈，反复进行 5 ~ 10 分钟。③用手指将下巴处的赘肉夹起，往颊车方向推移，到达颊车处停 5 秒钟，重复 3 次以上。④用双手背部上下轮流将下巴处的赘肉由下往上推挤，重复 25 ~ 30 次，最后利用双手的大拇指对下巴重点部位进行按压。

（2）可参照上述悦颜、祛皱等方法进行。

【预防与调理】

1. 平时不用手撑面、托腮，不趴着或侧着睡觉。
2. 不宜睡过高的枕头。

五、面黑

面黑为面部色素沉着致面部颜色变黑的损美性肤色改变。类似于中医文献中的“面色黧黑”、“面黑”、“面尘”等，但应除外黄褐斑以及由明显的全身性疾病所致者。

【病因病机】

面黑有虚实之分。实者多“由脏腑有痰饮，或皮肤受风邪，致气血不调，则生黑皯……痰饮渍于脏腑，风邪入于腠理，气血不和，或涩或浊，不能荣于皮肤，故变生黑皯”（《太平圣惠方》）；虚者多与气血不足或肾阳虚水色上泛有关，或因肾气不足，阴虚火邪上炎，郁结于面部所致。因肾主藏精，黑色属肾，肾精不足，肾虚黑色上泛，则生黧黑。《灵枢·经脉》曰：“血不流则髦色不泽，故其面黑如漆柴者。”《医宗金鉴》指出本症“原于忧思抑郁成”，认为因肝气郁结，藏血损耗，肝郁化热，肝火上炎，血热不能华面所致。

西医学认为面色改变与多种致病因素有关，或由于某些物质使皮肤对光线及机械性刺激发生敏感反应，导致皮肤黑色素代谢紊乱而发生色素沉着。此外，营养不良也是重要的致病因素。有些妇女的色素变化与月经周期有关。

【临床表现】

好发于面额、颞颧、耳后颈项等暴露部位，严重时波及全身，发生淡褐色至深褐色斑，境界不清，与皮肤无鲜明境界。

【辨证论治】

1. 毫针疗法

（1）肝郁气滞型

主症　面部颜色变黑。伴急躁易怒，胸胁胀满不舒。脉弦。

治则　疏肝解郁，活血通络。以足厥阴肝经、足少阴肾经、手阳明大肠经穴为主。

处方　肺俞、曲池、太冲、行间、巨髎、迎香，可加阿是穴（面部斑较重区）。咽喉不利者加天突、廉泉。

方义　巨髎、迎香疏通局部经络，使面部气血充盛；肺俞行气理血；曲池泄热与太冲、行间合用，以疏肝解郁，活血通络；阿是穴可促进局部细胞活性，加速黑素细胞的裂解。

操作　阿是穴用围刺法，隔日 1 次。肺俞、曲池、太冲、行间采用泻法，其余诸穴用平补平泻法，得气后留针 20 分钟，15 次为 1 疗程。

（2）肝肾阴虚型

主症　面部颜色变黑。伴腰酸膝软，头晕目眩。舌红少苔，脉细。

治则　补血养肝，滋肾养阴。以足太阴脾经、足厥阴肝经、足少阴肾经穴为主。

处方　血海、足三里、三阴交、肝俞、肾俞、太溪、巨髎、迎香、阿是穴（面部斑较重区）。脾虚湿盛加脾俞、阴陵泉。

方义　巨髎、迎香疏通局部经络，使面部气血充盛；血海调血气，理血室；足三里为足阳明经之合穴，与血海共行补气调血之功；三阴交为足太阴、厥阴、少阴之会，与肝俞、肾俞、太溪共奏滋补肝肾之效。诸穴合用，可达到调整脏腑功能、疏通经络、调养气血的目的，使腠理得养，肤色光亮润泽。

操作　阿是穴用围刺法，或用三棱针点刺，挤出少量血液，隔日 1 次。其余诸穴用补法。得气后留针 20 分钟，15 次为 1 疗程。

2. 其他疗法

（1）耳针法

处方　内分泌、皮质下、肝、肾、交感、面颊、耳尖、肺、大肠。

操作　每次选 2～3 个穴位，毫针用强刺激；或用揿针埋藏或用王不留行籽贴压，于睡前按压以加强刺激。

（2）刺血法

处方　耳部热穴、胃穴；另加背部的大椎、身柱、神道、至阳、命门。

操作　耳穴以毫针点刺出血，体穴用皮肤针叩刺出血后加拔火罐，隔日1次。

（3）挑刺法

处方　第1～5胸椎的每个椎间隙，探寻淡红色疹点。

操作　用三棱针点刺，挤出少量血液，隔1～2天1次。

（4）三角灸法

取局部阿是穴（面部斑较重区），在三个角点上各置枣核大艾柱，烧3壮，以皮肤红热不起泡为度，3日1次。

【预防与调理】

1. 避免日晒，日光敏感者外出时应使用防晒剂、防紫外线阳伞。忌用有光感作用的药物。

2. 增强体质，注意营养调节及补充维生素，可进食水果、动物肝脏等，但不宜服食含有雌激素的滋补营养品。

3. 育龄妇女应避免使用雌激素类避孕药。

六、面黄

面黄是指面色苍黄无泽，属于损美性肤色改变。追求面色红润光泽是健康的审美需求，但单靠涂脂抹粉只能满足一时的求美心理需求，只有通过针推保健美容方法才可获得由内到外的健康的容貌美。《圣济总录》云："血气者，人之神。又心者血之本，神之变，其华在面，其充在血脉，当以益气血为先，倘不知此，徒区区于膏面染髭之术，去道远矣。"本症多由脾胃虚弱，气血不足引起，因脾属土，黄为脾之主色，脾虚乃至脏色外观。

现代研究表明面部血流容积与面色密切相关。

【临床表现】

主要为面色苍黄或萎黄、无光泽，常伴有神疲乏力、眩晕、月经后期、经少和闭经等气血不足的临床表现。男女均可发病，女性多发。

【鉴别诊断】

黄疸、肾功能不全等疾病引起的面黄有明确的病史。过食橘子、南瓜、番茄等含较多胡萝卜素类食物也可引起颜面发黄，常伴有掌心、脚心的变黄，临床上称为“橘皮症”，减少这些食物的摄入则症状消失。

【辨证论治】

1. 毫针疗法

治则　健脾益胃，补养气血。以足太阴脾经、足阳明胃经穴为主。

处方　足三里、三阴交、建里、血海、肝俞。脾虚湿困者，加丰隆、阴陵泉；心脾两虚者，加心俞、脾俞。

方义　足三里为胃经的合穴、下合穴，三阴交为足三阴经的交会穴，二者与建里相配共奏调理脾胃，以益生化之源之功。肝藏血，脾统血，肝俞与血海相配能补血养血。气血充盛，上荣于面，则面色红润光泽。

操作　主穴皆用补法，或针上加灸。配穴按虚补实泻法操作。得气后留针20分钟，隔日1次，15次为1疗程。

2. 其他疗法

耳针法　选神门、脾、胃、肺、面颊，每次选2～3个穴位，毫针用强刺激。或用王不留行籽贴压，于睡前按压以加强刺激。

3. 推拿疗法

可参照上述悦颜、祛皱等方法进行。

【预防与调理】

1. 注意饮食营养，多摄入蛋白质类食物。
2. 可食用一些益气养血的食物如红枣、生花生等。

第二节　形体保健美容

一、美发

美发是指应用针灸推拿对头发进行保健养护的方法。秀美头发能增加自信，平添许多风采。健美的头发应清洁光亮，“发黑如漆，其光可鉴”，自然光泽，色泽一致，发质润泽而富有弹性和韧性，疏密适中，不易折断，无分叉、打结或头屑，易梳洗；皮脂分泌适度，不干不油，触摸时有柔滑感。

头发的荣枯、稀脱、发黄和早白等，与人体的身心健康息息相关。导致头发的荣、枯、稀、脱、发黄和早白的原因多种多样，除了正常的机体衰老会导致头发变白和脱落外，下述因素都会对头发生长和发质造成损害：

1. 精血不足

“发为血之余”、“肾其华在发”，头发生长的营养来自血液，但其根本却在肾，因为肾主骨髓，“精血互生”，肾精充足则血旺盛，血旺盛则毛发得以濡养而生生不息。肾精充沛，头发则浓密有光泽；肾气虚衰，则头发白而脱落。所以《素问·五脏生成》篇说：“肾主骨也，其荣发也”，说明头发是人体气血和肾精充足与否的外在表现，是脏腑功能的一面镜子，能及时地反映人体内气血的盈亏和脏腑功能的盛衰。

2. 情志致病

突然、强烈或长期持久的情志刺激，使脏腑气血功能紊乱，可导致发色发质发生损美性改变。正如《千金方》说：“忧愁早白”；“思虑太过，则神耗气虚血散而鬓斑”。

3. 保养失调

洗发、烫发、染发过勤，过分使用添加化学药物的洗发用品，伤及毛囊，使头发失去原有的光泽、枯黄易断甚至脱发。长期接触日光紫外线也可造成头发损伤。

4. 疾病因素

如心脏病、高血压、糖尿病、肾炎、各种肝病、恶性肿瘤、结核病，以及严重的急性传染病如伤寒、流脑等。

5. 营养因素

头发是由一种含硫氨基酸的蛋白质组成，因此缺乏该类动物性蛋白质及维生素 A、维生素 B_2和 B_6，均可能导致头发的生长状况差强人意。

【辨证论治】

1. 毫针疗法

（1）痰扰心神型

主症　头发散乱不顺、枯黄、发灰，色泽晦暗。伴心烦易怒，失眠多梦，胸闷痰多。舌红苔黄腻，脉弦滑。

治则　化痰散结，行气解郁。

处方　阴陵泉、丰隆、心俞、神门。便秘者加天枢、上巨虚。

方义　阴陵泉、丰隆化痰和中，心俞、神门宁心安神。

操作　阴陵泉、丰隆用泻法，心俞、神门用补法，得气后留针 20 分钟。隔日 1 次，15 次为 1 疗程。

（2）肝郁气滞型

主症 头发干枯、稀脱、发黄、叉多打结，梳理不畅。伴神情抑郁，胸胁作胀，嗳气叹息，失眠纳差，月经不调。舌苔薄白，脉弦。

治则 疏肝，理气，解郁。

处方 肝俞、太冲、期门、阳陵泉。口苦及不思饮食者加中脘、足三里。

方义 肝俞、期门为俞募配穴，加肝之原穴太冲、胆之下合穴阳陵泉共同疏泄肝气，使气血通畅。

操作 诸穴皆用泻法。得气后留针20分钟，隔日1次，15次为1疗程。

（3）心脾气虚型

主症 头发柔细、易断、稀脱、发黄或早白。伴忧思多虑，失眠多梦，神疲乏力，头昏心悸，食欲不振。舌淡，脉弱。

治则 养心安神，健脾益气。

处方 心俞、脾俞、三阴交、神门。多梦加魄户；健忘加志室、百会。

方义 脾俞、三阴交健脾益气养血，心俞、神门养心安神。

操作 诸穴皆用补法。得气后留针20分钟，隔日1次，15次为1疗程。

2. 其他疗法

（1）耳穴疗法

处方 心、肾、神门、皮质下等。

操作 毫针刺，每日1次，每次30分钟，10次为1疗程。或用王不留行籽贴压。

（2）灸法

处方 神庭、百会、哑门、京门、肾俞、膀胱俞、中极。

操作 取新鲜薄片姜置于所选穴位上，姜上放一艾炷，点燃。每穴3~5壮，每日1次，10次为1疗程。

3. 推拿疗法

两手五指微屈，以十指指端从前发际起，经头顶向后发际推进，指梳头发反复操作20~40次；然后两手手指自然张开，用指端从额前开始，沿头部正中按压头皮至枕后发际，再按压头顶两侧头皮，直至整个头部，按压时以头皮有肿胀感为度，每次按2~3分钟；再两手抓满头发，轻轻用力向上提拉头发，直至全部头发都提拉1次，时间约2~3分钟；然后以两手手指摩擦整个头部的头发，如洗头状干洗头发，约2~3分钟；最后双手四指并拢，轻轻拍打整个头部的头皮1~2分钟。

【预防与调理】

1. 积极治疗原发病。

2. 注意饮食营养。黑芝麻、核桃、胡萝卜、菠菜、香菇、黑木耳、牛羊猪肝、甲鱼、大枣、柿子、紫葡萄等具有深色（绿、红、黄、紫）之食物，都含有自然界的植物体与阳光作用而形成的色素，可借之补充人的色素，常食对头发色泽的保健美容有益。另外注意保证摄入充足的蛋白质、维生素等。多食植物油，少食动物类油脂、白糖。

3. 保持心情舒畅，不要过度紧张、劳累。

二、丰胸

丰胸是指应用针推方法丰满、提升女性乳房及增加胸部肌肉健美的美容美体方法。乳房是成熟女性的第二性征，丰满的胸部是构成女性形体曲线美的重要组成部分。女性乳房以丰盈挺拔、富有弹性、两侧对称、大小适中为健美。

五脏六腑之气血津液对乳房起滋润充养的重要作用。肝的藏血与疏调气机，对乳房的生理病理影响最大；肾的先天精气、脾胃的后天水谷之气都给乳房的生长发育提供物质基础，故肝脾肾三脏与乳房的生长发育有密切的关系。从经络的走行来看，足厥阴肝经“上贯膈，布胁肋”，绕乳头而行，故乳头属足厥阴肝经。足阳明胃经“其直者，从缺盆下乳内廉，下挟脐”，故乳房属足阳明胃经。足少阴肾经“其直者，从肾上贯肝、膈……注胸中”。冲脉、任脉均起于胞中，为气血之海，上行为乳，下行为经；冲脉挟脐上行，“至胸中而散”；任脉“循腹里，上关元，至咽喉”。因此乳房与足少阴肾经、足阳明胃经、足厥阴肝经及冲任二脉均有密切的联系。

因此，乳房的美容保健重在调节肝脾胃肾等脏腑经络的气血。

【辨证论治】

女子胸部之健美，关键在于胸肌的发达和乳房的丰满。因此，要使胸部健美，不外乎胸肌的锻炼和乳房的增丰。

1. 毫针疗法

治则　疏肝健脾，行气补血。

处方　乳四穴（在以乳头为中心的垂直线和水平线上，分别距乳头 2 寸）、足三里、三阴交、太冲。纳差加中脘；月经不调加肾俞、命门、地机、血海。

方义　乳四穴疏通局部气血经络，三阴交调补肝脾肾三脏，配足三里健运脾胃，补气养血；太冲调畅情志，疏肝理气。诸穴相配共达丰乳隆胸的目的。

操作　乳四穴、中脘、地机、血海用平补平泻法，足三里、三阴交、肾俞、命门用补法，太冲用泻法，每次留针20～30分钟。隔日1次，10次为1疗程。

2. 其他疗法

（1）皮肤针疗法

处方　第3～12胸椎对应的前后任督二脉的经穴。

操作　叩刺，中等度刺激手法，以局部有微微出血为度。每次20分钟，隔日1次，10次为1疗程。

（2）灸法

处方　乳四穴、乳根。

操作　用清艾条在穴位上雀啄灸或温和灸。每穴15分钟，以局部潮红为度。每日1次，10次为1疗程。

3. 推拿疗法

（1）依次推揉、抹擦足少阴肾经、足阳明胃经、足厥阴肝经及冲任二脉的循行部位，循经点按揉中脘、地机、血海、足三里、三阴交、太冲等诸穴，同时点按揉肾俞、肝俞、胃俞、脾俞、命门、乳四穴等重点穴位。

（2）嘱患者自行乳房推拿按摩和锻炼法：

1）扩胸点穴：双手指间交叉置于项后，双上肢同时做向后扩展运动5～10次；头稍后仰，再将两手中指、无名指、小指并拢，分别按压大椎穴两侧20次，以按压部有酸胀感为度。

2）手推乳房：①横推乳房，双手分别放在乳房上下方，进行横行相对推擦30次，再换手交替操作。②直推乳房，用手掌面在对侧乳房上方着力，均匀柔和地向下直推至乳房根部，再向上沿原路线推回，反复20～50次，再换手操作。③侧推乳房，用手掌根和掌面自胸正中着力，横向推按对侧乳房至腋下，返回时，五指面连同乳房组织回带，反复推20～50次。④托推乳房，一手托扶对侧乳房底部，另一手相对放其上部，两手相向推摩乳头20～50次，再换手操作。若乳头下陷，可在推按同时用手指将乳头向外牵拉数次。⑤环推乳房：先用一手掌置于两乳房之间，做对侧乳房围绕推摩一圈，再换手操作，两手交替，反复20次。

3）乳房按摩：五指分开成弓形，指腹置于乳房周围，垂直向下压放数次后，手指向内轻用力抓放数次，最后以双手托盖乳房上，在其表面旋转按摩。每天至少1次。也可在晚间睡眠前或淋浴时，用手旋转按摩乳房下侧至腋下间的皮肤，以刺激通向乳房的肝、肾、胃等经络，促进乳房的发育，起隆胸丰乳之效果，按摩时间10～15分钟。

4）胸肌锻炼：双手合掌置于胸前，两前臂成“一”字形，挺胸抬头，配合深呼吸；用胸式呼吸在 4 秒钟内吸足空气，同时双掌尽量用力向对侧做对抗动作，以肩臂微微发抖为度，然后用 4 秒时间徐徐呼气，逐渐去力、放松。一呼一吸共约 8 秒，作为 1 次计，重复 8～10 次。也可两手分开与肩同宽着地做俯卧撑，要求两腿伸直，足趾支撑地面，抬头、紧腰、收腹、呼气的同时两臂弯曲，身体下降做俯卧撑，重复 8～10 次。

5）哑铃健胸操：仰卧，上臂自然分开，腰背肌肉收紧，胸部向上挺起。①屈肘持哑铃于两乳旁，吸气并收缩胸肌，举哑铃伸直两臂，稍停，呼气落下哑铃回原位；②直臂持哑铃于腿侧，吸气后屏住，两臂呈半圆弧线缓缓举起与体位成直角，稍呼气的同时双臂循原弧线落下还原；③两手掌心相对持哑铃向上伸直，深吸气后屏气，两臂缓缓左右分开向下方伸展至约 120°，使胸肌充分伸开，然后收缩胸肌恢复预备势。以上各式连续做数次。

【预防与调理】

1. 每天持之以恒坚持做胸肌锻炼和乳房按摩。尤其是多做扩胸运动，锻炼使胸肌发达，是增强胸部曲线的好方法。

2. 注重营养。如维生素 E 是重要的调节雌激素分泌的成分，蛋白质、亚麻酸、B 族维生素是身体合成雌激素不可缺少的成分。富含维生素 E 和 B 族维生素的食物有瘦肉、鱼、蛋、奶类、动物肝脏、豆制品、麦类、花生、香蕉、牡蛎、蜂蜜、番茄、胡萝卜、油菜、茄子、土豆、莲藕、黄瓜、南瓜等，常食对乳房发育有益。此外，适当补充一些富含脂肪的食物亦有助于乳房发育。

3. 雌激素在运动和睡眠时分泌增多，因此应当有充足的睡眠和适当的体育锻炼。

4. 戴合适的乳罩，以托起乳房，使其相对固定。乳罩过松易使乳房下垂，过紧则影响乳房血液循环，不利于乳房发育。

三、增肥

增肥，即增加消瘦者的体重，使之恢复人体健美的风姿。

消瘦是指体重低于理想体重 20% 以上而言。消瘦者往往骨瘦如柴，皮下脂肪过少（男性脂肪少于体重的 5%，女性少于 8%），外观肌肉萎缩，皮肤粗糙而缺乏弹性，骨骼显露，影响人的形体美；有的还伴见一系列虚弱的症状。中医称消瘦为“羸瘦”、“身瘦”、“脱形”。在《素问 · 玉机真藏论》中描述：“大骨枯槁，大肉陷下……脱肉破䐃……”即是对消瘦症状的形象描述。消瘦属虚劳、虚损范畴，任何年龄男女均可发生，不仅影响形体美，而且有损于人体的心身健康。

消瘦主要原因为气血阴阳不足、脏腑虚损，形神失养所致。如父母身体虚弱，肾精亏虚，胎中失养，先天之精不足；或幼儿期喂养不当，成年期饮食不调，身体充养不足；或肝郁化火横逆犯胃，或偏嗜辛辣，胃热炽盛，消谷善饥；或烦劳过度或情志刺激影响肝的疏泄机能，使脾胃运化失健；或病后失调，气血阴阳不足，五脏六腑、四肢百骸、肌肉皮肤失去水谷精微的濡养，均可导致身体日渐消瘦。

西医学认为消瘦的发生有两种情况：①原发性消瘦：多与遗传因素、营养不足、不良饮食起居习惯（长期工作劳累、熬夜），或精神刺激（长期焦虑、忧郁）有关，通常仅表现为身体消瘦，而不伴有其他虚损症状或明显的神经、内分泌、代谢性疾病症状。②继发性消瘦：常继发于神经性厌食症，或消化系统功能不良性疾病，或因内分泌系统疾病、其他慢性消耗性疾病、恶性肿瘤等，都会造成身体的持续性消瘦。继发性消瘦可出现一系列虚损性病变，如贫血、体温下降、脉缓、浮肿、肌肉萎缩、机体免疫力低下、闭经、不孕等。一般来说，原发性消瘦或继发性消瘦的原发病症状不重时，可以参照本节的方法进行调理。而继发病症状严重时则应当首先治疗原发病。

【辨证论治】

1. 毫针疗法

（1）脾胃亏虚型

主症　消瘦，面容憔悴，伴见少气懒言，食少纳呆。舌淡，边有齿痕，脉细弱无力。

治则　补益脾胃。

处方　脾俞、胃俞、章门、公孙、气海、足三里。伴腹胀加中脘、下脘、天枢；情志不舒加太冲、支沟。

方义　脾俞、胃俞、公孙、足三里健运脾胃，章门、气海补元气、益五脏。

操作　主穴均用补法，配穴用平补平泻法。中等刺激，留针30～60分钟，在留针过程中可加用艾条温灸。每日1次，20次为1疗程。

（2）肝肾阴虚型

主症　消瘦，伴心烦易怒，腰膝酸软，五心烦热，口干舌燥，颧红盗汗。舌红苔少，脉细数。

治则　滋补肝肾。

处方　肝俞、肾俞、太溪、太冲、复溜、照海、期门。

方义　肝俞、肾俞补益肝肾，太溪、复溜、照海滋肾阴、降虚火，太冲、期门舒肝解郁。

操作　肝俞、太冲、期门用平补平泻法，余用补法，留针 30～60 分钟。每日 1 次，20 次为 1 疗程。

（3）脾肾阳虚型

主症　形体消瘦，面色苍白，形寒肢冷，神倦嗜卧，不思饮食，大便溏泻甚至五更泄泻。舌淡有齿痕，苔薄白，脉沉或迟。

处方　关元、气海、肾俞、脾俞、命门、百会、足三里、神阙。

方义　关元、气海大补元气，肾俞、命门、神阙益气温肾，百会升提中气，脾俞、足三里健脾益气。

操作　除神阙外用毫针补法或温针灸，留针 30～60 分钟，留针中用艾条悬灸，神阙用艾条灸，每穴 5～10 分钟。每日 1 次，20 次为 1 疗程。

（4）胃热炽盛型

主症　多食易饥，形体消瘦，口渴喜饮，心烦口臭，小便短赤，大便干结。舌苔黄燥，脉弦数有力。

处方　中脘、下脘、曲池、解溪、厉兑、内庭。便秘加天枢、腹结、支沟。

方义　中脘、下脘和降胃气，曲池、解溪、厉兑、内庭泄阳明经热。

操作　厉兑、内庭用三棱针点刺放血，中脘、下脘、曲池、解溪用泻法或平补平泻法，留针 30～60 分钟。每日 1 次，20 次为 1 疗程。

2. 其他疗法

（1）艾灸疗法

处方　百会、中脘、关元、气海、足三里、脾俞、肾俞、陶道、身柱、神道、灵台、至阳。

操作　每次选 5～6 穴，用麦粒大艾炷无瘢痕灸，每穴 5～7 壮；或用艾条悬灸，每穴 10 分钟，以局部红晕为度。每日或隔日 1 次，持续 2～3 个月。

（2）耳穴疗法

处方　胃、肝、脾、内分泌、肾上腺为主穴；可配皮质下、胰、胆、小肠。腹泻加大肠、肺。

操作　耳穴压豆，两耳轮换，每日按压 3～4 次。隔日 1 次，10 次为 1 疗程。

3. 推拿疗法

（1）经穴按摩　由上而下按揉小腿部足阳明胃经循行部位数十次，并按揉足三里穴 3 分钟；同时，中等力度按揉足太阳膀胱经的脾俞、胃俞、肝俞、肾俞穴，每穴按揉的时间为 0.5 分钟。

（2）摩腹法　以中脘、关元二穴为中心，顺时针方向缓慢摩动，每次 15～20 分钟，每日 1 次。

（3）捏脊法　自长强穴至大椎穴，循经上行 5～7 遍，在脾俞、胃俞、肝俞、肾俞、命门处分别用力按揉30次，每日1～2次。

【预防与调理】

1. 短期内身体消瘦很快，要及时到医院检查，以排除各种疾病。

2. 消除偏食、挑食等不良饮食习惯，注意增加营养，多吃动植物蛋白和脂肪丰富的食品，如瘦肉、鸡蛋、鱼、大豆等，保证身体的营养需求。

3. 注意休息和睡眠，尤其饭后注意休息，睡眠要充足。

4. 经常运动，锻炼身体，使肌肉丰满有力。

四、美体

美体是指通过针灸、推拿等一系列手段，使形体匀称，身体的脂肪分布均匀，达到形体外观曲线美的效果。人体是否健美，关键看形体的曲线。太胖或过瘦皆可破坏形体的曲线美，为美容之大忌。故肥盛者宜减之，瘦弱者应益之，使其趋于适中，适合形体曲线美的审美要求。

就女性而言，美体离不开瘦身、丰胸，另外臀部的健美与腿的线条也同样重要。现代审美观认为，女性的形体应丰满挺拔，拥有极富弹性肌肉的曲线美。而人体的脊柱从侧面观察有4个生理弯曲，其中颈曲和腰曲向前突出，而胸曲和骶曲向后突出，这使得人体从外观上具备了一定的曲线。在正常生理曲线的基础上，同时拥有一个理想的体重、胸部和臀部优美的线条就能够获得一个完美的体型。

【临床表现】

形体的损美性缺陷主要表现为形体臃肿，或过于消瘦，或乳房下垂，或胸围过小，或腰围过粗，或臀部扁平等等。可参考下述公式进行计算：

1. 理想体重的计算（计算公式详见第六章）

实际体重与理想体重的相差范围在±10%之内属正常，若实际体重高于理想体重10%～20%为超重，若≥20%为肥胖，若体重低于理想体重20%以上为消瘦。

2. 胸围的计算

胸围理想指数（cm）＝身高（cm）×0.535

胸围的实际指数与理想指数相差范围在±3cm之内均属标准。

3. 理想臀围的计算

理想臀围（cm）＝身高（cm）÷2＋10（cm）

臀部的线条美不仅是臀部的大小，侧面看形状还应略微上翘，如果臀部线条松弛下垂，则不符合健美要求。

【辨证论治】

1. 毫针疗法

根据体型的胖瘦不同，可参照肥胖症、增肥与丰胸的章节进行治疗。

2. 其他疗法

（1）远端足部全息疗法

处方　食道、胃、大肠、小肠、肝脏、胰、肾、输尿管、膀胱。

操作　应用大力度、长时间泻法重点对于消化系统反射区进行按摩刺激；同时对泌尿系统反射区用缓和力度、短时间的补法进行按摩刺激。顺序是按反射区排列由脚尖至脚跟逐点刺激，每一个反射区按摩约 1 ~2 分钟。

（2）养生吐纳疗法

操作　吸气 6 秒，停 5 秒，呼出 8 秒，再直接进行下一次呼吸循环。每分钟约 3 ~4 次，不断的深呼吸能够提高基础代谢量，更有效地促使脂肪分解。每日需在晨起、睡觉前各进行 10 分钟。（姜继红等，《针灸临床杂志》，2005 年第 1 期）

3. 推拿疗法

根据体型的胖瘦不同，可参照肥胖症、增肥与丰胸的章节进行。

【预防与调理】

1. 合理膳食，多食富含锌和维生素 A 的食物，如虾、蟹、瘦肉、鱼、禽蛋、大豆、茄子、坚果以及动物内脏、鱼肝油等。

2. 平时多进行有氧运动，如跑步、游泳等。

主要参考书目

1. 黄霏莉，佘靖．中医美容学．第2版．北京：人民卫生出版社，2003

2. 张其亮．美容皮肤科学．第1版．北京：人民卫生出版社，2002

3. 李芳莉，吴昊．实用美容美体针灸术．第1版．沈阳：辽宁科学技术出版社，2002

4. 吴景东．美容中医学概论．第1版．北京：中国科学技术出版社，2004

5. 吴敦序．中医基础理论．第1版．上海：上海科学技术出版社，1995

6. 赵昕，刘炜宏．腧穴临证指要．北京：中国标准出版社，1994

7. 候在恩．经络美容学．第1版．北京：科学出版社，2002

8. 邱茂良．针灸学．第1版．上海：上海科学技术出版社，1985

9. 孙国杰．针灸学．第1版．上海：上海科学技术出版社，1997

10. 陈德成．中国针灸美容抗衰全书．第1版．北京：中国中医药出版社，2002